机械类"3+4"贯通培养规划教材

# 机械制造基础与技能训练

主　编　滕美茹

副主编　杨　梅　丁立新

科学出版社

北　京

# 内 容 简 介

本书是在"学中做,做中学"的教学原则下,以职业能力培养为主线,精心选择理论知识内容,紧扣动手操作的要求,结合"3+4"贯通培养机械专业学生的就业需求编写而成的。本书以数控技能训练为引领,注重和强化实践教学,突出学生操作能力的培养,充分体现专业基础课为数控专业课服务的思想。

本书叙述了数控车削、数控铣削和钳工的基础理论部分,以及零件的装夹和加工方法,简要阐述常用车床结构和调整、切削原理和刀具、车床夹具、提高劳动生产率的途径、典型零件工艺分析等实用内容。本书着重叙述了技能训练项目,结合车间实训来提高专业课的学习深度。

本书可作为"3+4"贯通培养机械专业学生中职阶段的教材,也可作为机械工人岗位培训和自学用书。

**图书在版编目(CIP)数据**

机械制造基础与技能训练/滕美茹主编. —北京:科学出版社,2018.11
机械类"3+4"贯通培养规划教材
ISBN 978-7-03-058940-8

Ⅰ. ①机…  Ⅱ. ①滕…  Ⅲ. ①机械制造-中等专业学校-教材
Ⅳ. ①TH

中国版本图书馆 CIP 数据核字(2018)第 219264 号

责任编辑:邓 静 张丽花 陈 琼 / 责任校对:郭瑞芝
责任印制:吴兆东 / 封面设计:迷底书装

科学出版社 出版
北京东黄城根北街 16 号
邮政编码:100717
http://www.sciencep.com
**北京虎彩文化传播有限公司** 印刷
科学出版社发行 各地新华书店经销
*
2018 年 11 月第 一 版 开本:787×1092 1/16
2018 年 11 月第一次印刷 印张:15 3/4
字数:373 000
定价:49.00 元
(如有印装质量问题,我社负责调换)

# 机械类"3+4"贯通培养规划教材

## 编 委 会

# 前　　言

《国家中长期人才发展规划纲要（2010—2020年）》对高技能人才队伍的发展提出如下目标：适应走新型工业化道路和产业结构优化升级的要求，以提升职业素质和职业技能为核心。随着科学技术的不断发展，新的国家行业技术标准相继颁布和实施，数控技术得到飞速发展，数控设备的应用日益广泛，因而需要一批既懂数控车削加工、数控铣削加工、钳工，又熟悉数控车床编程与操作的初、中级人才。钳工的职业技能和工作范围涵盖装备制造、信息、生物、新材料、航空航天、海洋、生态环境、能源资源、交通运输、农业科技等国民经济重点领域，钳工技能人才更是各行业紧缺的专业人才。为此，结合中等职业学校机械专业的现状及长远发展，特编写本书。

本书充分考虑中等职业学校学生的特色，以数控车床加工及钳工技能人才为培养对象，结合企业需求，确立"以能力为本"的指导思想，重点突出学生动手操作能力的培养，以及加工工艺分析、车床操作和编程能力的训练，提高学生的学习能力、分析能力、动手能力、应变能力，尤其提高学生处理生产现场技术问题的能力。

本书是在"学中做，做中学"的教学原则指导下，精心选择理论知识内容，紧扣动手操作的要求，结合数控车削、数控铣削和钳工教学内容的具体特点进行组织编写，教材内容层次性强，由易到难。本书分为数控车削、数控铣削、钳工三部分。数控车削部分整合数控车削加工、车削加工工艺及普通车床加工的基础理论知识和车削加工实训等内容；数控铣削部分整合数控铣削加工、数控铣削加工工艺基础理论知识和铣削加工实训等内容；钳工部分整合钳工基础理论知识和钳工实训基础内容。书中内容既是学生在动手操作之前应知应会的知识，又是在实际操作中解决和处理问题的理论依据。

本书力求用最少的篇幅和精练的语言，由浅入深，系统、完整地讲述数控车床加工及钳工应掌握的理论知识和技能训练，内容易懂、易记、易用，重点培养学生的操作技能，提高学生解决问题的能力。

根据教学计划，本书的参考授课学时为148学时，建议采用"理论实践一体化"教学模式，各部分的参考学时见下面的学时分配表。

学时分配表

| 课程内容 | 学时/h |
| --- | --- |
| 第1章 | 16 |
| 第2章 | 10 |
| 第3章 | 40 |
| 第4章 | 32 |
| 第5章 | 22 |
| 第6章 | 28 |

本书由滕美茹任主编，杨梅、丁立新任副主编。

由于编者水平和经验有限，书中难免有疏漏和不足之处，恳请读者批评指正。

编　者

2018年5月

# 目　　录

## 数 控 车 削

# 钳　　工

# 数控车削

# 第1章 车削加工的基础知识

## 1.1 金属切削运动及其形成的表面

### 1.1.1 金属切削过程

金属切削过程是利用金属切削刀具去除零件表面的多余金属或预留金属，使其具有一定形状、一定精度和一定表面质量的加工过程。

切削过程必须具备以下3个条件。

(1) 刀具材料的硬度必须大于被切削工件材料的硬度。

(2) 刀具必须具备一定的几何形状，即刀刃要锐利，刀头强度要大。

(3) 在切削过程中，刀具与工件必须产生相对运动。

### 1.1.2 切削运动

各种切削运动都是由一些简单的运动单元组合而成的。直线运动和回转运动是切削加工的两个基本运动单元，如图 1-1 所示。

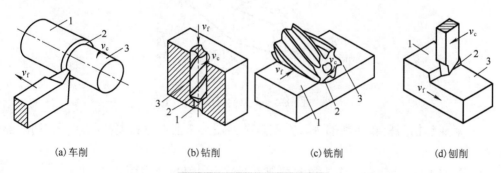

(a) 车削     (b) 钻削     (c) 铣削     (d) 刨削

图 1-1 切削运动与加工平面

1-待加工表面；2-过渡表面；3-已加工表面

切削过程中的运动可以分为主运动、进给运动及合成切削运动。

**1. 主运动**

主运动是刀具将切屑切下来所需要的最基本的运动，是速度最高、消耗功率最大的运动，如车削中工件的旋转运动、铣削中刀具的旋转运动等。

**2. 进给运动**

进给运动是使新的金属层不断投入切削，以便切完工件表面上全部余量的运动。例如，车削中，车刀相对于工件在纵向和横向上的平移运动；铣削中，工件相对于刀具的纵向、横向、垂直方向的平移运动等。

**3. 合成切削运动**

合成切削运动是由主运动和进给运动合成的运动。

### 1.1.3　切削中形成的工件表面

在主运动和进给运动的作用下，工件表面上的一层金属不断地被刀具切下来转化为切屑，从而加工出所需的工件新表面。在新表面的形成过程中，被加工工件上有三个依次变化着的表面：待加工表面、过渡表面和已加工表面，如图 1-1 所示。它们的含义分别如下：

(1) 待加工表面：加工时工件上等待切除的表面。

(2) 过渡表面：工件上由切削刃正在形成的表面。它在切削过程中不断变化，位于待加工表面与已加工表面之间。

(3) 已加工表面：工件上经刀具切除多余金属后形成的工件新表面。

# 1.2　刀具切削部分的几何角度

### 1.2.1　刀具切削部分组成要素

刀具种类繁多、结构各异，但其切削部分的几何形状和参数都有共性，总是近似地以普通外圆车刀的切削部分为基础。普通外圆车刀的构造如图 1-2 所示。

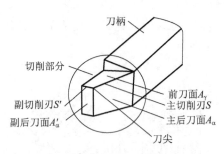

图 1-2　车刀的组成

车刀的组成包括刀柄和切削部分。刀柄是车刀在车床上定位和夹持的部分。切削部分的组成要素如下。

(1) 前刀面($A_\gamma$)：又称为前面，是刀具上切屑流出时经过的表面。

(2) 主后刀面($A_\alpha$)：又称后面，是刀具上与工件上切削表面相对的刀面。

(3) 副后刀面($A_\alpha'$)：刀具上与工件已加工表面相对的刀面。

（4）主切削刃（S）：刀具前面与后面的交线。它担负着主要的切削工作（完成主要的金属切除工作）。

（5）副切削刃（S'）：刀具前面与副后刀面的交线。它担负着部分切削工作（配合主切削刃完成金属切除工作，负责最终形成工件已加工表面）。

（6）刀尖：刀具主切削刃与副切削刃连接处的切削刃。刀尖有 3 种类型，即两切削刃有实际交点（$r_\varepsilon=0$）的锐刀尖、被磨成一小段圆弧形成的修圆刀尖（$r_\varepsilon>0$）和被磨成一小段直线刃形成的倒角刀尖，如图 1-3 所示。

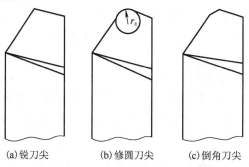

(a)锐刀尖　　(b)修圆刀尖　　(c)倒角刀尖

图 1-3　刀尖的类型

## 1.2.2　刀具的静止参考系

### 1. 刀具静止参考系的建立

为了确定刀具切削部分各表面和刀刃的空间位置，需要人为地假想一些辅助平面（即用于定义和规定刀具角度的各基准坐标平面和测量平面）来组成刀具的平面参考系。

建立刀具角度的基准坐标平面（即基准平面）应该以切削运动为依据，预先给出假定工作条件，即给定假定运动条件与假定安装条件。假定运动条件是给出刀具的假定运动方向，可以近似地用平行和垂直于主运动方向的坐标平面构成静止参考系；假定安装条件是给出刀具的安装位置，恰好使刀具底面平行或垂直于静止参考系的平面。

刀具的设计、制造、刃磨和测量几何参数都是在非切削状态下进行的，故其所在的参考系统称为刀具静止参考系，如图 1-4 所示。

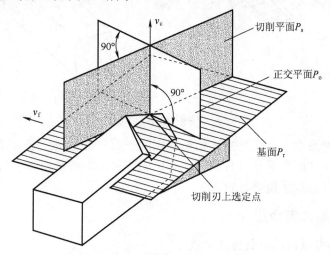

图 1-4　刀具的静止参考系与基准平面

**2. 刀具的基准平面**

(1)基面 $P_r$ 是指过切削刃选定点并垂直于假定主运动方向的平面。它平行或垂直于刀具在制造、刃磨及测量时适于安装或定位的一个平面或轴线。

(2)主切削平面(简称切削面平)$P_s$ 是指通过主切削刃上某一选定点，与主切削刃相切且垂直于基面的平面。由定义可知，基面和切削平面在空间总是互相垂直的。

**3. 刀具静止角度的测量平面**

刀具静止参考系仅有基准平面(即基面和切削平面)还不够，因为互相垂直的基面和切削平面分别与车刀的前面、后面形成了夹角。由于该夹角是两个平面的夹角，故称两面角。在不同的剖面内测量，两面角的角度是变化的。为了确切地表示刀具的角度，必须确定其测量平面。

(1)正交平面(主剖面)$P_o$ 是通过主切削刃选定点并同时垂直于基面和切削平面的平面。也可认为，正交平面是过切削刃选定点垂直于主切削刃在基面上的投影所作的平面。此外，通过副切削刃选定点并同时垂直于基面和副切削平面所作的平面，称为副切削刃的正交平面，即副正交平面。

(2)法平面 $P_n$ 是通过切削刃选定点并垂直于切削刃的平面。

(3)假定工作平面(进给平面)$P_f$ 是通过切削刃选定点并垂直于基面和平行于假定进给运动方向的平面。

(4)背平面(切深平面)$P_p$ 是通过切削刃选定点并垂直于基面和假定工作平面的平面。

由基准平面和不同的测量平面组成了不同的参考系，如图1-5所示。

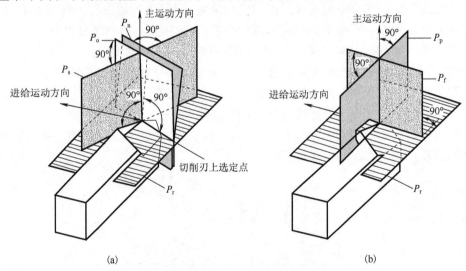

(a)                                (b)

图1-5　刀具静止角度的测量平面

在正交平面参考系中，正交平面、基面和切削平面三者总是互相垂直的；在法平面参考系中，法平面总是与切削平面相垂直的；在假定工作平面参考系和背平面参考系中，假定工作平面和背平面总是与基面相垂直的。

## 1.2.3　刀具的基本几何角度

**1. 正交平面参考系内的刀具标注角度**

正交平面参考系内的刀具标注角度如图1-6所示。

**1) 在基面内测量的角度**

主偏角 $\kappa_r$：主切削平面与假定进给运动方向之间的夹角，它总是正值。

副偏角 $\kappa_r'$：副切削平面与假定进给运动反方向之间的夹角。

刀尖角 $\varepsilon_r$：主切削平面和副切削平面间的夹角。它是由主偏角和副偏角得到的派生角度，其关系为

$$\varepsilon_r = 180° - (\kappa_r + \kappa_r')$$

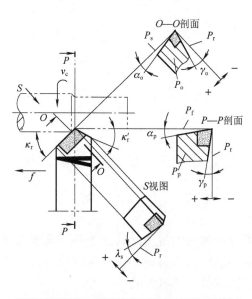

图 1-6　正交平面参考系内的刀具标注角度

**2) 在正交平面内测量的角度**

前角 $\gamma_o$：前刀面与基面之间的夹角。

后角 $\alpha_o$：后刀面与切削平面间的夹角。

前角 $\gamma_o$ 和后角 $\alpha_o$ 都有正、负值和零度之分。其判断的方法是：当前面与基面重合时，$\gamma_o = 0°$；当前面与切削平面之间的夹角小于 90° 时，$\gamma_o$ 为正值；大于 90° 时，$\gamma_o$ 为负值。当后面与切削平面重合时，$\alpha_o = 0°$；当后面与基面之间的夹角小于 90° 时，$\alpha_o$ 为正值；大于 90° 时，$\alpha_o$ 为负值。

楔角 $\beta_o$：前刀面与后刀面的夹角。它是由前角和后角得到的派生角度，其关系为

$$\beta_o = 90° - (\gamma_o + \alpha_o)$$

**3) 在主切削平面内测量的角度**

刃倾角 $\lambda_s$：主切削刃与基面间的夹角。当刀尖相对于车刀刀柄安装面处于最高点时，$\lambda_s$ 为正值；当刀尖处于最低点时，$\lambda_s$ 为负值；当切削刃平行于刀柄安装面时，$\lambda_s = 0°$，这时，切削刃在基面内。

**4) 在副切削刃的正交平面内测量的角度**

参照主切削刃的研究方法，在副切削刃上同样可定义一副正交平面（$P_o'$）和副切削平面（$P_s'$）。在副正交平面中测量的角度有副后角 $\alpha_o'$，它是副后刀面与副切削平面间的夹角。在副后刀面与基面夹角小于 90° 时，副后角为正值；大于 90° 时，副后角为负值。它决定了副后刀面的位置。

**2. 法平面参考系内的刀具标注角度**

(1)法前角 $\gamma_n$：法平面内测量的前面与基面之间的夹角，如图 1-7 所示。

(2)法后角 $\alpha_n$：法平面内测量的后面与切削平面之间的夹角，如图 1-7 所示。

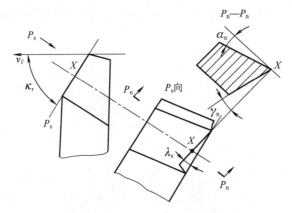

图 1-7　法平面参考系内的刀具标注角度

# 1.3　刀　具　材　料

刀具材料一般是指刀具切削部分的材料，其性能是影响加工表面质量、切削效率、刀具寿命的重要因素。研究并应用新型刀具材料不仅能有效地提高生产率、加工表面质量和经济效益，而且是解决某些难加工材料工艺的关键。

## 1.3.1　刀具材料必备的性能

**1. 高的硬度和耐磨性**

刀具要从工件上切除多余的金属，其硬度必须大于工件材料的硬度。一般情况下，刀具材料的常温硬度应超过 60HRC（洛氏硬度）。

耐磨性与硬度有密切的关系，硬度越高，均匀分布的细化碳化物越多，则耐磨性就越好。

**2. 足够的强度和韧性**

刀具切削时要承受很大的压力，同时会出现冲击和振动，为避免崩刃和折断现象，刀具材料必须具有足够的强度和韧性。

**3. 较高的热硬性（红硬性）**

热硬性是指刀具材料在高温下保持硬度、耐磨性、强度和韧性的能力。高温下刀具材料硬度越高，则热硬性就越好。

**4. 良好的导热性**

刀具材料的导热性表示它传导切削热的能力。导热性越好，切削热就越容易传出。良好的导热性有利于降低切削温度和延长刀具寿命。

**5. 良好的工艺性**

为了使刀具便于制造，刀具材料应具有容易锻造和切削、焊接牢固、热处理变形小、刃磨方便等工艺性能。

**6. 较好的经济性**

刀具材料的经济性指取材资源丰富、价格低廉，能最大限度地降低生产成本。

在实际生产中，刀具材料不可能同时具备上述的性能要求，选用者应根据具体工件材料的性能和切削要求，抓住性能要求的主要方面，其他只要影响不大就可以了。

## 1.3.2　常用刀具材料

目前最常用的刀具材料有高速钢和硬质合金。此外，陶瓷材料和超硬刀具材料(金刚石和立方氮化硼)仅应用于有限场合，但它们的硬度很高，具有优良的抗磨损性能，刀具耐用度高，能保证高的加工精度。

### 1. 高速钢

高速钢是含有较多的钨、铬、钼、钒等合金元素的高合金工具钢。

高速钢按用途不同分为通用型高速钢和高性能高速钢。

(1)通用型高速钢。通用型高速钢具有一定的硬度(63~66HRC)和耐磨性、高的强度和韧性，切削速度(加工钢料)一般不高于 60m/min，不适合高速切削和硬的材料切削。常用牌号有 W18Cr4V 和 W6Mo5Cr4V2。其中，W18Cr4V 具有较好的综合性能，W6Mo5Cr4V2 的强度和韧性高于 W18Cr4V，并具有热塑性好和磨削性能好的优点，但热稳定性低于 W18Cr4V。

(2)高性能高速钢。高性能高速钢是在通用型高速钢的基础上，通过增加碳、钒的含量或添加钴、铝等合金元素而得到的耐热性、耐磨性更好的新钢种。高性能高速钢在 630~650℃时仍可保持 60HRC 的硬度，其耐用度是通用型高速钢的 1.5~3 倍，适用于加工奥氏体不锈钢、高温合金、钛合金、超高强度钢等难加工材料。但这类钢种的综合性能不如通用型高速钢，不同的牌号只有在各自规定的切削条件下，才能达到良好的加工效果。因此，其使用范围受到限制。常用牌号有 9W18Cr4V、9W6Mo5Cr4V2、W6Mo5Cr4V3、W6Mo5Cr4V2Co8及 W6Mo5Cr4V2Al 等。

### 2. 硬质合金

硬质合金是由硬度和熔点都很高的碳化物(WC、TiC、TaC、NbC 等)，用 Co、Mo、Ni作为黏结剂制成的粉末冶金制品。其常温硬度可达 78~82HRC，能耐 800~1000℃高温，允许的切削速度是高速钢的 4~10 倍。但其冲击韧性与抗弯强度远比高速钢低，因此很少制作成整体式刀具。在实际使用中，一般将硬质合金刀块用焊接或机械夹固的方式固定在刀体上。

常用的硬质合金有以下 3 大类。

(1)钨钴类硬质合金(YG)：由碳化物和钴组成。这类硬质合金韧性较好，但硬度和耐磨性较差，适用于加工脆性材料(铸铁等)。钨钴类硬质合金中含 Co 越多，则韧性越好。常用的牌号有 YG8、YG6、YG3，它们制造的刀具依次适用于粗加工、半精加工和精加工。

(2)钨钛钴类硬质合金(YT)：由碳化钨、碳化钛和钴组成。这类硬质合金耐热性和耐磨性较好，但冲击韧性较差，适用于切屑呈带状的钢料等塑性材料。常用的牌号有 YT5、YT15、YT30 等，其中数字表示碳化钛的含量。碳化钛的含量越高，则耐磨性越好、韧性越低。这三种牌号的钨钛钴类硬质合金制造的刀具分别适用于粗加工、半精加工和精加工。

(3)钨钛钽(铌)类硬质合金(YW)：由在钨钛钴类硬质合金中加入少量的碳化钽(TaC)或碳化铌(NbC)组成。它具有上述两类硬质合金的优点，用其制造的刀具既能加工钢、铸铁、有色金属，也能加工高温合金、耐热合金及合金铸铁等难加工材料。常用的牌号有 YW1 和YW2。

### 1.3.3 其他刀具材料简介

#### 1. 涂层刀具材料

涂层刀具材料是在韧性较好的硬质合金基体上或高速钢基体上，采用化学气相沉积(CVD)法或物理气相沉积(PVD)法涂覆一薄层硬质和耐磨性极高的难熔金属化合物而得到的刀具材料。通过这种方法，刀具具有基体材料的强度和韧性，又具有很高的耐磨性。常用的涂层材料有 TiC、TiN、$Al_2O_3$ 等。TiC 的硬度和耐磨性好，TiN 的抗氧化、抗黏结性好，$Al_2O_3$ 的耐热性好，使用时可根据不同的需要选择涂层材料。

#### 2. 陶瓷

陶瓷的主要成分是 $Al_2O_3$，刀片硬度可达 78HRC 以上，能耐 1200～1450℃高温，故能承受较高的切削速度。但抗弯强度低，怕冲击，易崩刃。主要用于钢、铸铁、高硬度材料及高精度零件的精加工。

#### 3. 金刚石

金刚石分人造和天然两种。作为切削刀刃材料的大多是人造金刚石，其硬度极高，可达 10000HV(硬质合金仅为 1300～1800HV)，其耐磨性是硬质合金的 80～120 倍。但韧性差，与铁族材料亲和力大。因此，一般不适宜加工黑色金属，主要用于有色金属以及非金属材料的高速精加工。

#### 4. 立方氮化硼(CNB)

立方氮化硼是人工合成的一种高硬度材料，其硬度可达 7300～10000HV，可耐 1300～1500℃高温，与铁族元素亲和力小。其强度低，焊接性差，目前主要用于加工淬硬钢、冷硬铸铁、高温合金和一些难加工材料。

## 1.4 切削加工中的各种物理现象

### 1.4.1 切削变形

#### 1. 切屑的形成过程

切屑是工件材料在切削过程中经刀具作用而形成的分离体。在切削过程中，刀具作用在被加工零件的切削层，迫使切削层金属产生应力与变形，并使被切金属层同时沿刀刃的运动方向分离成为切屑而形成工件的已加工表面，如图 1-8 所示。切削层金属产生的应力与变形是刀刃的切割作用和前面的推挤作用所导致的。

当刀具相对于工件运动时，产生切削层应力；当应力超过材料的屈服极限(即许用应力)时，切削层金属便沿刀刃方向分离。切割是对金属切削过程中刀刃作用的概括。实际上"切"与"割"的含义是有区别的。在切削过程中，工件相对于刀刃方向有速度分量时称为"割"，没有速度分量时称为"切"。只有当刀具的刃倾角$\lambda_s$不为 0°时，刀刃不仅有切的作用而且有割的作用。而刀具的刃倾角不为 0°是刀具的普遍规律，因此把刀刃的作用总称为"切割"。

切割过程中考虑到刀刃、前面和后面作用的特点，可以把被切割金属的塑性变形分为 4 个变形区来分析，如图 1-9 所示。

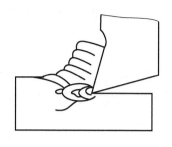

图 1-8　切削过程与切屑

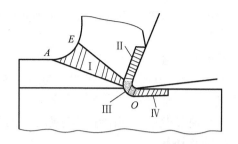

图 1-9　切削过程的变形区

**1)基本变形区 I**

基本变形区为图 1-9 中 *OAE* 包容的范围，*OA* 线称为始滑移线，该线以下的金属由于受刀刃切割作用而处于弹性变形阶段，到达该线即开始产生塑性变形。随着刀具相对于工件的连续运动，处于始滑移线上的金属到达 *OE* 线时，基本变形结束。

基本变形区主要是由刀刃的切割作用与前面的推挤作用而造成的。当刀具切割作用发挥得好时，其基本变形区的变形将减小；当刀具的前角减小时，刀具前面的推挤作用加大，基本变形区变形增大。基本变形区的变形是 4 个变形区中最大的，所以常用基本变形区变形的大小近似地表示切削过程的变形量。

**2)前面摩擦变形区 II**

切削层的金属变成切屑而沿前面流出时，作用在前面上的正压力很大，切屑与前面之间的摩擦系数也很大，切屑底层流动受阻，从而产生平行于前面的剪切应力，使切屑底层的流动速度较切屑其他部分缓慢得多，这种现象称为滞流现象。产生滞流现象的切屑底层称为滞流层。在剪切应力作用下，切屑底层在刀具的前面上再次产生塑性变形。这种变形是由切屑流出时与前面之间产生的摩擦所致，因此称为前面摩擦变形，其变形范围就是切屑与前面的接触摩擦范围。前角越小，前面的表面粗糙度越大，则前面摩擦变形区的变形也就越大。

**3)刃前变形区 III**

刀刃位于前面的边缘，因刀刃不可能做得绝对锐利而形成一定的刀刃圆弧半径。由于刀刃圆弧的存在，且刀刃圆弧与被切金属之间也存在正压力和摩擦力，所以圆弧上各点处的作用力的方向是变化的。刃前金属经过塑性变形后滑移分离，一部分留在已加工表面上，另一部分则成为切屑而流走。

**4)后面摩擦变形区 IV**

由于被切金属的分离点不在刀刃圆弧的最低点，所以有一薄层金属留下来，并受到刀刃圆弧下半部的挤压而使初形成的已加工表面变形。同时，由于刀具磨损，与已加工表面发生摩擦，加上初形成的已加工表面的弹性恢复，已加工表面与后面的接触长度加大，增加了已加工表面的挤压与摩擦。由于该区域内的变形主要是后面直接作用的结果，又是后面与已加工表面的摩擦所致，所以该区域称为后面摩擦变形区。

金属在上述 4 个变形区内变形的总和，就是被切削金属在刀具作用下塑性变形的全部内容。切削过程始终贯穿着变形，因此，切屑的形成过程也就是切削的变形过程。

**2. 切屑的形态**

在切削过程中，由于被加工材料的性质不同、刀具的几何参数不同、切削用量不同、切削过程中变形程度的不同，将出现不同形态的切屑。从变形观点出发，可以将切屑形态归纳为 4 大类。

**1)带状切屑**

如图 1-10(a)所示，带状切屑连续呈带状，横截面呈平行四边形，底部受前面的挤压而较平整光亮，上部呈茸毛状态，各单元切屑之间没有明显的界线。这种切屑通常在加工塑性材料、进给速度较小、切削速度较高、刀具前角较大时产生。

**2)节状切屑**

如图 1-10(b)所示，节状切屑横截面内的切屑厚度比较大，截面呈三角形(也有呈平行四边形的)，底部受前面的挤压而比较平整，但光滑程度较带状切屑差些，侧面呈锯齿状态，顶部粗糙，各单元切屑之间有明显的界线。这种切屑多在切削速度较低、进给速度较小、刀具前角较小、加工塑性金属或硬质金属时产生。

**3)单元切屑**

如图 1-10(c)所示，单元切屑横截面内切屑厚度很大，截面呈三角形(或梯形)，整个剪切面上的剪应力完全达到了材料的断裂强度，切屑以单元形式脱落母体。这种切屑多在切削速度很低、进给速度较大、刀具前角(或副前角)较小、加工材料硬度较高而韧性较低或硬质金属时产生。

**4)崩碎状切屑**

如图 1-10(d)所示，崩碎状切屑呈不规则的碎片状，主要在加工脆性金属(如铸铁、铸铜等)时产生。由于脆性金属的塑性极小、抗拉强度很低，切削层金属未经塑性变形或只经很小塑性变形被挤裂，或在拉应力状态下脆断，形成不规则的崩碎状切屑。

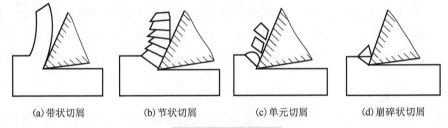

(a)带状切屑    (b)节状切屑    (c)单元切屑    (d)崩碎状切屑

图 1-10　切屑的形态

**3. 积屑瘤**

在一定条件下切削塑性或韧性金属时，切屑顺前面流出，受前面的挤压与摩擦作用，切屑底层中的一部分金属微粒停滞并堆积在刃口附近成为楔形堆积物。这种楔形堆积物称为积屑瘤，如图 1-11 所示。

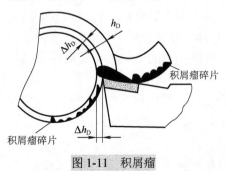

图 1-11　积屑瘤

**1)积屑瘤的变化规律**

切削实验证明，积屑瘤是由紧贴前面上层组织的基体与基体前端由纤维组织构成的头部所组成的。头部与金属母体相连，与切屑底层没有明显的分界线，所以，积屑瘤并不是金属本身的一个分离体，而是一种动态结构。实验观察发现，积屑瘤具有相对稳定的基体和不稳定的头部。其不稳定的头部在切削中不断层积，同时不断地被切屑底层或工件带走。

**2)积屑瘤对切削加工的影响**

（1）有利方面。

① 积屑瘤包覆在切削刃上，其硬度为工件材料硬度的 2～3.5 倍，可代替刀刃进行切削，对刀刃起到一定的保护作用。

② 积屑瘤改变了刀刃相对于工件轴线的高度，可增大实际工作前角（内表面加工则相反），有利于减小切削变形。

（2）不利方面。

① 积屑瘤堆积到一定高度以后，切屑底层与积屑瘤的黏附力超过积屑瘤本身的强度，使积屑瘤拉裂，一部分黏附在切屑底层被切屑带走，另一部分黏附在已加工表面上被工件带走，如图 1-11 所示。黏附在已加工表面上的积屑瘤呈毛刺状态，严重影响了已加工表面粗糙度。

② 由于积屑瘤头部的不稳定性，其高度不断地变化，可引起实际工作前角的不断变化，也可引起切削力的不断变化，还会引起振动，影响工作表面加工质量。

③ 当积屑瘤凸出于刀刃之外时，会增大背吃刀量，造成一定的过量切削，影响零件加工的尺寸精度。此时积屑瘤形状不规则，会在工件表面上划出沟纹，影响工件表面粗糙度。积屑瘤形状不规则，使刀刃形状畸变，在成形刀具中将直接影响零件加工的形状精度。

**4．加工硬化**

经切削加工后工件表面的硬度有所增加，这种现象称为加工硬化。其硬化层的硬度为原有表面硬度的 2～2.5 倍，硬化层的深度达几十至几百微米。

产生加工硬化的原因是：切削层金属沿剪切面滑移产生塑性变形，而这种变形往往深入切削深层，使形成已加工表面的部分金属产生塑性变形；刃前金属受刀刃圆弧半径的影响，圆弧半径下侧与初形成的已加工表面相摩擦，也促使已加工表面变形；由于刀具后面的磨损，刀刃处的后角往往不可能大于 0°，后面与已加工表面发生摩擦使之再次变形。因此，在已加工表面的形成过程中，表面层金属因多方面原因产生复杂的塑性变形，造成晶格被拉伸、压缩、扭曲与破碎，阻碍了进一步塑性变形从而被强化，造成已加工表面层硬度的增加。

工件表面的加工硬化给下一道工序的切削加工增加了困难，如增大切削力、加速刀具磨损等，更重要的是影响了零件表面加工质量。由于加工表面的硬化时间与程度不一，容易造成表面微裂；其表面因硬度增加而变脆，降低了零件的抗冲击能力；已加工表面的塑性变形经常产生内应力，而内应力分布不均匀，使工件表面在微观下形成不规则的凹坑，影响了零件的疲劳强度、抗磨损能力与抗腐蚀能力。加工表面硬化后，能获得较小的加工表面粗糙度，可提高零件的耐磨性。

**5．鳞刺**

切削塑性金属零件表面出现的一种鳞片状毛刺称为鳞刺。它的存在严重地影响了加工表面粗糙度。

在较低切削速度下切削低碳钢、中碳钢、铬钢、镍铬不锈钢、铝合金及紫铜等塑性金属，出现节状切屑或单元切屑时，由于每一单元切屑形成的各个阶段都是周期性地变化，切屑与前面之间的摩擦力也产生周期性的变化，切屑在前面上周期性地停留，代替刀具去推挤切削层而造成金属的积聚，使已加工表面出现拉应力而发生导裂，并使切削厚度向切削线以下增大，生成鳞刺。鳞刺的生成大致分为 4 个阶段，如图 1-12 所示。

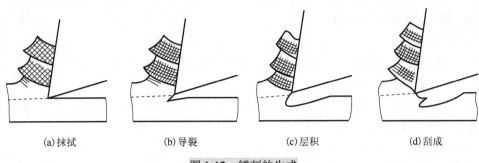

(a)抹拭　　　　　(b)导裂　　　　　(c)层积　　　　　(d)刮成

图 1-12　鳞刺的生成

**1) 抹拭**

当切屑从前面流出时，逐步把摩擦面上起润滑作用的吸附膜擦拭干净，使摩擦系数逐渐增大，也使切屑与前面的实际接触面积增大，在切屑与前面的压力作用下，切屑单元在瞬间黏结在前面上，暂时不顺前面流出。

**2) 导裂**

瞬间停滞在前面上的切屑单元，以圆钝的外形代替前面对切削层进行推挤，使切削刃前下方切屑与工件之间产生裂口，称为导裂。

**3) 层积**

当停滞在前面上的切屑单元继续对切削层进行推挤时，受到挤压的金属不断层积在切屑单元下面一起参加切削而使裂口扩大，此时的切削厚度与切削力都随之增大。

**4) 刮成**

切屑层积到某一高度以后，增大的背向力克服了切屑与前面之间的黏结和摩擦，推动切屑单元重新沿前面滑动，当切削刃切过去后，在已加工表面上便形成一个鳞刺。接着又开始另一个鳞刺的形成过程，如此周而复始，则在已加工表面上不断生成一系列鳞刺。

鳞刺对切削加工表面质量影响很大，必须采取措施对其加以控制，例如，通过热处理工艺适当提高零件材料的加工硬度、降低材料塑性、增大刀具前角等。

**6. 控制切削变形的措施**

**1) 采用热处理的方法**

工件材料的硬度低、塑性大时，切削时产生的变形就大，并且容易产生积屑瘤和鳞刺，降低了零件的加工质量。采用热处理的方法，提高工件材料的硬度，降低工件材料的塑性，可以有效地改善零件的切削变形，从而达到提高加工质量的目的。

**2) 增大前角、减小主偏角**

刀具的前角小，切屑顺刀具前面流出时对刀具前面的压力大，切削变形就增大。主偏角大，切削时产生的切削厚度就增大，切削变形就增大。若适当增大刀具前角、减小主偏角，则可以使切削变形减小。

**3) 合理选择切削用量**

进给速度增大，切削时产生的切削厚度就增大，切削变形就增大。背吃刀量增大，切削时产生的切削宽度增大，切削变形将有所减小。提高切削速度，切削时产生的切削温度就会升高，切屑容易软化而增大切削变形。但是，若切削速度很高，切屑顺刀具前面流出的速度会很快，切屑来不及软化就会离开刀具前面，切削变形增加不大。因此，加工时选择较小的进给速度、较大的背吃刀量和合理的切削速度，就可以较好地控制切削变形。

## 1.4.2　切削力与切削功率

切削力是工件材料抵抗刀具切削所产生的阻力。切削力直接影响着工件的加工质量及机床和刀具的损耗，有时还会引起振动、被迫停车等现象。

**1．切削力的产生**

切削过程中，由于刀具的切割与推挤作用，被切金属层产生弹性及塑性变形，产生工件内部的变形抗力和切屑与工件对刀具的摩擦阻力，从而形成作用在刀具上的合力 $F$，如图 1-13(a)所示。

切削力的来源有两个方面：一方面是克服被切金属层的弹性变形和塑性变形所需要的力；另一方面是克服刀具与加工表面和切屑与刀具间的摩擦所需要的力。

**2．切削力的分解**

切削时，合力 $F$ 作用在靠近切削刃空间某方向上，其大小与方向都不易确定。因此，为便于测量、计算和反映实际作用的需要，将合力 $F$ 分解为 3 个相互垂直的分力，如图 1-13(b)所示。

(1)切削力 $F_c$：作用在工件上，是合力 $F$ 在主运动方向上的分力。它是设计机床主轴、齿轮和计算机床功率的主要依据。$F_c$ 消耗机床功率的 95%左右。

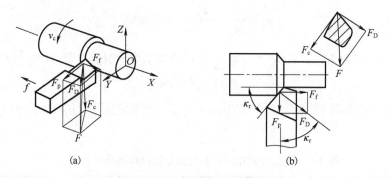

图 1-13　切削时的合力及分力

(2)背向力 $F_p$：在工作基面内，合力 $F$ 在背吃刀量方向上的分力。它是影响工件加工精度和引起切削振动的主要原因，因在外圆车削时，该方向无相对运动，$F_p$ 不消耗机床功率。

(3)进给力 $F_f$：在工作基面内，合力 $F$ 在进给方向上的分力。$F_f$ 作用在进给机构上，消耗机床功率的 1%～5%。

合力 $F$、推力 $F_D$ 与各分力之间的关系如下：

$$F = \sqrt{F_D^2 + F_c^2} = \sqrt{F_c^2 + F_p^2 + F_f^2}$$

$$F_p = F_D\cos\kappa_r, \qquad F_f = F_D\sin\kappa_r$$

上式表明，当 $\kappa_r = 0°$ 时，$F_p \approx F_D$，$F_f \approx 0$；当 $\kappa_r = 90°$ 时，$F_p \approx 0$，$F_f \approx F_D$，各分力的大小对切削过程会产生不同的作用。

**3．切削力的计算**

切削力的计算公式有理论计算公式和实验计算公式。理论计算公式通常供定性分析用，实验计算公式使用较为普遍，但求得的切削力是近似值。

切削力实验计算公式是将测力仪测得的切削力数据整理后建立起来的。在建立实验计算公式时，将每一个影响因素都作为可变因素，并借助于修正系数间接地进行计算。实验计算公式以背吃刀量 $a_p$、进给量 $f$ 和切削速度 $v_c$ 作为可变因素，而其他因素对切削力的影响用修正系数进行间接计算。

**1）指数计算公式**

外圆车削时，$F_c$、$F_p$ 和 $F_f$ 3 个分力的计算公式分别为

$$F_c = C_{F_c} a_p^{x_{F_c}} f^{y_{F_c}} v_c^{n_{F_c}} K_{F_c}$$

$$F_p = C_{F_p} a_p^{x_{F_p}} f^{y_{F_p}} v_c^{n_{F_p}} K_{F_p}$$

$$F_f = C_{F_f} a_p^{x_{F_f}} f^{y_{F_f}} v_c^{n_{F_f}} K_{F_f}$$

式中，$F_c$、$F_p$、$F_f$ 为切削力、背向力和进给力，N；$a_p$ 为背吃刀量，mm；$f$ 为进给量，mm/r；$v_c$ 为切削速度，m/min；$C_F$ 为各切削力的系数，由实验时的加工条件确定；$x_F$、$y_F$、$n_F$ 为各切削用量的指数，表明各参数对切削力的影响程度；$K_F$ 为各切削力在不同加工条件时的修正系数。

**2）单位切削力计算公式**

单位切削力是单位切削层横截面积上的切削力，用 $k_c$ 表示，其计算公式为

$$k_c = \frac{F_c}{A_D} = \frac{F_c}{a_p f} \quad (\text{N/mm}^2)$$

若已知单位切削力 $k_c$，则在背吃刀量 $a_p$ 和进给量 $f$ 给定时，切削力 $F_c$ 应为

$$F_c = k_c a_p f \quad (\text{N})$$

由此可见，利用单位切削力 $k_c$ 计算切削力 $F_c$ 是一种简便的方法。常用材料的单位切削力 $k_c$ 见表 1-1。

表 1-1　合金外圆车刀切削常用金属材料的单位切削力

| 工件材料 | | | | 单位切削力 /(N/mm²) | 单位切削力功率 /〔kW/(mm³·s)〕 | 实验条件 | |
|---|---|---|---|---|---|---|---|
| 名称 | 牌号 | 处理状态 | 硬度 (HBS) | | | 刀具几何参数 | 切削用量范围 |
| 碳素结构钢 | Q235 | 热轧或正火 | 134～137 | 1884 | 1884×10⁻⁶ | $\gamma_o=150°$ $\kappa_r=75°$ $\lambda_s=0°$ | $v_c=90～105\text{m/min}$ $a_p=1～5\text{mm}$ $f=0.1～0.5\text{mm/r}$ |
| | 45 | | 187 | 1962 | 1962×10⁻⁶ | | |
| | 40Cr | | 212 | | | | |
| 合金结构钢 | 45 | 调质 | 229 | 2305 | 2305×10⁻⁶ | $\gamma_o=150°$ $\kappa_r=75°$ $\lambda_s=0°$ $\gamma_1=-20°$ | |
| | 40Cr | | 285 | | | | |
| 合金结构钢 | 38CrSi | 调质 | 292 | 2197 | 2197×10⁻⁶ | $\gamma_o=150°$ $\kappa_r=75°$ $\lambda_s=0°$ $\gamma_1=-20°$ | $v_c=90～105\text{m/min}$ $a_p=1～5\text{mm}$ $f=0.1～0.5\text{mm/r}$ |
| | 45 | 淬硬 | 44（HRC） | 2649 | 2649×10⁻⁶ | | |
| 不锈钢 | 1Cr18Ni9Ti | 淬火及回火 | 170～179 | 2453 | 2453×10⁻⁶ | | |

| 工件材料 | | | | 单位切削力 /(N/mm²) | 单位切削力功率 / [kW/(mm³·s)] | 实验条件 | |
| --- | --- | --- | --- | --- | --- | --- | --- |
| 名称 | 牌号 | 处理状态 | 硬度 (HBS) | | | 刀具几何参数 | 切削用量范围 |
| 灰铸铁 | HT200 | 退火 | 170 | 1118 | 1118×10⁻⁶ | $\gamma_o$=15° $\kappa_r$=75° $\lambda_s$=0° | $v_c$=70~85m/min $a_p$=2~10mm $f$=0.1~0.5mm/r |
| 球墨铸铁 | QT450-15 | | 170~207 | 1413 | 1413×10⁻⁶ | | |
| 可锻铸铁 | KT300-06 | | 170 | 1344 | 1344×10⁻⁶ | | |
| 黄铜 | H62 | 冷拔 | 80 | 1422 | 1422×10⁻⁶ | $\gamma_o$=15° $\kappa_r$=75° $\lambda_s$=0° | $v_c$=180m/min $a_p$=2~6mm $f$=0.1~0.5mm/r |
| 锡青铜 | ZQSn5-5-5 | 铸造 | 74 | 686.7 | 686.7×10⁻⁶ | | |
| 紫铜 | T2 | 热轧 | 85~90 | 1619 | 1619×10⁻⁶ | | |
| 铸铝合金 | ZL10 | 铸造 | 45 | 814.2($\gamma_o$=15°) | 814.2×10⁻⁶ | $\gamma_o$=15°、20° $\kappa_r$=75° $\lambda_s$=0° | |
| | | | | 706.3($\gamma_o$=25°) | 706.3×10⁻⁶ | | |
| 硬铝合金 | ZL12 | 淬火及时效 | 107 | 833.9($\gamma_o$=15°) | 833.9×10⁻⁶ | | |
| | | | | 765.2($\gamma_o$=25°) | 765.2×10⁻⁶ | | |

#### 4．切削功率的计算

切削功率等于切削力与切削力作用方向上的运动速度的乘积。主运动消耗的切削功率 $P_c$ 为

$$P_c = \frac{10^{-3}}{60} F_c v_c \quad (kW)$$

式中，$F_c$ 为切削力，N；$v_c$ 为切削速度，m/min。

根据切削功率 $P_c$ 可计算或校核机床主电动机的功率 $P_E$ 为

$$P_E = \frac{P_c}{\eta_c} \quad (kW)$$

式中，$\eta_c$ 为机床传动效率，一般取 $\eta_c$=0.75~0.85。

#### 5．控制切削力的措施

用卡盘装夹细长轴工件时，车削加工出的轴直径一端大、一端小；用卡盘和顶针两端装夹细长轴工件时，车削加工出的轴直径两端小、中间大，呈腰鼓形；在小功率机床上采用较大的切削用量加工工件有时会出现停车现象。以上这些现象都是切削力所致。控制切削力可以采取以下几方面措施。

##### 1）改善工件材料的切削性能

工件材料的强度和硬度高，在切削过程中由弹性变形到塑性变形所产生的切削力就大。工件材料的强度、硬度相同，其塑性和韧性大，则切削力也大。塑性大的材料在切削过程中产生的塑性变形较大，摩擦力大，故切削力增大。工件材料的高温强度与高温硬度大时产生的切削力也大。采用适当的毛坯制造方法或在加工前对工件材料进行适当的热处理，可以减小切削力。

##### 2）合理选择切削用量

背吃刀量和进给速度增加，切削面积就增加，切削变形和摩擦力都增加，切削力就增大，但两者的影响程度是不相同的。通过实践对切削力的测定可知，背吃刀量增加一倍时，切削力约增加一倍；而当进给速度增加一倍时，切削力只增加 68%~86%。

当切削速度在 5～20m/min 内增加时，积屑瘤高度逐渐增加，切削力会减小；当切削速度在 20～35m/min 内增加时，积屑瘤逐渐消失，切削力增大；当切削速度大于 35m/min 时，由于切削温度逐渐升高，摩擦力有所减小，故切削力减小。一般切削速度超过 90m/min 时，切削力处于变化甚小的较稳定状态。

选择切削用量时，在机床功率不足和工艺系统刚度较小的情况下，应优先采取大的进给量和较高的切削速度，适当地减小背吃刀量，这有利于减小切削力，保证机床正常运行，提高切削加工效率。

**3)合理选择刀具几何参数**

刀具前角增大，切削变形就减小，切削力就减小。

主偏角越小，背向力越大，被加工零件的变形也越大。加工刚性差的零件时，应选择较大的主偏角。此外，使用切削液也会减小切削力。

## 1.4.3　切削热与切削温度

### 1. 切削热的产生与传散

**1)切削热的产生**

切削热是由切削功转变而来的，一是切削层发生的弹、塑性变形功；二是切屑与前刀面、工件与后刀面间消耗的摩擦功。具体在 3 个变形区内产生，如图 1-14 所示。其中包括以下 3 部分。

(1)剪切区的变形功转变的热 $Q_p$。

(2)切屑与前刀面的摩擦功转变的热 $Q_{\gamma f}$。

(3)已加工表面与后刀面的摩擦功转变的热 $Q_{\alpha f}$。

产生的总热量 $Q$ 为

$$Q = Q_p + Q_{\gamma f} + Q_{\alpha f}$$

切削塑性金属时切削热主要由剪切区变形和前刀面摩擦形成，切削脆性金属时则后刀面摩擦热占的比例较多。

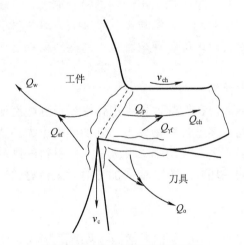

图 1-14　切削热的来源与传散

**2）切削热的传散**

切削热由切屑、工件、刀具和周围介质传出，可分别用 $Q_{ch}$、$Q_w$、$Q_c$、$Q_f$ 表示。切削热产生与传出的关系为

$$Q = Q_p + Q_{\gamma f} + Q_{\alpha f} = Q_{ch} + Q_w + Q_c + Q_f$$

切削热传出的大致比例如下。

（1）车削加工时，$Q_{ch}$ 占 50%～86%，$Q_c$ 占 40%～10%，$Q_w$ 占 9%～3%，$Q_f$ 占 1%。

（2）钻削加工时，$Q_{ch}$ 占 28%，$Q_c$ 占 14.5%，$Q_w$ 占 52.5%，$Q_f$ 占 5%。

切削速度越高，切削厚度越大，则由切屑带走的热量越多。

影响切削热传出的主要因素是工件和刀具材料的热导率以及周围介质的状况。

**2. 切削温度及其影响因素**

通常所说的切削温度，如无特殊注明，都是指切屑、工件和刀具接触区的平均温度。

**1）切削用量对切削温度的影响**

（1）切削速度对切削温度影响显著。实验证明，随着切削速度的提高，切削温度明显上升。因为当切屑沿前刀面流出时，切屑底层与前刀面发生强烈摩擦，产生大量的热量。

（2）进给量对切削温度有一定的影响。随着进给量的增大，单位时间内的金属切除量增多，切削过程产生的切削热也增多，切削温度上升。

（3）背吃刀量对切削温度影响很小。随着背吃刀量的增大，切削层金属的变形与摩擦成正比增加，切削热也成正比增加。但由于切削刃参加工作的长度也成正比增长，改善了散热条件，所以切削温度的升高并不明显。

**2）刀具几何参数对切削温度的影响**

前角直接影响到基本变形区的变形和前面摩擦变形区的摩擦及散热条件，所以对切削温度有明显的影响。前角大，产生的切削热少，切削温度低；前角小，切削温度高。

主偏角增大，切削温度将升高。因为主偏角加大后，切削刃工作长度缩短，切削热相对集中，刀尖角减小，散热条件变差，切削温度升高。

**3）工件材料对切削温度的影响**

工件材料影响切削温度的因素主要有强度、硬度、塑性及传热系数。工件材料的强度与硬度越高，切削时消耗的功率越大，产生的切削热也越多，切削温度越高；工件材料的塑性主要影响到基本变形区的变形和前面摩擦变形区的摩擦，从而影响切削温度；工件材料的传热系数大，从工件传出去的热量大，切削温度低。

**4）刀具磨损对切削温度的影响**

刀具磨损后切削刃变钝，刃区前方的挤压作用增大，切削区金属的塑性变形增加；同时，磨损后的刀具后角基本为零，使工件与刀具的摩擦加大，两者均使切削热增多。

**5）切削液对切削温度的影响**

切削液能降低切削区的温度，改善切削过程中的摩擦状况，减少刀具和切屑的黏结，减少工件热变形，保证加工精度，减小切削力，提高刀具耐用度和生产效率。

## 1.4.4　断屑与排屑

**1. 切屑折断的过程**

切屑折断的过程大致分为 4 个阶段，如图 1-15 所示。

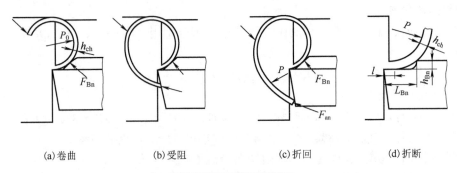

(a)卷曲　　　　　(b)受阻　　　　　(c)折回　　　　　(d)折断

图 1-15　切屑折断原理

（1）卷曲。切屑顺前面流出时，受前面所阻形成滞流层。滞流层的切屑沿前面产生滑移，使切削层的底边增大，在流动时长边向短边卷曲。

（2）受阻。切屑自身卷曲顺前面排出，当碰到断屑槽的反屑面以后，反屑面便给切屑一个阻力。

（3）折回。切屑顺前面流出时被反屑面所阻，一般垂直于反屑面折回工件或刀具的某一表面上。当刃倾角为正值时，若进给速度较大，切屑一般折向车刀的后面；若进给速度较小，切屑则折向工件的待加工表面。当刃倾角为负值时，切屑一般折回工件的加工表面。当刃倾角为 0° 时，切屑一般折回工件的过渡表面。

（4）折断。当切屑折回碰到某一个表面时，增加了切屑的弯曲应力。当弯曲应力超过切屑材料的极限应变时，切屑便成一定形状而折断。

**2. 切屑形状**

生产中由于加工条件不同，形成的切屑形状有许多种。常见的切屑形状与名称见表 1-2。

表 1-2　切屑形状的分类

| 带状切屑 | 长 | 短 | 缠乱 |
|---|---|---|---|
|  |  |  |  |
| 管状切屑 | 长 | 短 | 缠乱 |
|  |  |  |  |
| 盘旋状切屑 | 平 | 锥 |  |
|  |  |  |  |
| 环形螺旋切屑 | 长 | 短 | 缠乱 |
|  |  |  |  |

续表

| | 长 | 短 | 缠乱 |
|---|---|---|---|
| 锥形螺旋切屑 | | | |
| | 连接 | 松散 | |
| 弧形切屑 | | | |
| 针形切屑 | | | |

### 3. 切屑的控制

加工塑性金属时，切屑呈长带状缠绕在工件或刀具上，这不仅会拉伤工件已加工表面，而且会危及操作者的安全。加工脆性金属时，切屑呈崩碎状四处飞溅，不仅会危害操作者安全，还会污染加工周围的环境。因此，较好地控制切屑的折断与排出，可保证零件的加工质量和操作者安全。

在刀具上磨制断屑槽和选择合理的断屑槽斜角是控制切屑折断及流向的有力措施。

#### 1) 断屑槽的形式

断屑槽主要有 3 种形式，如图 1-16 所示。折线形断屑槽的前面为直线形，反屑面也为直线形，中间用小圆弧相连接。直线圆弧形断屑槽由一段直线形的前面与一段圆弧形的反屑面连接而成。全圆弧形断屑槽的前面与反屑面是由同一半径的圆弧面组成的。

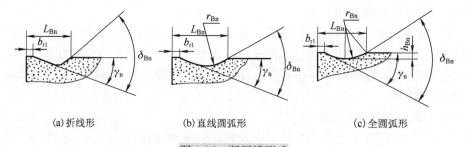

(a) 折线形　　　　　　　　(b) 直线圆弧形　　　　　　　(c) 全圆弧形

图 1-16　断屑槽形式

折线形断屑槽和直线圆弧形断屑槽适用于加工碳钢、合金钢、工具钢、不锈钢；全圆弧形断屑槽适用于加工塑性高的金属材料和重型刀具。

#### 2) 断屑槽反屑面的形式

(1) 外斜式断屑槽反屑面的特点是断屑槽外宽内窄、外深内浅，如图 1-17 (a) 所示。切屑顺前面流出时，在 $A$ 点处先碰反屑面，并以较小的弯曲半径卷曲；$B$ 点处的切屑后碰反屑面，并以较大的弯曲半径卷曲。这样使切屑折回后流向刀具后面或待加工表面。

(2) 内斜式断屑槽反屑面的特点是断屑槽外窄内宽、外浅内深，如图 1-17 (c) 所示。切屑顺前面流出时，前缘 $B$ 点处切屑首先碰反屑面，卷曲半径较小；$A$ 点处切屑卷曲半径较大，切屑往往呈螺旋形顺断屑槽向后流出，卷曲到一定长度时靠自身重力甩断。内斜式断屑槽反屑面一般应用于精车或半精车塑性金属。

(3)平行式断屑槽反屑面的特点是槽宽、槽深前后均相等，如图1-17(b)所示。切屑顺前面流出时被反屑面所阻后直接折向过渡表面。平行式断屑槽反屑面常用于粗加工塑性金属。

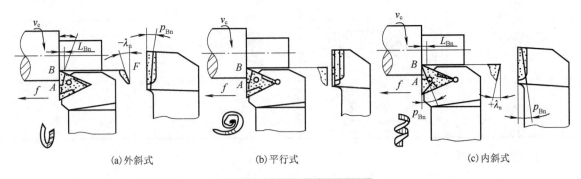

(a)外斜式　　　　　　　　(b)平行式　　　　　　　　(c)内斜式

图1-17　断屑槽反屑面的形式

此外，增大进给速度、增大刀具主偏角、采用适当的刃倾角等措施也能较好地控制切屑的折断和流向。

# 1.5　金属材料的切削加工性

### 1. 金属材料切削加工性的概念

金属材料的性能不同，切削加工的难易程度也不同。例如，与切削45钢相比，切削铜、铝合金较为轻快；切削合金钢较为困难；切削耐热合金则更为困难。金属材料切削加工的难易程度称为金属材料的切削加工性。

金属材料的切削加工性与材料的力学、物理、化学性能以及加工要求和切削条件有关。一般地说，良好的切削加工性是指：刀具耐用度 $T$ 较高或一定耐用度下的切削速度 $v_{cT}$ 较高；切削力较小，切削温度较低；容易获得好的表面质量；切屑形状容易控制或容易断屑。反之，则认为切削加工性差。

### 2. 衡量金属材料切削加工性的指标

衡量金属材料切削加工性的指标较多，最常用的是切削速度 $v_{cT}$ 和相对加工性 $K_r$。

$v_{cT}$ 的含义是当刀具耐用度为 $T$ 时，切削某种材料所允许的最大切削速度。在相同的刀具耐用度下，$v_{cT}$ 高的材料切削加工性较好。一般用 $T = 60\text{min}$ 时所允许的 $v_{c60}$ 来评定材料的切削加工性。难加工材料用 $v_{c20}$ 来评定。

$K_r$ 是以正火状态45钢的 $v_{c60}$ 为标准，记作 $(v_{c60})_j$，将其他材料的 $v_{c60}$ 与 $(v_{c60})_j$ 相比，即

$$K_r = \frac{v_{c60}}{(v_{c60})_j}$$

凡 $K_r$ 大于1的材料，其切削加工性比45钢好；$K_r$ 小于1的材料，切削加工性比45钢差。常用材料的相对切削加工性 $K_r$ 分为8级，见表1-3。

表 1-3　相对切削加工性等级

| 加工性等级 | 名称及种类 | | 相对加工性 $K_r$ | 代表性材料 |
|---|---|---|---|---|
| 1 | 很容易切削材料 | 一般有色金属 | >3.0 | 5-5-5 铜铅合金，9-4 铝铜合金，铝镁合金 |
| 2 | 容易切削材料 | 易切削钢 | 2.5~3.0 | 退火 15Cr，$\sigma_b=0.373\sim0.441GPa$；自动机钢 $\sigma_b=0.393\sim0.491GPa$ |
| 3 | | 较易切削钢 | 1.6~2.5 | 正火 30 钢 $\sigma_b=0.441\sim0.549GPa$ |
| 4 | 普通材料 | 一般钢及铸铁 | 1.0~1.6 | 45 钢，灰铸铁 |
| 5 | | 稍难切削材料 | 0.65~1.0 | 2Cr13 调质 $\sigma_b=0.834GPa$；85 钢 $\sigma_b=0.883GPa$ |
| 6 | 难切削材料 | 较难切削材料 | 0.5~0.65 | 45Cr 调质 $\sigma_b=1.03GPa$；65Mn 调质 $\sigma_b=0.932\sim0.981GPa$ |
| 7 | | 难切削材料 | 0.15~0.5 | 50Cr 调质，1Cr18Ni9Ti，某些钛合金 |
| 8 | | 很难切削材料 | <0.15 | 某些钛合金，铸造镍基高温合金 |

**3. 改善金属材料切削加工性的途径**

材料的切削加工性对生产率和表面质量有很大影响，因此在满足零件使用要求的前提下，应尽量选用切削加工性较好的材料。

材料的切削加工性还可通过一些措施予以改善，采用热处理方法是改善材料切削加工性的重要途径之一。例如，低碳钢的塑性过高，通过正火适当降低塑性、提高硬度，可使精加工的表面质量提高；对高碳钢和工具钢进行球化退火，可以使网状、片状的渗碳体组织变为球状的渗碳体，从而降低硬度，改善切削加工性；出现白口组织的铸铁，可在 950~1000℃下退火来降低硬度，使切削加工较易进行。

此外，调整材料的化学成分也是改善其切削加工性的重要途径。例如，在钢中适当添加硫、铝等元素使之成为易切削钢，切削时可使刀具耐用度提高，切削力减小，断屑容易，并可获得较好的表面加工质量。

# 1.6　刀具几何参数的合理选择

## 1.6.1　前角的选择

**1. 前角的功用**

前角的功用主要是影响切屑变形和切削力及刀具耐用度和加工表面质量。增大前角使切削变形和摩擦减小，故切削力小、切削热少，加工表面质量高。但前角过大，刀具强度降低，散热体积减小，刀具耐用度降低。减小前角，刀具强度提高，切屑变形增大，易断屑。但前角过小，会使切削力和切削热增加，刀具耐用度降低。

硬质合金车刀合理前角的参考值见表 1-4。

表 1-4　硬质合金车刀合理前角的参考值

| 工件材料 | 合理前角/(°) | | 工件材料 | 合理前角/(°) | |
|---|---|---|---|---|---|
| | 粗车 | 精车 | | 粗车 | 精车 |
| 低碳钢 Q235 | 18~20 | 20~25 | 40Cr(正火) | 13~18 | 15~20 |
| 45 钢(正火) | 15~18 | 18~20 | 40Cr(调质) | 10~15 | 13~18 |
| 45 钢(调质) | 10~15 | 13~18 | 40 钢，40Cr 钢锻件 | 10~15 | |
| 45 钢、40Cr 铸钢件或钢锻件断续切削 | 10~15 | 5~10 | 淬硬钢(40~50HRC) | -15~-5 | |
| 灰铸铁 HT150、HT200、青铜 ZQSn10-1、脆黄铜、HPb59-1 | 10~15 | 5~10 | 灰铸铁断续切削 | 5~10 | 0~5 |
| | | | 高强度钢($\sigma_b$<180MPa) | -5 | |
| 铝 L3 及铝合金 LY12 | 30~35 | 35~40 | 高强度钢($\sigma_b$≥180MPa) | -10 | |
| 紫铜 T1~T4 | 25~30 | 30~35 | 锻造高温合金 | 5~10 | |
| 奥氏体不锈钢(185HBS 以下) | 15~25 | | 铸造高温合金 | 0~5 | |
| 马氏体不锈钢(250HBS 以下) | 15~25 | | 钛及钛合金 | 5~10 | |
| 马氏体不锈钢(250HBS 以上) | -5 | | 铸造碳化钨 | -10~-15 | |

### 2. 合理前角的选择原则
#### 1) 工件材料

加工塑性材料时，特别是加工硬化严重的材料(如不锈钢)，为了减小切削变形和刀具磨损，应选用较大的前角；加工脆性材料时，由于产生的切屑为崩碎状切屑，切削变形也小，增大前角的意义不大，而这时刀-屑之间的作用力集中在切削刃附近，为保证切削刃具有足够的强度，应采用较小的前角。

工件材料的强度和硬度低时，由于切削力不大，为使切削刃锋利，可选用较大的甚至很大的前角；工件材料的强度和硬度高时，应选用较小的前角；加工特别硬的工件材料(如淬火钢)时，应选用很小的前角，甚至选用负前角。这是因为工件材料的强度和硬度都高，产生的切削力大，切削热多，为了使切削刃具有足够的强度和散热容量，以防崩刃和迅速磨损，应选用较小的前角。

#### 2) 刀具材料

刀具材料的抗弯强度和冲击韧性较低时应选用较小的前角。高速钢刀具比硬质合金刀具的合理前角大 5°~10°。陶瓷刀具的合理前角应选得比硬质合金刀具更小一些。

#### 3) 加工性质

粗加工时，特别是断续切削，不仅切削力大，切削热多，并且承受冲击载荷。为保证切削刃有足够的强度和散热面积，应适当减小前角。精加工时，对切削刃强度要求较低，为使切削刃锋利，减小切屑变形和获得较高的表面质量，前角应取大一些。工艺系统刚性差和机床功率小时，宜选用较大的前角，以减少切削力和振动。

为保证刀具工作的稳定性(不发生崩刃及破损)，数控机床和自动机、自动线用刀具一般选用较小的前角。

## 1.6.2　后角的选择

### 1. 后角的功用

后角的主要功用是减小主后刀面与过渡表面的弹性恢复层之间的摩擦，减轻刀具磨损。后角小，使主后刀面与工件表面间的摩擦加剧，刀具磨损加大，工件冷硬程度增加，加工表面质量差；尤其是切削厚度较小时，由于刃口钝圆半径的影响，上述情况更为严重。后角增大，摩擦减小，也减小了刃口钝圆半径，这对切削厚度较小的情况有利，但使刀刃强度和散热情况变差。

### 2. 合理后角的选择原则

#### 1) 根据切削厚度选择后角

切削厚度 $h_D$ 越大，则后角 $\alpha_o$ 应越小；切削厚度 $h_D$ 越小，则 $\alpha_o$ 应越大。例如，进给量较大的外圆车刀 $\alpha_o = 6° \sim 8°$；每齿进给量很小的立铣刀 $\alpha_o = 6°$；而每齿进给量不超过 0.01mm 的圆片铣刀 $\alpha_o = 30°$。这是因为切削厚度较大时，切削力较大，切削温度也较高，为了保证刃口强度和改善散热条件，应取较小的后角。切削厚度越小，切削层上被切削刃的钝圆半径挤压而留在已加工表面上，并与主后刀面挤压摩擦的这一薄层金属占切削厚度的比例越大。若这时增大后角，即可减小刃口钝圆半径，使刃口锋利，便于切下薄切屑，可提高刀具耐用度和加工表面质量。

根据以上分析，粗加工、强力(大进给量)切削以及承受冲击载荷的刀具，增大刃口强度是首要任务，这时应选取较小的后角；精加工时则应选取较大的后角。

#### 2) 适当考虑被加工材料的力学性能

工件材料硬度、强度较高时，为保证切削刃强度，宜取较小的后角；工件材料硬度较低、塑性较大且易产生加工硬化时，主后刀面的摩擦对已加工表面质量和刀具磨损影响较大，此时应取较大的后角；加工脆性材料时，切削力集中在刀刃附近，为强化切削刃，宜选取较小的后角。

#### 3) 考虑工艺系统刚性

工艺系统刚性差，容易产生振动时，为了增强刀具对振动的阻尼作用，应选取较小的后角。

#### 4) 考虑尺寸精度要求

对于尺寸精度要求高的精加工用刀具(如铰刀等)，为了减小重磨后刀具尺寸变化，保证有较高的尺寸耐用度，后角应取得较小。

硬质合金车刀合理后角的参考值见表 1-5。

表 1-5　硬质合金车刀合理后角的参考值

| 工件材料 | 合理后角/(°) | |
|---|---|---|
| | 粗车 | 精车 |
| 低碳钢 | 8~10 | 10~12 |
| 中碳钢 | 5~7 | 6~8 |
| 合金钢 | 5~7 | 6~8 |
| 淬火钢 | 8~10 | |

续表

| 工件材料 | 合理后角/(°) | |
|---|---|---|
| | 粗车 | 精车 |
| 不锈钢 | 6～8 | 8～10 |
| 灰铸钢 | 4～6 | 6～8 |
| 铜及铜合金(脆) | 4～6 | 6～8 |
| 铝及铝合金 | 8～10 | 10～12 |
| 钛合金($\sigma_b \leqslant 1.17 GPa$) | 10～15 | |

副后角可减少副后面与已加工表面间的摩擦。一般车刀、刨刀等的副后角与主后角相等；而切断刀、切槽刀及锯片铣刀等的副后角因受刀头强度限制，只能取值较小，通常 $\alpha_o' = 1° \sim 2°$。

### 1.6.3　主偏角和副偏角的选择

#### 1. 主偏角的功用

主偏角的功用主要是影响刀具耐用度、已加工表面粗糙度及切削力。主偏角 $\kappa_r$ 较小，则刀头强度高，散热条件好，已加工表面残留面积高度小，作用主切削刃的长度长，单位作用主切削刃上的切削负荷小；其负面效应为背向力大、切削厚度小、断屑效果差。主偏角较大时，所产生的影响与上述完全相反。

#### 2. 合理主偏角的选择原则

(1)粗加工和半精加工时，硬质合金车刀应选择较大的主偏角，以利于减少振动，提高刀具耐用度和断屑。例如，在生产中效果显著的强力切削车刀的 $\kappa_r$ 取 75°。

(2)加工很硬的材料，如淬硬钢和冷硬铸铁时，为减少单位长度切削刃上的负荷，改善刀刃散热条件，提高刀具耐用度，应取 $\kappa_r = 10° \sim 30°$。

(3)工艺系统刚性低(如车细长轴、薄壁筒)时，应取较大的主偏角，甚至取 $\kappa_r \geqslant 90°$，以减小背向力 $F_p$，从而降低工艺系统的弹性变形和振动。

(4)单件小批生产时，希望用一两把车刀加工出工件上所有表面，则应选用通用性较好的 $\kappa_r = 45°$ 或 90° 的车刀。

(5)需要从工件中间切入的车刀，以及仿形加工的车刀，应适当增大主偏角；有时主偏角取决于工件形状，例如，车阶梯轴时，则需用 $\kappa_r = 90°$ 的刀具。

硬质合金车刀合理主偏角和副偏角的参考值见表 1-6。

表 1-6　硬质合金车刀合理主偏角和副偏角的参考值

| 加工情况 | | 参考值/(°) | |
|---|---|---|---|
| | | 主偏角 $\kappa_r$ | 副偏角 $\kappa_r'$ |
| 粗车 | 工艺系统刚性好 | 45, 60, 75 | 5～10 |
| | 工艺系统刚性差 | 65, 75, 90 | 10～15 |
| 车细长轴、薄壁零件 | | 90, 93 | 6～10 |

续表

| 加工情况 | | 参考值/(°) | |
| --- | --- | --- | --- |
| | | 主偏角 $\kappa_r$ | 副偏角 $\kappa_r'$ |
| 精车 | 工艺系统刚性好 | 45 | 0~5 |
| | 工艺系统刚性差 | 60, 75 | 0~5 |
| 车削冷硬铸铁、淬火钢 | | 10~30 | 4~10 |
| 从工件中间切入 | | 45~60 | 30~45 |
| 切断刀、切槽刀 | | 60~90 | 1~2 |

**3. 副偏角的功用**

副偏角的功用主要是减小副切削刃和已加工表面的摩擦。较小的副偏角可减小残留面积，提高刀具强度和改善散热条件，但会增加副后刀面与已加工表面之间的摩擦，且易引起振动。

**4. 合理副偏角的选择原则**

(1)一般刀具的副偏角，在不引起振动的情况下，可选取较小的副偏角，如车刀、刨刀均可取 $\kappa_r'=5°\sim10°$。

(2)精加工刀具的副偏角应取得更小一些，以减小残留面积，从而减小表面粗糙度。

(3)加工高强度、高硬度材料或断续切削时，应取较小的副偏角($\kappa_r'=4°\sim6°$)，以提高刀尖强度，改善散热条件。

(4)为了保证刀头强度和重磨后刀头宽度变化较小，切断刀、锯片刀和切槽刀等，只能取很小的副偏角，即 $\kappa_r'=1°\sim2°$。

硬质合金车刀合理副偏角的参考值见表 1-6。

## 1.6.4　刃倾角的选择

**1. 刃倾角的功用**

刃倾角主要影响切屑流向和刀尖强度。刃倾角为正值，切削开始时刀尖与工件先接触，切屑流向待加工表面，可避免缠绕和划伤已加工表面，对半精加工、精加工有利。刃倾角为负值，切削开始时刀尖后接触工件，切屑流向已加工表面，容易将已加工表面划伤；在粗加工开始，尤其是在断续切削时，可避免刀尖受冲击，起保护刀尖的作用，并可改善刀具散热条件。

**2. 合理刃倾角的选择原则**

(1)粗加工刀具，可取 $\lambda_s<0°$，以使刀具具有较高的强度和较好的散热条件，并使切入工件时刀尖免受冲击；精加工时，取 $\lambda_s>0°$，使切屑流向待加工表面，以提高表面质量。

(2)断续切削、工件表面不规则、冲击力大时，应取负的刃倾角，以提高刀尖强度。

(3)切削硬度很高的工件材料(如淬硬钢)时，应取绝对值较大的负刃倾角，以使刀具有足够的强度。

(4)工艺系统刚性差时，应取 $\lambda_s>0°$，以减小背向力，避免切削中的振动。

合理刃倾角的参考值见表 1-7。

表 1-7　刃倾角$\lambda_s$数值的选用表

| $\lambda_s/(°)$ | 0～5 | 5～10 | −5～0 | −10～−5 | −15～−10 | −45～−10 |
|---|---|---|---|---|---|---|
| 应用范围 | 精车钢和细长轴 | 精车有色金属 | 粗车钢和灰铸铁 | 精车余量不均匀钢 | 断续车削钢和灰铸铁 | 带冲击切削淬硬钢 |

# 1.7　切削用量及切削液的选择

## 1.7.1　切削用量的选择原则和方法

切削用量对切削力、切削功率、刀具磨损、加工质量和加工成本均有显著影响。选择切削用量时，就是在保证加工质量和刀具耐用度的前提下，充分发挥机床性能和刀具切削性能，使切削效率最高，加工成本最低。

### 1. 切削用量的选择原则

**1)粗加工时切削用量的选择原则**

首先选取尽可能大的背吃刀量；其次根据机床动力和刚性的限制条件等，选取尽可能大的进给量；最后根据刀具耐用度确定最佳的切削速度。

**2)精加工时切削用量的选择原则**

首先根据粗加工后的余量确定背吃刀量；其次根据已加工表面粗糙度要求，选取较小的进给量；最后在保证刀具耐用度的前提下尽可能选用较高的切削速度。

### 2. 切削用量的选择方法

**1)背吃刀量的选择**

根据加工余量确定背吃刀量。粗加工($Ra=10\sim80\mu m$)时，一次进给应尽可能切除全部余量。在中等功率机床上，背吃刀量可达 8～10mm。半精加工($Ra=1.25\sim10\mu m$)时，背吃刀量为 0.5～2mm。精加工($Ra=0.32\sim1.25\mu m$)时，背吃刀量为 0.1～0.4mm。

在工艺系统刚性不足、毛坯余量很大或余量不均匀时，粗加工要分几次进给，并且应当把第一、二次进给的背吃刀量尽量取得大一些。

**2)进给量的选择**

粗加工时，由于对工件表面质量没有太高的要求，这时主要考虑机床进给机构的强度和刚性及刀杆的强度和刚性等限制因素。根据加工材料、刀杆尺寸、工件直径及已确定的背吃刀量来选择进给量。

在半精加工和精加工时，则按表面粗糙度要求，根据工件材料、刀尖圆弧半径、切削速度来选择进给量。

**3)切削速度的选择**

根据已经选定的背吃刀量、进给量及刀具耐用度选择切削速度。可用经验公式计算，也可根据生产实践经验在机床说明书允许的速度范围内查表选取。

切削速度确定后，用式 $v_c=\dfrac{\pi dn}{1000}$ 算出机床转速 $n$(对有级变速的机床，须按机床说明书选择与所算转速 $n$ 接近的转速)。

在选择切削速度时，还应考虑以下几点。

(1)应尽量避开积屑瘤产生的区域。

(2)断续切削时，为减小冲击和热应力，要适当降低切削速度。

(3)在易发生振动的情况下，切削速度应避开自激振动的临界速度。

(4)加工大件、细长件和薄壁工件时，应选用较低的切削速度。

(5)加工带外皮的工件时，应适当降低切削速度。

**3. 机床功率的校核**

切削功率 $P_c$ 可用式 $P_c=\dfrac{F_c v_c \cdot 10^{-3}}{60}$ 计算。机床有效功率 $P_E{}'$ 为

$$P_E{}'=P_E \eta$$

式中，$P_E$ 为机床电动机功率；$\eta$ 为机床传动效率。

若 $P_E < P_E{}'$，则选择的切削用量可在指定的机床上使用。若 $P_E=P_E{}'$，则机床功率没有得到充分发挥，这时可以规定较低的刀具耐用度(如采用机夹可转位刀片的合理耐用度可为 15～30min)，或采用切削性能更好的刀具材料，以提高切削速度的办法使切削功率增大，以期充分利用机床功率，达到提高生产率的目的。

若 $P_E > P_E{}'$，则选择的切削用量不能在指定的机床上使用，这时可调换功率较大的机床，或根据所限定的机床功率降低切削用量(主要是降低切削速度)。这时虽然机床功率得到充分利用，但刀具的性能却未能充分发挥。

## 1.7.2　切削液的选择

在金属切削过程中，合理选择切削液可以改善工作与刀具间的摩擦状况，降低切削力和切削温度，减轻刀具磨损，减小工件的热变形，从而可以提高刀具耐用度，提高加工效率和加工质量。

**1. 切削液的作用**

**1)冷却作用**

切削液可以将切削过程中所产生的热量迅速地从切削区带走，使切削区温度降低。切削液的流动性越好，比热容、导热系数和汽化热等参数越高，则其冷却性能越好。

**2)润滑作用**

切削液能在刀具的前、后刀面与工件之间形成一层润滑薄膜，可减少或避免刀具与工件或切屑间的直接接触，减轻摩擦和黏结程度，因而可以减轻刀具的磨损，提高工件表面的加工质量。

为保证润滑作用的实现，要求切削液能够迅速渗入刀具与工件或切屑的接触界面，形成牢固的润滑油膜，使其不致在高温、高压及剧烈摩擦的条件下被破坏。

**3)清洗作用**

在切削过程中，会产生大量切屑、金属碎片和粉末，特别是在磨削过程中，砂轮上的砂粒会随时脱落和破碎。使用切削液便可以及时地将它们从刀具(或砂轮)和工件上冲洗下去，从而避免切屑黏附刀具、堵塞排屑和划伤已加工表面。这一作用对于磨削、螺纹加工和深孔加工等工序尤为重要。为此，要求切削液有良好的流动性，并且在使用时有足够大的压力和流量。

**4)防锈作用**

为了减轻工件、刀具和机床受周围介质(如空气、水分等)的腐蚀，要求切削液具有一定的防锈作用。防锈作用的好坏取决于切削液本身的性能和加入防锈添加剂的品种与比例。

**2．切削液的种类**

常用的切削液分为水溶液、乳化液和切削油三大类。

**1)水溶液**

水溶液是以水为主要成分的切削液。水的导热性能好,冷却效果好。但单纯的水容易使金属生锈,润滑性能差。因此,常在水中加入一定量的添加剂,如防锈添加剂、表面活性物质和油性添加剂等,使其既具有良好的防锈性能,又具有一定的润滑性能。在配制水溶液时,要特别注意水质情况,如果是硬水,必须进行软化处理。

**2)乳化液**

乳化液是将乳化油用 95%～98%的水稀释而成,呈乳白色或半透明状的液体,具有良好的冷却作用,但润滑、防锈性能较差。实际使用中,常需加入一定量的油性添加剂、极压添加剂和防锈添加剂,配制成极压乳化液或防锈乳化液。

**3)切削油**

切削油的主要成分是矿物油,少数采用动植物油或复合油。纯矿物油不能在摩擦界面形成坚固的润滑膜,润滑效果较差。实际使用中,常加入油性添加剂、极压添加剂和防锈添加剂,以提高其润滑和防锈作用。

**3．切削液的选用**

**1)粗加工时切削液的选用**

粗加工时,加工余量大,切削用量大,产生大量的切削热。采用高速钢刀具切削时,使用切削液的主要目的是降低切削温度,减少刀具磨损。硬质合金刀具耐热性好,一般不用切削液,必要时可采用低浓度乳化液或水溶液。但必须连续、充分地浇注,以免处于高温状态的硬质合金刀片产生巨大的内应力而出现裂纹。

**2)精加工时切削液的选用**

精加工时,要求表面粗糙度较小,一般选用润滑性能较好的切削液,如高浓度的乳化液或含极压添加剂的切削油。

**3)根据工件材料的性质选用切削液**

(1)切削塑性材料时需用切削液。切削铸铁、黄铜等脆性材料时,一般不用切削液,以免崩碎状切屑黏附在机床的运动部件上。

(2)加工高强度钢、高温合金等难加工材料时,由于切削加工处于极压润滑摩擦状态,故应选用含极压添加剂的切削液。

(3)切削有色金属和铜、铝合金时,为了得到较高的表面质量和精度,可采用10%～20%的乳化液、煤油或煤油与矿物油的混合物。但不能用含硫的切削液,这是因为硫对有色金属有腐蚀作用。

(4)切削镁合金时,不能用水溶液,以免燃烧。

# 1.8　工件的定位与夹紧

## 1.8.1　工件定位的基本原理

**1．六点定位原理**

工件在空间具有 6 个自由度,即沿 $x$、$y$、$z$ 3 个坐标方向的移动自由度 $\vec{x}$、$\vec{y}$、$\vec{z}$ 和绕 $x$、

$y$、$z$ 3 个坐标轴的转动自由度$\widehat{x}$、$\widehat{y}$、$\widehat{z}$(图 1-18)，因此，要完全确定工件的位置，就需要按一定的要求布置 6 个支撑点(即定位元件)来限制工件的 6 个自由度。其中每个支撑点限制相应的一个自由度。这就是工件定位的六点定位原理。

图 1-19 为长方形工件的六点定位情况。底面 $A$ 放置于不在同一直线上的 3 个支撑上，限制了工件的$\vec{z}$、$\widehat{x}$、$\widehat{y}$ 3 个自由度；工件侧面 $B$ 紧靠在沿长度方向布置的两个支承点上，限制了$\vec{x}$、$\widehat{z}$两个自由度；端面 $C$ 紧靠在一个支撑点上，限制了$\vec{y}$自由度。

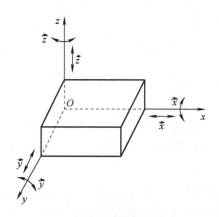

图 1-18　工件在空间的自由度

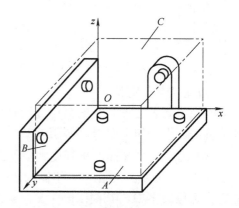

图 1-19　长方形工件的六点定位

图 1-20 为盘类工件的六点定位情况。平面放在 3 个支撑点上，限制了$\vec{z}$、$\widehat{y}$、$\widehat{x}$ 3 个自由度；圆柱面靠在侧面的两个支撑点上，限制了$\vec{x}$、$\vec{y}$两个自由度；在槽的侧面放置一个支撑点，限制了$\widehat{z}$的自由度。

由图 1-19 和图 1-20 可知，工件形状不同，定位表面不同，定位点的布置情况也各不相同。

**2. 限制工件自由度与加工要求的关系**

根据工件加工表面的不同加工要求，有些自由度对加工要求有影响，有些自由度对加工要求无影响。如图 1-20 所示零件上的通

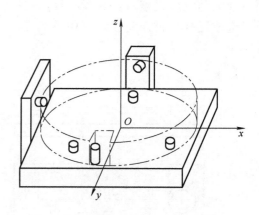

图 1-20　盘类工件的六点定位

槽，$\widehat{x}$、$\widehat{y}$、$\vec{z}$ 3 个自由度影响槽底面与 $A$ 面的平行度及尺寸 $60_{-0.2}^{\ 0}$ mm 两项加工要求，$\vec{x}$、$\widehat{z}$两个自由度影响槽侧面与 $B$ 面的平行度及尺寸$(30\pm0.1)$mm 两项加工要求，$\vec{y}$自由度不影响通槽加工。$\vec{x}$、$\vec{z}$、$\widehat{x}$、$\widehat{y}$、$\widehat{z}$ 5 个自由度对加工要求有影响，应该限制。工件定位时，影响加工要求的自由度必须限制，不影响加工要求的自由度不必限制。

**3. 完全定位与不完全定位**

工件的 6 个自由度都被限制的定位称为完全定位，如图 1-19 和图 1-20 所示。工件被限制的自由度少于 6 个，但不影响加工要求的定位称为不完全定位，如图 1-21 所示。完全定位与不完全定位是实际加工中最常用的定位方式。

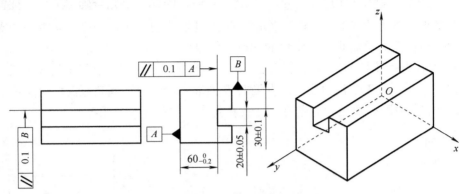

图 1-21　限制自由度与加工要求的关系

### 4. 过定位与欠定位

按照加工要求应该限制的自由度没有被限制的定位称为欠定位。欠定位是不允许的。因为欠定位保证不了加工要求。如图 1-21 所示，如果 $\bar{z}$ 没有限制，$60_{-0.2}^{\ 0}$ mm 就无法保证；$\widehat{x}$ 或 $\widehat{y}$ 没有限制，槽底与 $A$ 面的平行度就不能保证。

工件的一个或几个自由度被不同的定位元件重复限制的定位称为过定位。如图 1-22(a) 所示的连杆定位方案中，长销限制了 $\bar{x}$、$\bar{y}$、$\widehat{x}$、$\widehat{y}$ 4 个自由度，支撑板限制了 $\widehat{x}$、$\widehat{y}$、$\bar{z}$ 3 个自由度，其中 $\widehat{x}$、$\widehat{y}$ 被两个定位元件重复限制，这就产生了过定位。当工件小头孔与端面有较大垂直度误差时，夹紧力 $F_J$ 将使连杆变形，或使长销弯曲，如图 1-22(b)、(c) 所示，造成连杆加工误差。若采用如图 1-22(d) 所示方案，即将长销改为短销，就不会产生过定位。

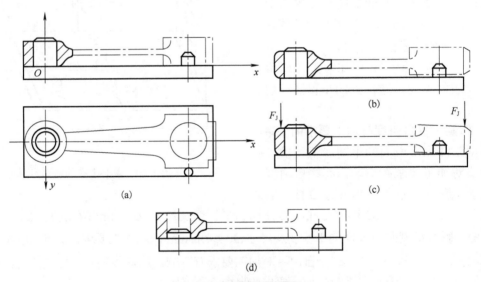

图 1-22　连杆定位方案

当过定位导致工件或定位元件变形，影响加工精度时，应严禁采用，但当过定位不影响工件的正确定位，对提高加工精度有利时，也可以采用。过定位是否采用，要具体情况具体分析。

## 1.8.2　定位基准的选择

### 1. 基准及其分类

零件图、实际零件或工艺文件上用来确定某点、线、面的位置所依据的点、线、面，称为基准。根据基准功用不同，分为设计基准和工艺基准。

#### 1)设计基准

设计图样上所采用的基准称为设计基准。如图 1-23 所示的衬套零件，轴心线 $O-O$ 是各外圆表面和内孔的设计基准;端面 $A$ 是端面 $B$、$C$ 的设计基准; $\phi30H7$ 内孔的轴心线是 $\phi45h6$ 外圆表面径向跳动和端面 $B$ 端面圆跳动的设计基准。

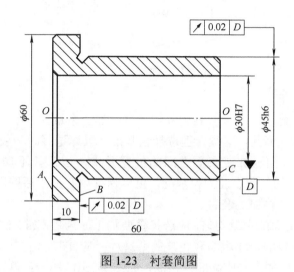

图 1-23　衬套简图

#### 2)工艺基准

在工艺过程中所采用的基准称为工艺基准。它包括以下几个方面。

(1)装配基准:装配时用以确定零件在部件或产品中的相对位置所采用的基准。

(2)测量基准:测量时所采用的基准。

(3)工序基准:在工序图上用来确定本工序所加工表面加工后的尺寸、形状、位置的基准。

(4)定位基准:在加工中确定工件的位置所采用的基准。定位基准有粗基准和精基准两种。用未机加工过的毛坯表面作为定位基准的称为粗基准;用已加工过的表面作为定位基准的称为精基准。

作为基准的点、线、面有时在工件上并不一定实际存在(如孔和轴的轴心线、两平面之间的对称中心面等)，在定位时是通过有关具体表面体现的，这些表面称为定位基面。工件以回转表面(如孔、外圆)定位时，回转表面的轴心线是定位基准，而回转表面就是定位基面。工件以平面定位时，其定位基准与定位基面一致。

图 1-24 为各种基准之间关系的实例。

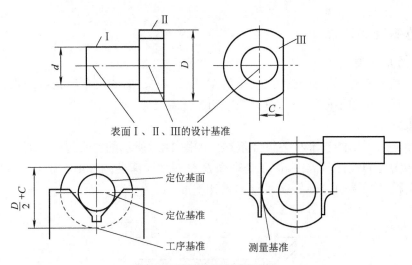

图 1-24　各种基准之间关系

### 2. 粗基准的选择

粗基准的选择是否合理，直接影响到各加工表面加工余量的分配，以及加工表面和不加工表面的相互位置关系。因此，必须合理选择粗基准。具体选择时一般应遵循下列原则。

(1) 为保证不加工表面与加工表面之间的位置要求，应选择不加工表面为粗基准。如图 1-25 所示，以不加工的外圆表面为粗基准，可以保证内孔加工后壁厚均匀。同时，可以在一次安装中加工出大部分要加工表面。

(2) 为保证重要加工面的余量均匀，应选择重要加工面为粗基准。例如，车床床身加工时，为保证导轨面有均匀一致的金相组织和较高的耐磨性，应使其加工余量小而均匀。因此，应选择导轨面为粗基准，先加工与床腿的连接面，如图 1-26(a) 所示；再以连接面为精基准加工导轨面，如图 1-26(b) 所示。这样可保证导轨面被切去的余量小而均匀。

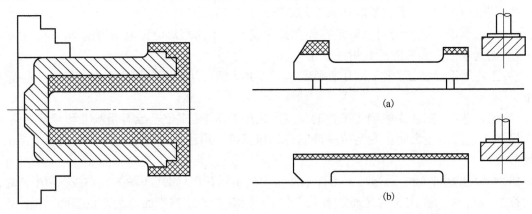

图 1-25　套的粗基准选择　　　　　　　　图 1-26　车床床身的粗基准选择

(3) 为保证各加工表面都有足够的加工余量，应选择毛坯余量最小的面为粗基准。如图 1-27 所示的阶梯轴，毛坯锻造时两外圆有 5mm 的偏心，应选择 $\phi58\text{mm}$ 的外圆表面为粗基准(因其加工余量较小)。如果选 $\phi114\text{mm}$ 的外圆为粗基准加工 $\phi58\text{mm}$ 外圆，则加工后的 $\phi58\text{mm}$ 的外圆因一侧余量不足而使工件报废。

(4)粗基准比较粗糙且精度低，一般在同一尺寸方向上不应重复使用。否则，重复使用所产生的定位误差会引起相应加工表面间出现较大的位置误差。如图 1-28 所示的小轴，如果重复使用毛坯面 B 定位加工表面 A 和 C，则会使加工面 A 和 C 产生较大的同轴度误差。

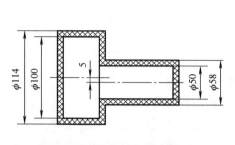

图 1-27 阶梯轴的粗基准选择

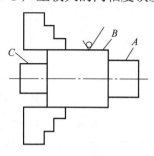

图 1-28 重复使用粗基准示例

(5)作为粗基准的表面，应尽量平整，没有浇口、冒口或飞边等其他表面缺陷，使工件定位可靠，夹紧方便。

**3. 精基准的选择**

除第一道工序采用粗基准外，其余工序都应使用精基准。选择精基准主要考虑如何减少加工误差、保证加工精度、使工件装夹方便，并使零件的制造较为经济、容易。具体选择时可遵循下列原则。

**1)基准重合原则**

选择加工表面的设计基准作为定位基准，称为基准重合原则。采用基准重合原则可以避免由定位基准与设计基准不重合而引起的定位误差。

如图 1-29(a)所示的轴承座，现欲加工孔 3，孔 3 的设计基准是面 2，要求保证的尺寸是 A。若如图 1-29(b)所示，以面 1 为定位基准，用调整法(先调整好刀具和工件在机床上的相对位置，并在一批零件的加工过程中保持这个位置不变，以保证工件被加工尺寸的方法)加工，则直接保证的是尺寸 C。这时尺寸 A 只能通过控制尺寸 B 和 C 来间接保证。控制尺寸 B 和 C 就是控制它们的加工误差。设尺寸 B 和 C 可能的误差分别为它们的公差 $T_B$ 和 $T_C$，则尺寸 A 可能的误差为

$$A_{max}-A_{min}=(C_{max}-B_{min})-(C_{min}-B_{max})=B_{max}-B_{min}+C_{max}-C_{min}$$

即
$$T_A=T_B+T_C$$

$T_A$ 是尺寸 A 允许的最大误差，即公差。上式说明：用这种定位方法加工，尺寸 A 的误差是尺寸 B 和 C 的误差之和。

从上述分析可知，尺寸 A 的加工误差中增加了一个从定位基准到设计基准之间尺寸 B 的误差，这个误差称为基准不重合误差。由于基准不重合误差的存在，只有提高本道工序尺寸 C 的加工精度，才能保证尺寸 A 的精度，当本道工序的加工精度不能满足要求时，还需提高前道工序尺寸 B 的加工精度。

如图 1-29(c)所示，如果用面 2 定位，遵循基准重合原则，则能直接保证设计尺寸 A 的精度。

由此可知，定位基准应尽量与设计基准重合，否则会因基准不重合产生定位误差，有时甚至因此造成零件尺寸的超差而报废。

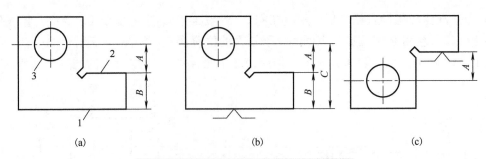

图 1-29　设计基准与定位基准不重合示例

应用基准重合原则时，应注意具体条件。定位过程中的基准不重合误差，是在用夹具装夹、调整法加工一些工件时产生的。若用试切法(通过试切—测量—调整—再试切，反复进行到被加工尺寸达到要求的加工方法)加工，设计要求的尺寸一般可直接测量，则不存在基准不重合误差。在带有自动测量功能的数控机床上加工，可在工艺中安排坐标系测量检查工步，即每个零件加工前由 CNC 系统自动控制测量头检测设计基准并自动计算、修正坐标值，消除基准不重合误差。因此，不必遵循基准重合原则。

**2) 基准统一原则**

当工件以某一组精基准可以比较方便地加工其他各表面时，应尽可能在多数工序中采用此同一组精基准定位，这就是基准统一原则。采用基准统一原则可以避免基准变换所产生的误差，减少各加工表面之间的位置误差，同时简化夹具的设计和制造工作量。

例如，加工轴类零件时，常采用两端顶尖孔作为统一基准加工各外圆表面，这样可以保证各表面之间较高的同轴度；加工盘类零件时，常采用一端面和一短孔作为精基准完成各工序的加工；加工箱体时，常用一个大平面和两个距离较远的孔作为精基准，如图 1-30 所示。

**3) 自为基准原则**

某些要求加工余量小而均匀的精加工工序，选择加工表面本身作为定位基准，称为自为基准原则。

如图 1-31 所示的导轨面磨削，在磨床上用百分表找正导轨面相对机床运动方向的正确位置，然后磨去薄而均匀的一层，以满足对导轨面的质量要求。采用自为基准原则加工时，只能提高加工表面本身的尺寸精度、形状精度，而不能提高加工表面的位置精度，加工表面的位置精度应由前道工序保证。

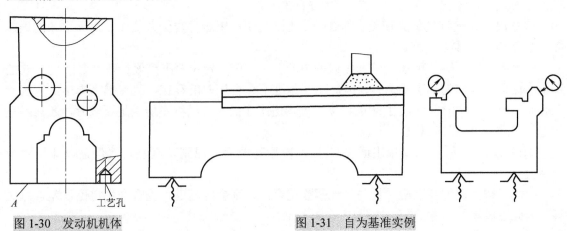

图 1-30　发动机机体　　　　　　　　　　　　　图 1-31　自为基准实例

#### 4) 互为基准原则

为使各加工表面之间有较高的位置精度，又为了使其加工余量小而均匀，可采用两个表面互为基准反复加工，称为互为基准原则。

例如，车床主轴颈与前端锥孔有很高的同轴度要求，生产中常以主轴颈表面和锥孔表面互为基准反复加工来达到。又如加工精密齿轮，可确定齿面和内孔互为基准（图 1-32），反复加工。

除上述四条原则外，选择精基准时，还应考虑所选精基准能使工件定位准确、稳定，装夹方便，进而使夹具结构简单、操作方便。

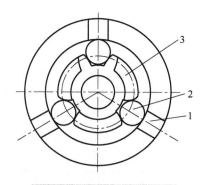

图 1-32  以齿面定位加工孔

1-卡盘；2-滚柱；3-齿轮

在实际生产中，精基准的选择要完全符合上述原则，有时很难做到。例如，统一的定位基准与设计基准不重合时，就不可能同时遵循基准统一原则和基准重合原则。在这种情况下，若采用统一定位基准，尺寸精度能够保证，则应遵循基准统一原则；若不能保证尺寸精度，则可在粗加工和半精加工时遵循基准统一原则，在精加工时遵循基准重合原则。因此，应根据具体的加工对象和加工条件，从保证主要技术要求出发，灵活选用有利的精基准。

#### 4. 辅助基准的选择

有些零件的加工，为了装夹方便或易于实现基准统一，人为地造成一种定位基准，称为辅助基准。例如，轴类零件加工所用的两个中心孔、如图 1-30 所示零件的两个工艺孔等。作为辅助基准的表面不是零件的工作表面，在零件的工作中不起任何作用，只是由于工艺上的需要才做出的。因此，有些可在加工完毕后从零件上切除。

### 1.8.3  工件的夹紧

加工过程中，为保证工件定位时确定的正确位置，防止工件在切削力、离心力、惯性力、重力等作用下产生位移和振动，须将工件夹紧。这种保证加工精度和安全生产的装置称为夹紧装置。

#### 1. 对夹紧装置的基本要求

(1) 夹紧过程中，不改变工件定位后所占据的正确位置。

(2) 夹紧力适当。既要保证工件在加工过程中其位置稳定不变、振动小，又要使工件不产生过大的夹紧变形。

(3) 操作方便、省力、安全。

(4) 夹紧装置的自动化程度及复杂程度与工件的产量和批量相适应。

#### 2. 夹紧力方向和作用点的选择

(1) 夹紧力应朝向主要定位基准。如图 1-33 (a) 所示，被加工孔与左端面有垂直度要求，因此，要求夹紧力 $F_j$ 朝向定位元件 $A$ 面。如果夹紧力改朝 $B$ 面，由于工件左端面与底面的夹角误差，夹紧时将破坏工件的定位，影响孔与左端面的垂直度要求。又如图 1-33 (b) 所示，夹紧力 $F_j$ 朝向 V 形块，使工件的夹紧稳定、可靠。但是，如果改为朝向 $B$ 面，则夹紧时工件有可能会离开 V 形块的工作面而破坏工件的定位。

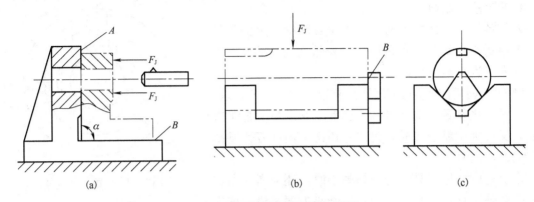

图 1-33　夹紧力朝向主要定位面

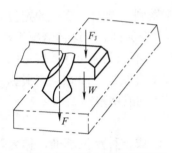

图 1-34　$F_J$、$F$、$W$ 三力同向

（2）夹紧力方向应有利于减小夹紧力。如图 1-34 所示，当夹紧力 $F_J$ 与切削力 $F$、工件重力 $W$ 同方向时，加工过程所需的夹紧力可最小。

（3）夹紧力的作用点应选在工件刚性较好的方向和部位。这一原则对刚性差的工件特别重要。如图 1-35（a）所示，薄壁套的轴向刚性比径向好，用卡爪径向夹紧时工件变形大，若沿轴向施加夹紧力，变形就会小得多。夹紧如图 1-35（b）所示的薄壁箱体时，夹紧力不应作用在箱体的顶面，而应作用于刚性较好的凸边上。箱体没有凸边时，可如图 1-35（c）所示，将单点夹紧改为三点夹紧，以减少工件的夹紧变形。

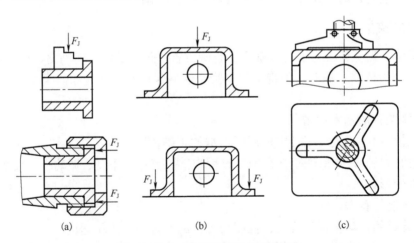

图 1-35　夹紧力与工件刚性的关系

（4）夹紧力作用点应尽量靠近工件加工面。在拨叉上铣槽时（图 1-36），由于主要夹紧力的作用点距加工表面较远，故在靠近加工面的地方设置了辅助支撑，增加了夹紧力 $F_J$。这样提高了工件的装夹刚性，减少了加工过程中的振动。

（5）夹紧力作用线应落在定位支撑范围内。如图 1-37 所示，夹紧力作用线落在定位元件支撑范围之外，夹紧时将破坏工件的定位，因而是错误的。

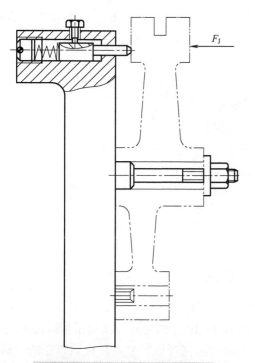

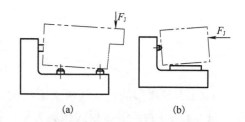

图 1-36　夹紧力作用点靠近加工面　　　　图 1-37　夹紧力作用点的位置不正确

### 3. 典型夹紧机构

夹紧机构种类很多，但最常用的有以下几种。

#### 1)斜楔夹紧机构

采用斜楔作为传力元件或夹紧元件的夹紧机构称为斜楔夹紧机构。图 1-38(a)为斜楔夹紧机构的一种应用。敲入斜楔 1，迫使滑柱 2 下降，装在滑柱上的浮动压板 3 即可同时夹紧两个工件 4。加工完毕后，锤击斜楔的小头，松开工件。由于用斜楔直接夹紧工件的夹紧力较小，且操作费时，所以实际生产中多与其他机构联合使用。图 1-38(b)是斜楔与螺旋夹紧机构的组合形式。通过转动螺杆推动楔块，铰链压板转动而夹紧工件。

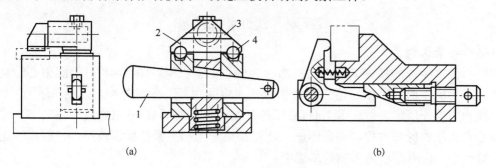

(a)　　　　　　　　　　　　　　　　　　(b)

图 1-38　斜楔夹紧机构

1-斜楔；2-滑柱；3-浮动压板；4-工件

#### 2)螺旋夹紧机构

由螺钉、螺母、垫圈、压板等元件组成的夹紧机构称为螺旋夹紧机构。螺旋夹紧机构不仅结构简单、容易制造，而且自锁性好、夹紧力大，是夹具上用得最多的一种夹紧机构。

图 1-39 为单螺旋夹紧机构。图 1-39(a)为用螺钉直接夹压工件,其表面易夹伤,且在夹紧过程中可能使工件转动。为克服上述缺点,在螺钉头部加上摆动压块,如图 1-39(b)所示。

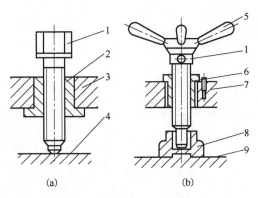

(a)　　　　　　　　　(b)

图 1-39　单螺旋夹紧机构

1-螺钉;2、6-套;3、7-夹具体;4、9-工件;5-手柄;8-摆动压块

图 1-40 为较典型的螺旋压板夹紧机构,图 1-40(a)和(b)分别为两种移动压板式螺旋夹紧机构,图 1-40(c)为铰链压板式螺旋夹紧机构。它们是利用杠杆原理来实现夹紧作用的,这 3 种夹紧机构的夹紧点、支点和原动力作用点之间的相对位置不同,因此杠杆比各异,夹紧力也不同。以图 1-40(c)增力倍数最大。

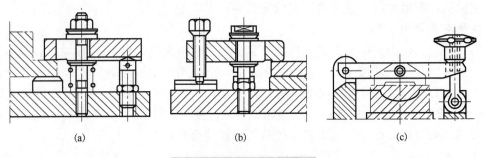

(a)　　　　　　　　　(b)　　　　　　　　　(c)

图 1-40　螺旋压板夹紧机构

### 3)偏心夹紧机构

用偏心件直接或间接夹紧工件的机构称为偏心夹紧机构。图 1-41(a)为圆偏心轮夹紧机构。当下压手柄 1 时,圆偏心轮 2 绕轴 3 旋转,将圆柱面压在垫板 4 上,反作用力又将轴 3 抬起,推动压板 5 压紧工件。图 1-41(b)用的是偏心轴,图 1-41(c)用的是偏心叉。

偏心夹紧机构操作方便、夹紧迅速,缺点是夹紧力和夹紧行程都较小,一般用于切削力不大、振动小、没有离心力影响的加工中。

### 4. 气液传动装置

使用人力通过各种传力机构对工件进行夹紧称为手动夹紧。而现代高效率的夹具大多采用机动夹紧,其动力系统有气压、液压、电动、电磁、真空等。其中最常用的有气压和液压传动装置。

### 1)气压传动装置

气压传动装置是以压缩空气为动力的夹紧装置,其夹紧动作迅速、压力可调、污染小、设备维护简便。但气压夹紧刚性差，装置的结构尺寸较大。图 1-42 为典型气压传动系统原理图。工作时，气源 1 送出的压缩空气经雾化器 2 与雾化的润滑油混合，由减压阀 3 调整至要求的工作压力；单向阀 4 防止气源中断或压力突降而使夹紧机构松开；调速阀 6 调节压缩空气进入气缸的速度，以控制活塞的移动速度；压力表 7 指示气缸中压缩空气的压力；气缸 8 以压缩空气推动活塞移动，带动夹紧装置夹紧工件。分配阀 5 控制压缩空气对气缸的进气和排气。

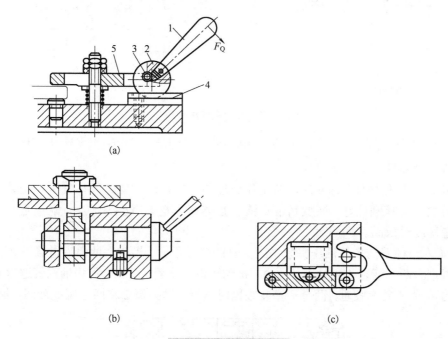

图 1-41   偏心夹紧机构

1-手柄；2-圆偏心轮；3-轴；4-垫板；5-压板

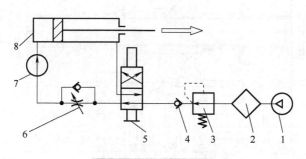

图 1-42   气压传动系统

1-气源；2-雾化器；3-减压阀；4-单向阀；5-分配阀；6-调速阀；7-压力表；8-气缸

　　气缸是气压夹具的动力部分。常用气缸有活塞式和薄膜式两种结构形式，如图 1-43 所示。活塞式气缸(图 1-43(a))的工作行程较长，其作用力不受行程长度的影响。薄膜式气缸(图 1-43(b))密封性好、简单紧凑、摩擦部位少、使用寿命长，但其工作行程短、作用力随行程而变化。

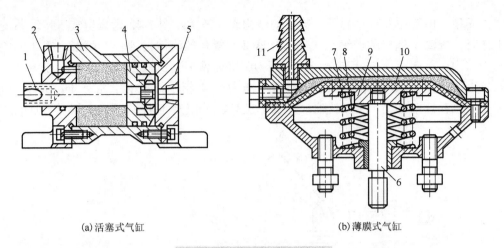

(a) 活塞式气缸　　　　　　　　　　(b) 薄膜式气缸

图 1-43　活塞式和薄膜式气缸

1-活塞杆；2-前盖；3-气缸体；4-活塞；5-后盖；6-接头；7、8-弹簧；9-托盘；10-薄膜；11-推杆

**2) 液压传动装置**

液压传动是用压力油作为介质，其工作原理与气压传动相似。但与气压传动装置相比，具有夹紧力大、夹紧刚性好、夹紧可靠、液压缸体积小及噪声小等优点。缺点是易漏油，液压元件制造精度要求高。

图 1-44 为一种双向多件液压夹紧铣床夹具的夹紧部分。当压力油由管道 A 进入工作液压缸 5 的 G 腔时，两个活塞 4 同时向外顶出，推动压板 3 压紧工件。当压力油由管道 B 进入工作液压缸 5 的两端 E 及 F 腔时，两个活塞 4 被同时推回，由弹簧 2 将两边压板顶回，松开工件。

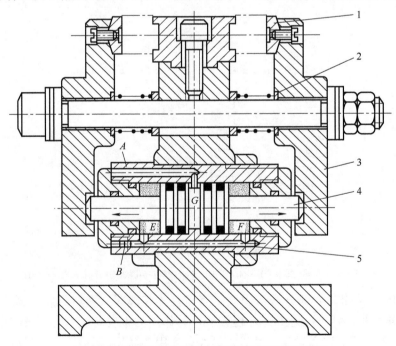

图 1-44　双向多件液压夹紧铣床夹具的夹紧部分

1-摆块；2-弹簧；3-压板；4-活塞；5-工作液压缸

# 第2章　车削加工工艺的基础知识

## 2.1　机械制造工艺规程概述

### 2.1.1　工艺规程的内容与作用

工艺规程是在具体的生产条件下说明并规定工艺过程的工艺文件。根据生产过程工艺性质的不同，有毛坯制造、零件机械加工、热处理、表面处理以及装配等不同的工艺规程。其中，规定零件制造工艺过程和操作方法等的工艺文件称为机械加工工艺规程；用于规定产品或部件的装配工艺过程和装配方法的工艺文件是机械装配工艺规程。它们是在具体的生产条件下，确定的最合理或较合理的制造过程、方法，并按规定的形式书写成工艺文件，指导制造过程。

工艺规程是制造过程的纪律性文件。其中机械加工工艺规程包括工件加工工艺路线及所经过的车间和工段、各工序的内容及所采用的机床和工艺装备、工件的检验项目及检验方法、切削用量、工时定额及工人技术等级等内容。机械装配工艺规程包括装配工艺路线、装配方法、各工序的具体装配内容和所用的工艺装备、技术要求及检验方法等内容。

机械制造工艺规程的作用主要有以下方面。

**1. 工艺规程是指导生产的主要技术文件**

合理的工艺规程是在总结生产实践经验的基础之上，依据工艺理论和必要的工艺试验而制定的，是保证产品质量与经济效益的指导性文件。在生产中应严格地执行既定的工艺规程。但是，工艺规程也不是固定不变的，工艺人员应不断总结工人的革新创造，及时吸取国内外先进工艺技术，对现行工艺不断地予以改进和完善，以便更好地指导生产。

**2. 工艺规程是生产组织和管理工作的基本依据**

在生产管理中，产品投产前原材料及毛坯的供应、通用工艺装备的准备、机械负荷的调整、专用工艺装备的设计和制造、作业计划的编排、劳动力的组织以及生产成本的核算等，都是以工艺规程作为基本依据的。

**3. 工艺规程是新建或扩建工厂或车间的基本资料**

在新建或扩建工厂或车间时，只有依据工艺规程和生产纲领才能正确地确定生产所需要的机床和其他设备的种类、规格与数量；确定车间的面积，机床的布置，生产工人的工种、等级及数量以及辅助部门的安排等。

### 2.1.2　工艺规程的类型及格式

将工艺规程的内容填入一定格式的卡片称为生产准备和施工所依据的工艺文件。

**1. 机械加工工艺规程**

机械加工工艺规程的类型很多，其中常用的有机械加工工艺过程卡片和机械加工工序卡片。

(1)机械加工工艺过程卡片。它是简要说明零件机械加工过程以工序为单位的一种工艺文件，主要用于单件小批生产和中批生产的零件，大批大量生产可酌情自定。该卡片是生产管理方面的文件，其格式见表 2-1。

表 2-1　机械加工工艺过程卡片

| | 机械加工工艺过程卡片 | | 产品型号 | | 零(部)件图号 | | | | |
|---|---|---|---|---|---|---|---|---|---|
| | | | 产品名称 | | 零(部)件名称 | | | 共( )页 | 第( )页 |
| 材料牌号 | | 毛坯种类 | | 毛坯外形尺寸 | | 每个毛坯可制件数 | | 每台件数 | 备注 |
| 工序号 | 工序名称 | 工序内容 | | | 车间 | 工段 | 设备 | 工序装备 | 工时<br>准终　单件 |
| | | | | | | | | | |
| | | | | | | | | | |
| | | | | | | | | | |
| | | | | | | | | | |
| | | | | | | | | | |
| | | | | | | | | | |
| 描图 | | | | | | | | | |
| 描校 | | | | | | | | | |
| 底图号 | | | | | | | | | |
| 装订号 | | | | 设计(日期) | 审核(日期) | 标准化(日期) | 会签(日期) | | |
| | 标记 | 处数 | 更改文件号 | 签字 | 日期 | 标记 | 处数 | 更改文件号 | 签字 | 日期 |

(2)机械加工工序卡片。它是在机械加工工艺过程卡片的基础上，进一步按每道工序所编制的一种工艺文件。该卡片中要画出工序简图(图上应标明定位基准、工序尺寸及公差、形位公差和粗糙度要求，用粗实线表示加工部位等)，并详细说明该工序中每个工步的加工内容、工艺参数、操作要求以及所用设备和工艺装备等。机械加工工序卡片主要用于大批大量生产中的复杂产品的关键零件以及单件小批生产中的关键工序，其格式见表 2-2。

**2. 机械装配工艺规程**

常用的机械装配工艺规程有装配工艺过程卡片和装配工序卡片。装配工艺过程卡片上的每一工序应简要说明该工序的工作内容、所需设备及工艺装备、时间定额等；装配工序卡片上应配以装配工序简图，并要详细说明该工序的工艺内容、装配方法、所用工艺装备及时间定额等。单件小批生产通常不要求填写这两种卡片，而是用装配工艺流程图来代替，工人按照装配图和装配工艺流程图进行装配。中批生产中，一般只需填写装配工艺过程卡片，对复杂产品还需填写装配工序卡片。大批大量生产时，不仅要求填写装配工艺过程卡片，而且要填写装配工序卡片，以便指导工人进行装配。装配工艺过程卡片和装配工序卡片的格式可参阅 JB/T 9165.2—1998 的规定。

表 2-2　机械加工工序卡片

| 机械加工工序卡片 | | 产品型号 | | 零(部)件图号 | | | | | |
| | | | | 零(部)件名称 | | | 共( )页 | 第( )页 | |
| | | | | 车间 | 工序号 | 工序名称 | 材料牌号 | | |
| | | | | 毛坯种类 | 毛坯外形尺寸 | 每个毛坯可制件数 | 每台件数 | | |
| | | | | 设备名称 | 设备型号 | 设备编号 | 同时加工件数 | | |
| | | | | 夹具编号 | | 夹具名称 | 切削液 | | |
| | | | | 工位器具编号 | | 工位器具名称 | 工序工时 | | |
| | | | | | | | 准终 | 单件 | |
| 工步号 | 工步内容 | 工艺装备 | 主轴转速/(r/min) | 切削转速/(m/min) | 进给量/(mm/r) | 切削深度/mm | 进给次数 | 工步工时 | |
| | | | | | | | | 机动 | 辅助 |
| 描图 | | | | | | | | | |
| 描校 | | | | | | | | | |
| 底图号 | | | | | | | | | |
| 装订号 | | | | | | 设计(日期) | 审核(日期) | 标准化(日期) | 会签(日期) |
| | 标记 处数 更改文件号 签字 日期 | 标记 处数 更改文件号 签字 日期 | | | | | | | |

## 2.1.3　工艺规程设计的原则与步骤

### 1. 工艺规程设计的原则

在保证产品质量的前提下，应尽量提高生产率和降低成本。应在充分利用企业现有生产条件的基础上，尽可能采用国内外先进工艺技术和经验，并保证有良好的劳动条件。工艺规程应做到正确、完整、统一和清晰，所用术语、符号、计量单位、编号等都要符合相应标准。

### 2. 设计工艺规程的原始资料

工艺规程设计必须具备下列原始资料。

(1)产品的装配图和零件的工作图。

(2)产品验收的质量标准。

(3)产品的生产纲领。

(4)毛坯的生产条件或协作关系。

(5)现有生产条件和资料。它包括工艺装备及专用设备的制造能力、有关机械加工车间的设备和工艺装备的条件、技术工人的水平以及各种工艺资料和技术标准等。

(6)国内外同类产品的有关工艺资料等。

### 3. 机械加工工艺规程设计的步骤

(1)分析零件图和产品的装配图。

(2)确定毛坯。

(3)选择定位基准。

(4)拟定工艺路线。

(5)确定各工序的设备、刀具、量具和辅助工具。

(6)确定各工序的加工余量,计算工序尺寸及公差。

(7)确定各工序的切削用量和时间定额。

(8)确定各主要工序的技术要求及检验方法。

(9)进行技术经济分析,选择最佳方案。

(10)填写工艺文件。

**4. 机械装配工艺规程设计的主要步骤**

(1)分析零件图和产品的装配图。

(2)确定装配组织形式。

(3)选择装配方法。

(4)划分装配单元,规定合理的装配顺序。

(5)划分装配工序。

(6)编制装配工艺文件。

# 2.2  机械加工工艺规程设计

本节结合如图 2-1 所示某车床主轴箱体的加工,说明机械加工工艺规程设计的一般原则和具体过程。

## 2.2.1  零件图的审查

零件图是制定工艺规程最主要的原始资料,在制定工艺规程时,必须认真分析。对零件进行工艺分析,主要包括以下两方面内容。

**1)产品的零件图与装配图的分析**

通过认真地分析与研究产品的零件图和装配图,熟悉产品的用途、性能及工作条件,明确零件在产品中的位置和功用,找出主要技术要求与技术关键,以便在制定工艺规程时,采取适当的措施加以保证。

在对零件图进行分析时,应主要从下面三方面进行。

(1)零件图的完整性与正确性。在了解零件形状与各表面构成特征之后,应检查零件图是否足够,尺寸、公差、表面粗糙度和技术要求的标注是否齐全、合理,重点要掌握主要表面的技术要求,这是因为主要表面的加工确定零件工艺过程的大致轮廓。

(2)零件技术要求的合理性。零件的技术要求主要指精度(尺寸精度、形状精度、位置精度)、热处理及其他要求(如动、静平衡等)。要注意分析这些要求在保证使用性能的前提下是否经济合理,在现有生产条件下能否实现等。

(3)零件的选材是否适当。零件的选材要立足国内,在能满足使用要求的前提下尽量选用我国资源丰富的材料。

**2)零件的结构工艺性分析**

零件的结构工艺性是指所设计的零件在能满足使用要求的前提下制造的可行性和经济

性。结构工艺性的问题比较复杂，它涉及毛坯制造、机械加工、热处理和装配等各方面的要求。表 2-3 中列举了一些零件机械加工工艺性对比的例子，供参考。

表 2-3　零件机械加工工艺性实例

| 工艺性内容 | 不合理的结构 | 合理的结构 | 说明 |
|---|---|---|---|
| 1．加工面积应尽量小 | 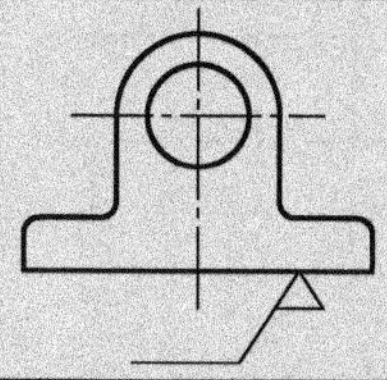 | 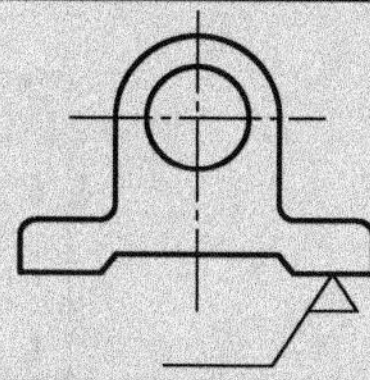 | (1)减少加工量；<br>(2)减少刀具及材料的消耗量 |
| 2．钻孔的入端和出端应避免斜面 | 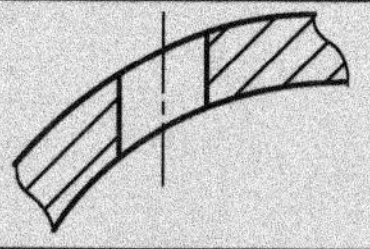 | 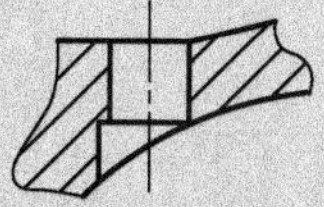 | (1)避免钻头折断；<br>(2)提高生产率；<br>(3)保证精度 |
| 3．槽宽尺寸一致 | 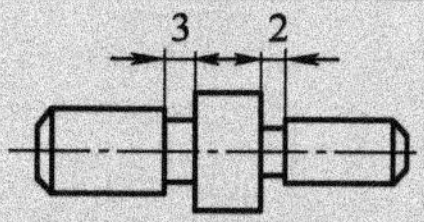 | 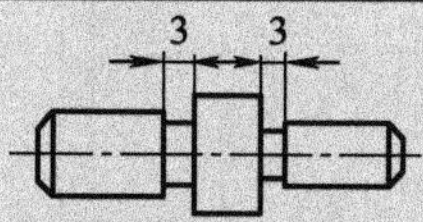 | (1)减少换刀次数；<br>(2)提高生产率 |
| 4．键槽布置在同方向上 | 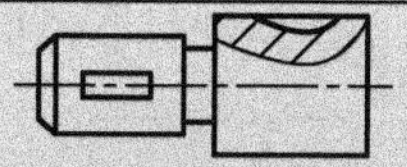 | 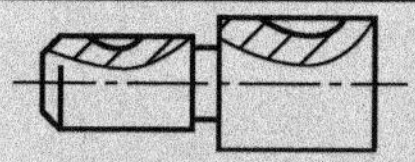 | (1)减少调整次数；<br>(2)保证位置精度 |
| 5．孔的位置不能离壁太近 | 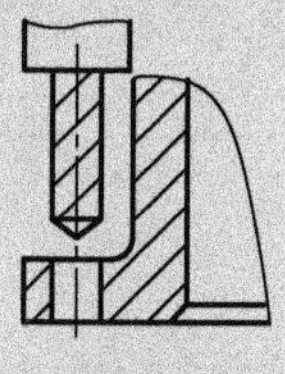 | 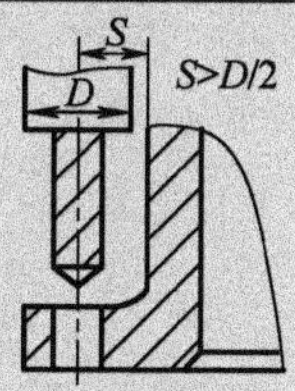 | (1)可以采用标准刀具；<br>(2)保证加工精度 |
| 6．槽的底面不应与其他加工面重合 | 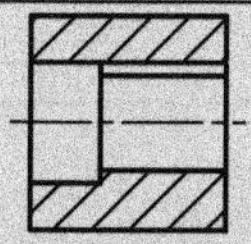 | 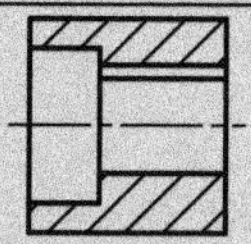 | (1)便于加工；<br>(2)避免损伤加工表面 |
| 7．螺纹根部应有退刀槽 | 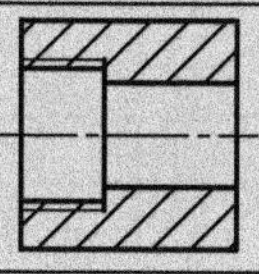 | 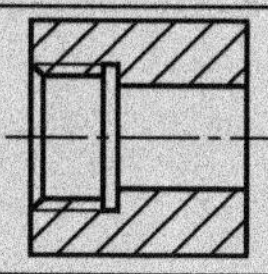 | (1)避免损伤刀具；<br>(2)提高生产率 |
| 8．凸台表面位于同一平面上 | 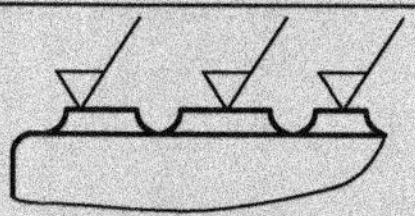 | 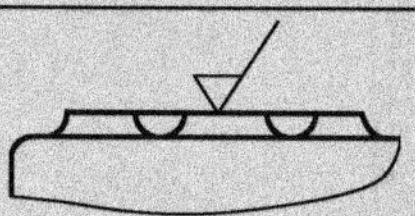 | (1)生产率高；<br>(2)易保证精度 |
| 9．轴上两相接精加工表面间应设刀具越程槽 | 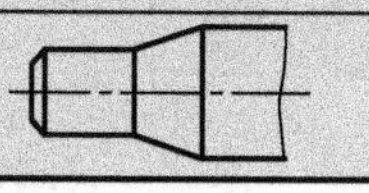 | 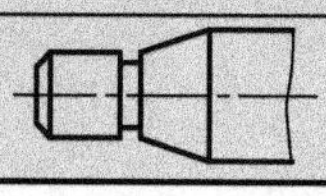 | (1)生产率高；<br>(2)易保证精度 |

实际中，在对零件图审查时若发现其上的视图、尺寸标注、技术要求有错误或遗漏，以及结构工艺性不好，应提出修改意见。

如图 2-1 所示的车床主轴箱体是车床的基础零件，由它将一些轴、套、齿轮等零件组装在一起，使其保持正确的相互位置，彼此按照一定的传动关系协调地运动，构成机床主轴箱部件，依靠箱体的基准平面安装在床身上。主轴箱体的加工质量直接影响着机床的性能、精度和寿命。该主轴箱体零件的主要技术要求如下。

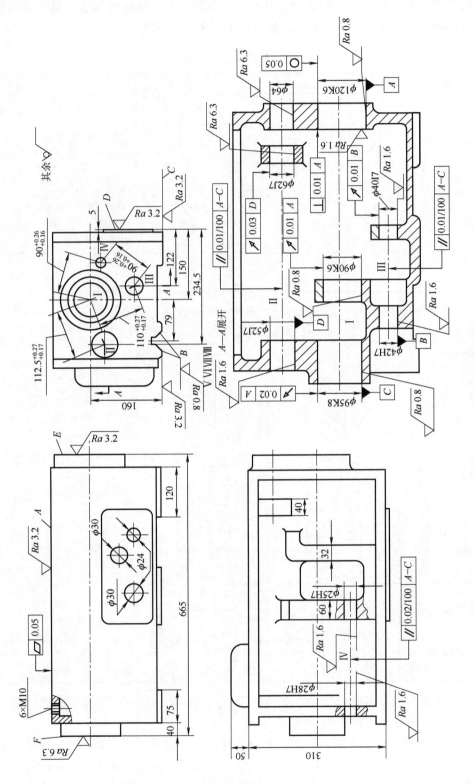

图 2-1 某车床主轴箱体简图

(1)孔径精度。孔径的尺寸误差和几何形状误差会造成轴承与孔的配合不良。孔径过大，配合过松，使主轴回转轴线不稳定，并降低了支撑刚度，易产生振动和噪声；孔径太小，会使配合过紧，轴承将因外环变形而不能正常运转，缩短寿命。装轴承的孔不圆，也使轴承外环变形而引起主轴径向跳动。因此，对孔的精度要求高。其中主轴孔的尺寸公差等级为IT6，其余孔为IT6~IT7。孔的几何形状精度未作规定的，一般控制在尺寸公差范围内即可。

(2)孔与孔的位置精度。同一轴线上各孔的同轴度误差和孔端面对轴线的垂直度误差会使轴与轴承装配到箱体内出现歪斜，从而造成主轴径向跳动和轴向窜动，也加剧了轴承磨损。孔系之间的平行度误差和中心距误差会影响齿轮的啮合质量。一般同轴上各孔的同轴度约为最小孔尺寸公差的1/2。中心距的精度应符合齿轮啮合的精度要求。

(3)孔和平面的位置精度。主轴孔和主轴箱安装基面的平行度决定了主轴与床身导轨的相互位置关系。这项精度是在总装时通过刮研来达到的。为了减少刮研工作量，一般都要规定主轴轴线对安装基面的平行度公差。在垂直和水平两个方向上，只允许主轴前端向上和向前偏。

(4)主要平面的精度。装配基面的平面度影响主轴箱与床身连接时的接触刚度，加工过程中作为定位基面则会影响主要孔的加工精度。因此规定底面和导向面必须垂直，用涂色法检查接触面积或单位面积上的接触点来衡量平面度的精度。顶面的平面度要求是为了保证箱盖的密封性，防止工作时润滑油泄出。大批大量生产将其顶面用作定位基面加工孔，这时对平面度要求还要提高。

(5)表面粗糙度。重要孔和主要平面的粗糙度会影响连接面的配合性质或接触刚度，其具体要求的 $Ra$ 一般为 0.4μm，其他各纵向孔 $Ra$ 为 1.6μm，孔的内端面 $Ra$ 为 3.2μm，装配基准面和定位基准面 $Ra$ 为 0.63~2.5μm，其他平面的 $Ra$ 为 2.5~10μm。

## 2.2.2　毛坯的确定

毛坯制造是零件生产过程的一部分。根据零件的技术要求、结构特点、材料、生产纲领等方面的情况，合理地确定毛坯的种类、毛坯的制造方法、毛坯的形状和尺寸等，不仅影响毛坯制造的经济性，而且影响机械加工的经济性。因此，在确定毛坯时，既要考虑热加工方面的因素，也要兼顾冷加工方面的要求，以便从确定毛坯这一环节中降低零件的制造成本。

### 1. 毛坯种类的确定

毛坯的种类有铸件、锻件、压制件、冲压件、焊接件、型材和板材等。具体确定时可结合有关资料进行，同时要全面考虑下列因素的影响。

#### 1)零件的材料及其力学性能

当零件的材料确定后，毛坯的类型也就大致确定了。例如，材料是铸铁，就选铸造毛坯；材料是钢材，当力学性能要求高时，可选锻件，当力学性能要求较低时，可选型材或铸钢。

#### 2)生产类型

大批大量生产时，可选精度和生产率都比较高的毛坯制造方法。用于毛坯制造的费用可由材料消耗和机械加工成本的降低来补偿。例如，锻件应采用模锻、冷轧和冷拉型材；铸件采用金属模机器造型或精铸等。单件小批生产时，可选成本比较低的毛坯制造方法，如木模手工造型和自由锻等。

**3）零件的形状和尺寸**

形状复杂的毛坯常用铸造方法。尺寸大的零件可采用砂型铸造或自由锻造；中、小型零件可用较先进的铸造方法或模锻、精锻等。常见的一般用途的钢质阶梯轴零件，若各台阶的直径相差不大，可选用棒料；若各台阶的直径相差较大，宜用锻件。

**4）现有生产条件**

确定毛坯时，必须结合具体的生产条件，如现场毛坯制造的实际水平和外协的可能性等。尤其应注意发挥行业协作网络的功能，实行专业化协作是实现优质低耗的重要途径。

**5）充分考虑利用新工艺、新技术和新材料的可能性**

例如，考虑精铸、精锻、冷轧、冷挤压、粉末冶金和工程塑料等在机械中的应用。这样可明显减少机械加工量，甚至可不用机械加工，其经济效益非常显著。

**2．毛坯形状和尺寸的确定**

受毛坯制造技术所限，加上对零件精度和表面质量的要求越来越高，毛坯某些表面仍留有一定的加工余量，以便通过机械加工来达到质量要求。毛坯尺寸与零件尺寸的差值称为毛坯加工余量，毛坯制造尺寸的公差称为毛坯公差。毛坯加工余量及毛坯公差同毛坯制造方法有关，生产中可参照有关工艺手册和部门或企业的标准来确定。

毛坯加工余量确定以后，还要考虑毛坯制造、机械加工和热处理等多方面工艺因素的影响。例如，为了加工时安装工件的方便，有些铸件毛坯需铸出工艺搭子，如图 2-2 所示。工艺搭子在零件加工好后一般均应切除。对于如图 2-3 所示发动机连杆零件，为了保证加工质量，同时为了加工方便，常将分离零件先做成一个整体毛坯，加工到一定阶段后再切割分离。对于形状比较规则的小型零件，也应将多件合成一个毛坯，当加工到一定阶段后，再分离成单件。

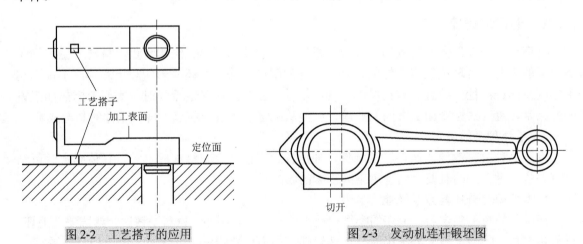

图 2-2　工艺搭子的应用　　　　　　　　　图 2-3　发动机连杆锻坯图

如图 2-1 所示的车床主轴箱体，由于结构复杂，常采用铸造毛坯。而铸铁具有成形容易，可加工性良好，并且耐磨性好、吸振性好、成本低等优点，所以机床主轴箱体一般都采用铸铁材料。其中用得最多的是各种牌号的灰铸铁，如 HT200、HT250、HT300 等。

## 2.2.3　加工工艺路线的确定

**1．表面加工方法的选择**

零件上的各种典型表面都有许多加工方法，表面加工方法的选择应根据零件各表面所要求的加工精度和表面粗糙度，尽可能选择与经济加工精度和经济表面粗糙度相适应的加工方法。在正常加工条件下(采用符合质量标准的设备、工艺装备和标准技术等级的工人，不延长加工时间)所能保证的加工精度称为经济加工精度，简称经济精度。经济表面粗糙度的概念类似于经济加工精度的概念。各种加工方法所能达到的经济加工精度和经济表面粗糙度可参见表 2-4。需要指出，经济加工精度的数值不是一成不变的，随着科学技术的发展、工艺的改进和设备及工艺装备的更新，经济加工精度会逐步提高。

**表 2-4 常用加工方法的经济加工精度和经济表面粗糙度**

| 加工表面 | 加工方法 | 经济加工精度等级 | 经济表面粗糙度 $Ra/\mu m$ | 适用范围 |
|---|---|---|---|---|
| 外圆表面 | 粗车<br>粗车—半精车<br>粗车—半精车—精车<br>粗车—半精车—精车—滚压(或抛光) | IT11 以下<br>IT8～IT10<br>IT7～IT8<br>IT7～IT8 | 12.5～50<br>3.2～6.3<br>0.8～1.6<br>0.025～0.2 | 适用于淬火钢以外的各种金属 |
| | 粗车—半精车—磨削<br>粗车—半精车—粗磨—精磨<br>粗车—半精车—粗磨—精磨—超精加工(或轮式超精磨) | IT7～IT8<br>IT6～IT7<br>IT5 | 0.4～0.8<br>0.1～0.4<br>0.1～$Rz$0.1 | 主要用于淬火钢，也可用于未淬火钢，但不宜加工有色金属 |
| | 粗车—半精车—精车—金刚石车 | IT6～IT7 | 0.025～0.2 | 主要用于要求较高的有色金属加工 |
| | 粗车—半精车—粗磨—精磨—镜面磨<br>粗车—半精车—粗磨—精磨—研磨 | IT5 以上<br>IT5 以上 | 0.025～$Rz$0.05<br>0.1～$Rz$0.05 | 极高精度的外圆加工 |
| 孔 | 钻<br>钻—铰<br>钻—粗铰—精铰 | IT11～IT12<br>IT9<br>IT7～IT8 | 12.5<br>1.6～3.2<br>0.8～1.6 | 用于未淬火钢及铸铁的实心毛坯，可用于加工有色金属(但表面粗糙度稍大，孔径小于 15～20mm) |
| | 钻—扩<br>钻—扩—铰<br>钻—扩—粗铰—精铰<br>钻—扩—机铰—手铰 | IT10～IT11<br>IT8～IT9<br>IT7<br>IT6～IT7 | 6.3～12.5<br>1.6～3.2<br>0.8～1.6<br>0.1～0.4 | 同上，但孔径大于 15～20mm |
| | 钻—扩—拉 | IT7～IT9 | 0.1～1.6 | 大批大量生产(精度由拉刀的精度而定) |
| | 粗镗(或扩孔)<br>粗镗(扩)—半精镗(精扩)<br>粗镗(扩)—半精镗(精扩)—精镗(铰)<br>粗镗(扩)—半精镗(精扩)—精镗—浮动镗刀精镗 | IT11～IT12<br>IT8～IT9<br>IT7～IT8<br>IT6～IT7 | 6.3～12.5<br>1.6～3.2<br>0.8～1.6<br>0.4～0.8 | 除淬火钢外各种材料，毛坯有铸出孔或锻出孔 |
| | 粗镗(扩)—半精镗—磨孔<br>粗镗(扩)—半精镗—粗磨—精磨 | IT7～IT8<br>IT6～IT7 | 0.2～0.8<br>0.1～0.2 | 主要用于淬火钢、未淬火钢，不适用有色金属 |
| | 粗镗—半精镗—精镗—金刚镗 | IT6～IT7 | 0.05～0.4 | 主要用于精度要求高的有色金属加工 |
| | 钻—(扩)—粗铰—精铰—珩磨<br>钻—(扩)—拉—珩磨<br>粗镗—半精镗—精镗—珩磨<br>以研磨代替上述方案中的珩磨 | IT6～IT7<br>IT6～IT7<br>IT6～IT7<br>IT6 以上 | 0.025～0.2 | 精度要求很高的孔 |

续表

| 加工表面 | 加工方法 | 经济加工精度<br>等级 | 经济表面粗糙度<br>$Ra/\mu m$ | 适用范围 |
|---|---|---|---|---|
| 平面 | 粗车—半精车 | IT9 | 3.2～6.3 | 端面 |
| | 粗车—半精车—精车<br>粗车—半精车—磨削 | IT7～IT8<br>IT8～IT9 | 0.8～1.6<br>0.2～0.8 | 端面 |
| | 粗刨(或粗铣)—精刨(或精铣) | IT8～IT9 | 1.6～6.3 | 一般不淬硬平面(短铣表<br>面粗糙度较小) |
| | 粗刨(或粗铣)—精刨(或精铣)—刮研<br>粗刨(或粗铣)—精刨(或精铣)—宽刃精刨 | IT6～IT7<br>IT7 | 0.1～0.8<br>0.2～0.8 | 精度要求较高的淬硬平<br>面或不淬硬平面;批量较大<br>时宜采用宽刃精刨方案 |
| | 粗刨(或粗铣)—精刨(或精铣)—磨削<br>粗刨(或粗铣)—精刨(或精铣)—粗磨—精磨 | IT7<br>IT6～IT7 | 0.2～0.8<br>0.02～0.4 | 精度要求高的淬硬平面<br>或不淬硬平面 |
| | 粗铣—拉 | IT7～IT9 | 0.2～0.8 | 大量生产,较小的平面<br>(精度视拉刀精度而定) |

在选择表面加工方法时,除应保证加工表面的加工精度和表面粗糙度要求之外,还应综合考虑下列因素。

(1)工件材料的性质。加工方法的选择常受工件材料性质的限制。例如,淬火钢的精加工要用磨削,而有色金属的精加工为避免磨削时堵塞砂轮,常采用金刚镗或高速精细车等高速切削方法。

(2)工件的结构形状和尺寸。以内圆表面加工为例,回转体零件上较大直径的孔可采用车削或磨削,箱体上 IT7 级的孔常用镗削或铰削,孔径较小时宜采用铰削,孔径较大或长度较短时宜选镗削。

(3)生产类型。选择加工方法时必须考虑生产率和经济性。大批大量生产时,尽可能选用高效率的加工方法,如平面和孔采用拉削。但在生产纲领不大的情况下,应采用一般的加工方法,如镗孔或钻、扩、铰孔及铣、刨平面等。

(4)具体生产条件。应充分利用现有设备和工艺手段,挖掘企业潜力。

除上述因素之外,加工方法的选择还应注意充分考虑利用新工艺、新技术的可能性,注意利用企业协作网络的工艺能力提高工艺水平,注意零件的特殊要求等。

**2. 加工阶段的划分**

**1)加工阶段**

为保证零件加工质量和合理地使用设备、人力,机械加工工艺过程一般可分为以下几个阶段。

(1)粗加工阶段。此阶段的主要任务是切除毛坯的大部分加工余量,使毛坯在形状和尺寸上尽可能接近成品。因此,此阶段应采取措施尽可能提高生产率。

(2)半精加工阶段。此阶段的任务是完成次要表面的加工,并为主要表面的精加工做好准备。

(3)精加工阶段。通过精加工保证各主要表面达到图样的全部技术要求,此阶段的主要目标是保证加工质量。

(4)光整加工阶段。对于质量要求很高(IT6 级以上,表面粗糙度 $Ra$ 为 0.2μm 以下)的表面,应安排光整加工,以进一步提高尺寸精度和减小表面粗糙度。但光整加工一般并不能用于纠正形状误差和位置误差。

**2）划分加工阶段的意义**

（1）可以逐步清除粗加工因余量大、切削力大等因素造成的加工误差，保证加工质量。

（2）可以合理使用机床设备。粗加工要求功率大、刚性好、生产率高、精度要求不高的设备，精加工则要求精度高的设备。

（3）便于安装热处理工序，使冷热加工工序配合得更好。例如，粗加工后工件残余应力大，可安排时效处理，消除残余应力；热处理引起的变形又可在精加工中消除。

（4）可以及时发现毛坯缺陷，及时修补或决定报废，以免因继续盲目加工而造成工时浪费。

应当指出，加工阶段的划分不是绝对的，在应用时要灵活掌握。例如，对于刚性好的重型零件，由于装夹及运输很费时，常在一次装夹下完成表面的粗、精加工。为弥补不分阶段带来的缺陷，可在粗加工工步后松开夹紧机构，让工件有变形的可能，然后用较小的力重新夹紧工件，继续进行精加工。对批量较小、形状简单及毛坯精度高而加工要求低的零件，也可不必划分加工阶段。

**3. 加工顺序的安排**

零件的加工顺序包括机械加工顺序、热处理工序及辅助工序。在确定工艺路线时，工艺人员要全面地把机械加工、热处理和辅助工序三者一起加以考虑。

**1）机械加工顺序的安排原则**

（1）基面先行。选作精基准的表面，应安排在起始工序进行加工，以便尽快为后续工序的加工提供精基准。

（2）先主后次。零件的主要工作表面、装配基面应先加工，从而能及早发现毛坯中主要表面可能出现的缺陷。次要表面的加工可适当穿插在主要表面加工工序之间进行。

（3）先粗后精。通过划分加工阶段，各个表面先进行粗加工，再进行半精加工，最后进行精加工和光整加工，从而逐步提高表面的加工精度与表面质量。

（4）先面后孔。对于箱体、支架等类零件，因其平面轮廓比较平整，安放和定位比较稳定可靠，一般先加工平面再加工孔。

有些表面的最后精加工安排在部装或总装过程中进行，以保证较高的配合精度。

**2）热处理工序的安排**

热处理工序在工艺路线中的位置安排主要取决于零件材料及热处理的目的。

预备热处理的目的是改善材料的切削加工性能、消除残余应力和为最终热处理做好组织准备。正火和退火常安排在粗加工之前，以改善切削加工性能和消除毛坯的残余应力；调质一般安排在粗加工与半精加工之间进行，为最终热处理做组织准备；时效处理用以消除毛坯制造和机械加工中产生的内应力。

最终热处理的目的是提高零件的强度、表面粗糙度和耐磨性及防腐、美观等。淬火及渗碳淬火（淬火后应回火）、氰化、氮化等安排在精加工磨削之前进行；由于调质后零件的综合力学性能较好，对某些硬度和耐磨性要求不高的零件，也可作为最终热处理，其工序位置安排在精加工之前；表面装饰性镀层、发蓝处理应安排在机械加工完毕后进行。

**3）辅助工序的安排**

辅助工序主要包括检验、清洗、去毛刺、去磁、倒棱边、涂防锈漆及平衡等。其中检验工序是主要的辅助工序，是保证产品质量的主要措施。除各工序操作者自检外，在关键工序之后、送往外车间加工前后、粗加工结束以后、精加工开始之前、零件全部加工结束之后，一般均应安排检验工序。

**4）工序的集中与分散**

在选定零件上各个表面的加工方法及其加工顺序以后，制定工艺路线可以采用两种原则：一种是工序集中的原则，即使每个工序中包括尽可能多的加工内容，从而使工序的总数减少；另一种是工序分散的原则，其含义与工序集中相反。工序集中与工序分散各有不同的特点。

工序集中有利于采用高效的专用设备和工艺装备，可明显提高生产率，可减少工序数目，缩短工艺路线，简化生产计划和生产组织工作，可减少设备数量、操作者人数和生产面积，可减少工件装夹次数，缩短辅助工序时间，且容易保证各加工表面的位置精度。但是工序集中所需的设备及工装较复杂，机床的调整和维修费时，投资大，转产较困难。

工序分散与上述特点相反，每台机床完成较少的加工内容，采用的设备、工装结构简单，调整、维修方便，对工人的技术水平要求低，在加工时，可采用最合理的切削用量，更换产品较容易。但工序分散所需的设备、工装多，操作工人多，生产面积大，工艺路线较长。

在确定工艺路线时，确定工序数目要取决于生产纲领、零件本身的结构特点和技术要求。在批量较小时，为了简化生产计划，宜采用工序集中原则，采用通用机床来完成多个表面的加工，以减少工序数目。随着数控技术不断发展，数控机床、加工中心等设备不断出现，虽然设备昂贵，但灵活高效，能适应加工对象的经常变化，使生产周期明显缩短。在加工中心设备中带有刀具库，能自动完成铣、镗、钻、扩、铰等多个工序加工内容，使工序高度集中，因此，给小批量生产采用工序集中的自动化生产带来广阔的前景。在大批量生产时既可采用多刀、多轴的高效专用机床将工序集中加工，也可将工序分散后组织流水生产。对刚性差、精度高的精密零件应采用工序分散的方法加工，而对重型机械、大型零件应采用工序集中的方法加工。工序集中是现代化生产的发展趋势。

**4. 主轴箱体加工工艺路线分析**

对于如图 2-1 所示的主轴箱体，其加工工艺路线随生产纲领和设备技术条件而异。表 2-5 为小批量生产时的工艺过程，表 2-6 为大批量生产时的工艺过程。

**表 2-5　某主轴箱体小批量生产工艺过程**

| 序号 | 工序内容 | 定位基准 |
|------|----------|----------|
| 1 | 铸造 | |
| 2 | 时效 | |
| 3 | 漆底漆 | |
| 4 | 考虑主轴孔有加工余量，并尽量均匀，划 $C$、$A$ 及 $E$、$D$ 加工线 | |
| 5 | 粗、精加工顶面 $A$ | 按线找正 |
| 6 | 粗、精加工 $B$、$C$ 面及侧面 $D$ | 顶面 $A$ 并校正主轴线 |
| 7 | 粗、精加工两端面 $E$、$F$ | $B$、$C$ 面 |
| 8 | 粗、半精加工各纵向孔 | $B$、$C$ 面 |
| 9 | 精加工各纵向孔 | $B$、$C$ 面 |
| 10 | 粗、精加工横向孔 | $B$、$C$ 面 |
| 11 | 加工螺纹孔及各次要孔 | |
| 12 | 清洗、去毛刺 | |
| 13 | 检验 | |

表 2-6　某主轴箱体大批量生产工艺过程

| 序号 | 工序内容 | 定位基准 |
|---|---|---|
| 1 | 铸造 | |
| 2 | 人工时效 | |
| 3 | 漆底漆 | |
| 4 | 铣顶面 A | 孔 Ⅰ 和孔 Ⅱ |
| 5 | 钻、扩、铰　4×φ7.8mm 和 2×8H7 工艺孔(将 6×M10mm 孔先钻至 φ7.8mm，铰 2×φ8H7 孔) | 顶面 A 及外形 |
| 6 | 铣两端面 E、F 及前面 D | 顶面 A 及两工艺孔 |
| 7 | 铣导轨面 B、C | 顶面 A 及两工艺孔 |
| 8 | 磨顶面 A | 导轨面 B、C |
| 9 | 粗镗各纵向孔 | 顶面 A 及两工艺孔 |
| 10 | 精镗各纵向孔 | 顶面 A 及两工艺孔 |
| 11 | 精镗主轴孔 Ⅰ | 顶面 A 及两工艺孔 |
| 12 | 加工横向孔及各面上的次要孔 | |
| 13 | 磨 B、C 导轨面及前面 D | 顶面 A 及两工艺孔 |
| 14 | 将 2×8H7 及 4×φ7.8mm 孔均扩至 φ8.5mm，攻 6×M10mm | |
| 15 | 清洗、去毛刺 | |
| 16 | 检验 | |

**1)主要表面的加工方法**

主轴箱的主要表面是作为安装基面、结合面的平面和作为各种轴的支承孔。

平面的加工主要采用刨削和铣削的方法，在小批量生产时，可采用刨削或在普通铣床上铣削。在大批量生产时，则采用生产率较高的组合铣削。当精度要求高时，多采用组合平面磨削。

箱体上的轴承支承孔精度多为 IT7。这些孔一般需要 3～4 次加工。小批量生产时采用卧式镗床镗削；在大批量生产时，则多采用专用组合机床通过扩—粗铰—精铰或镗—半精镗—精镗的方案加工，前者用于较小的孔，后者用于较大的孔。当孔的精度高于 IT6 时，还需要增加精细镗、珩磨、滚压等超精加工工序。

**2)定位基准的选择**

(1)粗基准选择。小批量生产时，采用划线找正装夹工件，体现以主轴孔为粗基准；大批量生产时，直接以主轴孔为粗基准，通过专用夹具装夹工件。

(2)精基准选择。小批量生产时，选择装配基面为精基准，实现基准重合，便于加工安装；大批量生产时，以顶面和两个工艺孔为精基准，实现基准统一。

**3)拟定工艺过程的原则**

(1)先面后孔的加工顺序。主轴箱的加工是按先面后孔的顺序进行的，这也是箱体加工的一般规律。

(2)精加工分阶段进行。在大批量生产时，按粗、精加工分开的原则，重要的表面都划分为粗、精两个阶段加工。在小批量生产时，为减少设备数量和工件的转运工作，采用粗、精加工合并的方法，在实际生产时，为消除粗加工的应力和变形影响，在粗加工后把工件松开使应力变形释放，并给予充分的冷却时间，再以较小的夹紧力夹紧，进行精加工。

(3) 合理安排热处理工序。箱体毛坯铸造之后应安排一次人工时效处理。对高精度或形状特别复杂的箱体,应在粗加工之后再安排一次人工时效处理。

# 2.3 加 工 余 量

工艺路线确定之后,就需要安排各个工序的具体加工内容,其中很重要的一项任务就是要确定各工序尺寸及上、下极限偏差。工序尺寸的确定与工序的加工余量有关。

## 2.3.1 加工余量的概念

加工余量是指加工过程中从加工表面切去的材料层厚度。余量有工序余量和加工总余量(毛坯余量)之分。工序余量是同一被加工表面相邻两工序尺寸之差;加工总余量是某一表面毛坯尺寸与零件图样的设计尺寸之差。

加工总余量和工序余量的关系为

$$Z_0 = Z_1 + Z_2 + \cdots + Z_n = \sum_{i=1}^{n} Z_i$$

式中,$Z_0$ 为加工总余量;$Z_1, Z_2, \cdots, Z_n$ 为各工序余量。

如图 2-4(a) 和 (b) 所示平面的加工余量是单边余量,它等于实际切除的材料层厚度。

对于外表面:

$$Z_i = l_{i-1} - l_i$$

对于内表面:

$$Z_i = l_i - l_{i-1}$$

式中,$Z_i$ 为本工序的加工余量;$l_{i-1}$ 为上工序的公称尺寸;$l_i$ 为本工序的公称尺寸。

如图 2-4(c) 和 (d) 所示回转表面的加工余量是指直径上的加工余量,是双边余量,其实际切除的材料层厚度是加工余量的 1/2。

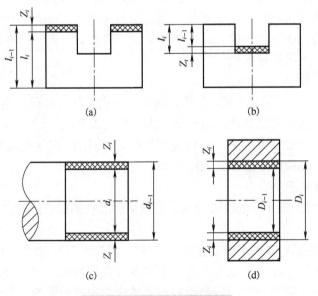

(a)　　　　　　　　　　(b)

(c)　　　　　　　　　　(d)

图 2-4　单边余量和双边余量

对于外圆表面：

$$2Z_i = d_{i-1} - d_i$$

对于内圆表面：

$$2Z_i = D_i - D_{i-1}$$

式中，$2Z_i$ 为本工序直径上的加工余量；$d_{i-1}$、$D_{i-1}$ 为上工序的公称尺寸；$d_i$、$D_i$ 为本工序的公称尺寸。

由于毛坯制造和各工序尺寸都有误差，各工序实际切除的余量是变动的，所以加工余量又分为公称余量、最大余量和最小余量。相邻两工序的公称尺寸之差即公称余量。为了便于加工，工序尺寸都按"入体原则"标注极限偏差，即按被包容面取上极限偏差为零，包容面取下极限偏差为零。毛坯尺寸则按双向布置上、下极限偏差。工序余量与工序尺寸及其公差的关系如图 2-5 所示。

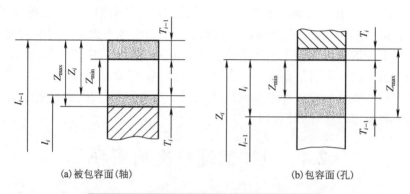

(a) 被包容面(轴)　　　　　　　　　　(b) 包容面(孔)

图 2-5　工序余量与工序尺寸及其公差的关系

余量的公差为

$$T_z = Z_{\max} - Z_{\min} = T_i + T_{i-1}$$

式中，$Z_{\max}$ 为工序最大余量；$Z_{\min}$ 为工序最小余量；$T_i$ 为本工序的尺寸公差；$T_{i-1}$ 为上工序的尺寸公差。

## 2.3.2　加工余量的确定

### 1. 确定加工余量的原则和需要考虑的因素

加工余量对工件的加工质量和生产率有较大的影响。余量过大，会造成工时浪费，增加成本；余量过小，会造成废品。确定加工余量的基本原则是在保证加工质量的前提下，加工余量越小越好。在确定时应考虑以下因素。

(1) 上工序的表面粗糙度 $Ra$ 和缺陷层 $D_a$。本工序必须把上工序留下的表面粗糙度 $Ra$ 和缺陷层 $D_a$ 全部切除。

(2) 上工序的尺寸公差 $T_{i-1}$。本工序的基本余量中包括上工序的尺寸公差 $T_{i-1}$。

(3) 上工序的形位误差 $\rho_a$。本工序应纠正上工序留下的形位误差。这里的形位误差 $\rho_a$ 是指不由尺寸公差 $T_{i-1}$ 所控制的形位误差。形位误差 $\rho_a$ 具有方向性，是一项空间误差，需要采用矢量合成。

(4) 本工序加工时的装夹误差 $\varepsilon_b$。包括定位误差、夹紧误差和夹具在机床上的装夹误差。这些误差会使工件在加工时位置发生偏置，所以加工余量还必须考虑装夹误差的影响。例如，用三爪自定心卡盘夹紧工件外圆磨削内孔时，若装夹误差使工件加工中心与机床回转中心偏移了 $e$ 距离，会使内孔的加工余量不均匀，为了能磨出内孔表面，磨削余量要增大 $2e$ 才能保证。装夹误差也是空间误差，有方向性，与 $\rho_a$ 采用矢量合成。

综上所述，本工序的加工余量应大于 $Ra$、$D_a$、$T_{i-1}$、$\rho_a$ 和 $\varepsilon_b$ 之和。在具体确定时，要结合具体情况进行修正。

**2. 确定加工余量的方法**

在实际生产中，确定加工余量的方法有以下三种。

(1)经验估计法：凭经验来确定加工余量。为防止因余量不够而产生废品，所估加工余量一般偏大。此法常用于单件小批生产。

(2)查表法：根据工艺手册或工厂中的统计经验资料查表，并结合具体情况加以修正来确定加工余量。此法在实际生产中广泛应用。

(3)分析计算法：根据一定的实验资料和计算公式，对影响加工余量的各项因素进行综合分析和计算来确定加工余量。它是最经济合理的方法，但必须有全面和可靠的实验数据资料。目前，只在材料十分贵重，以及军工生产或少数大量生产的工厂中采用此方法。

在确定加工余量时，要分别确定加工总余量(毛坯余量)和工序余量。加工总余量与毛坯制造精度有关。用查表法确定工序余量时，粗加工工序余量不能用查表法得到，而是由加工总余量减去其他各工序余量之和而得。

# 2.4　机械制造精度的实现

如前所述，机械制造过程是机械零件制造过程和机械产品装配过程的总和。机械零件制造过程是被加工零件的形状、结构、精度、表面质量及其他技术要求实现的过程；机械产品装配过程是产品装配精度和其他技术性能实现的过程。机械加工工艺过程和机械装配工艺过程正是依据这些技术要求与生产纲领、装备条件制定的。而精度要求对机械制造过程中的机械加工工艺过程和机械装配工艺过程的设计有着决定性的作用。

## 2.4.1　机械零件制造精度

零件的机械加工过程主要取决于零件表面形状特征、表面质量要求和零件的精度要求，在根据零件的结构形状特征、表面质量要求和精度要求确定相应的最终加工方法后，机械加工工艺主要是根据零件的精度要求来制定的。因而，分析零件的精度要求和其他技术要求是确定合理的机械加工工艺的关键。本节主要研究零件的精度构成及其与加工工艺过程的关系。

**1. 机械零件制造精度的构成**

零件是由各种形状的表面组合而成的，多数情况下，这些表面是简单表面，如平面、圆柱面等，此外常见的还有锥面、球面、螺旋面、齿形表面等。从零件表面成形的角度看，零件的精度指的是经过加工以后得到的实际尺寸与理论尺寸的相符程度，包括下列两方面。

**1)表面本身的精度**

(1)表面本身的尺寸及其精度，如圆柱面的直径、圆锥面的锥角等。

(2)表面本身的形状精度，如平面度、圆度、轮廓度等。

**2)不同表面之间的相互位置精度**

(1)表面之间的位置尺寸及其精度，如平面之间的距离、孔间距、孔到平面的距离等。

(2)表面之间的相互位置精度,如平行度、垂直度、对称度等。

上述精度项目在零件图上的表示方式虽不相同,但都可以转换为尺寸方式来表达。每一个零件都是由一系列的确定形状尺寸(形状尺寸)和确定位置尺寸(定位尺寸)来表示的。在机械加工中,一方面要形成零件表面的形状尺寸,另一方面要形成零件表面的定位尺寸。在设计工艺过程时,不但要保证表面自身的形状与尺寸精度,还必须保证表面之间的相互位置精度要求。

**2. 获得零件精度的方法**

在机械加工中,零件被加工表面的几何形状是由依据成形理论而确定的加工方法来保证的。几何形状的尺寸精度和相互位置精度的获得则根据具体情况不同,有不同的方法。其中主要有试切法和自动获得法两种。

**1)试切法**

试切法是通过多次走刀来获得所需的加工精度的。在每次试切走刀后测量实际尺寸,校正切削用量,直到达到规定的加工精度,如图 2-6(a)所示。采用试切法加工时,需要进行多次试切与测量,生产率较低,加工精度受操作者的技术水平和熟练程度影响较大,一般只适用于单件或小批生产。

**2)自动获得法**

(1)用定尺寸刀具加工。采用具有一定尺寸和形状的刀具进行加工,如钻头、铰刀、拉刀、丝锥等,由刀刃的尺寸和形状保证所要求的加工精度。

(2)定行程法加工。利用行程控制装置(如行程开关、行程挡板等)来调整控制刀具相对于工件的位置,加工一批工件,获得所需的加工精度,如图 2-6(b)所示。这种方法多用于大批量、自动化和半自动加工,其所能得到的加工精度与设备的调整精度和加工过程的稳定性有关。

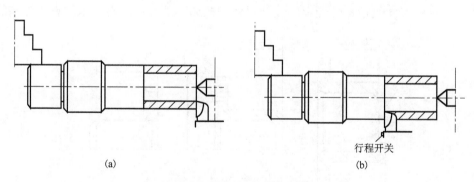

(a)　　　　　　　　　　　　　　行程开关　(b)

图 2-6　获得零件精度的方法

(3)设备保证法。工件在加工后,被加工表面的形状精度和相互位置精度取决于机床自身的精度。如车削加工时,外圆表面的圆度取决于车床主轴的回转精度;用数控铣床加工两垂直面时,被加工表面之间的垂直度取决于机床导轨运动的垂直度。

根据零件的精度要求确定合理的工艺方法,是保证加工精度的基础。在现代机械制造生产中,自动获得精度的方法是主要的方法,尤其是在数控加工中,加工精度更是由数控程序和机床自身来保证的。

在制造过程中,每一次加工的结果实际上是特定尺寸的形成过程,完整的制造过程就是零件上全部尺寸按一定顺序形成的过程。这些按一定顺序形成的尺寸构成了一个封闭的尺寸链。这个尺寸链就是加工工艺尺寸链。加工工艺过程不同，工艺尺寸链也不同。因此，工艺尺寸链是零件加工工艺过程的数字描述。分析工艺尺寸链对合理地设计加工工艺过程、保证制造精度具有决定性的作用。

### 2.4.2　零件机械加工工艺尺寸链

为达到要求的加工精度和表面质量，零件上的表面往往需要采用多种加工方法、多次加工。不同的加工表面也需要不同的加工方法或加工工艺参数。这些加工方法合理有序的安排就形成了机械加工工艺规程。制定合理的机械加工工艺规程是实现优质、高效、低成本的必要保证。尺寸链理论是分析零件机械加工工艺中各工序之间以及各工序内相关尺寸之间的关系，进而合理地确定机械加工工艺的重要手段。

**1．工艺尺寸链的概念**

在工艺文件上，由加工过程中的同一零件的工艺尺寸组成的尺寸链称为工艺尺寸链。

从被加工零件的角度看，机械加工工艺中的每一工序在工件表面上都相应地形成一个或一组确定的尺寸，如图 2-7(a)所示。这些尺寸中，一类尺寸是被加工表面自身的形状形成过程中的中间尺寸，如外圆车削时，每次走刀后都在零件上形成一定的直径尺寸和轴向尺寸。在该表面形成的所有工序中，相互关联的加工工艺最后形成一系列相互关联的尺寸，这些相互关联的尺寸在被加工零件上形成尺寸链。在这种尺寸链中，有些尺寸是零件表面结构尺寸，有些则是工序加工余量，如图 2-7(b)所示。另一类尺寸是加工表面之间的相对位置尺寸，其中，一部分尺寸是由加工过程直接得到的，另一部分尺寸则是间接得到的。这两部分相互关联的尺寸组成了确定表面之间相互位置的工艺尺寸链，如图 2-7(c)所示。尺寸链中的每一个尺寸称为尺寸链的环，尺寸链的环按性质分为组成环和封闭环两类。

组成环是在加工过程中直接形成的尺寸，如图 2-7(b)中的尺寸 $A_1$、$A_2$，图 2-7(c)中的尺寸 $A_3$、$A_4$ 等，这些尺寸包括零件图上的设计尺寸和在加工过程中调整机床时直接控制的尺寸。

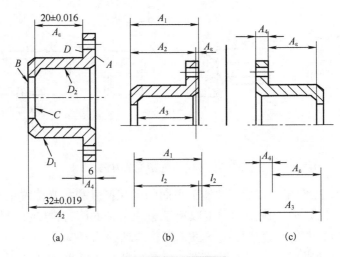

(a)　　　(b)　　　(c)

图 2-7　工艺尺寸链

封闭环是由其他尺寸间接形成的尺寸，如图 2-7(b)中的 $A_1$ 和图 2-7(c)中的 $A_\varepsilon$，这些尺寸是在加工过程中间接获得的。

组成环按其对封闭环的影响可分为增环和减环。当某一组成环增大时，若封闭环也增大，该组成环称为增环；若某一组成环增大，封闭环减小，该组成环称为减环。图 2-7(b) 中 $A_1$ 是增环，$A_2$ 是减环。在一个尺寸链中，只有一个封闭环。在工艺尺寸链中，封闭环是间接得到的尺寸。组成环和封闭环的概念是针对一定的尺寸链而言的，是一个相对概念。同一个尺寸，在一个尺寸链中是组成环，在另一个尺寸链中有可能是封闭环。

根据组成尺寸链的各环尺寸的几何特征不同，工艺尺寸链可分为长度尺寸链和角度尺寸链。

(1) 长度尺寸链：组成尺寸链的各环均为长度尺寸的工艺尺寸链，如图 2-7 所示。

(2) 角度尺寸链：组成尺寸链的各环均为角度尺寸的工艺尺寸链。这种尺寸链多为形位公差构成的尺寸链，如图 2-8 所示。

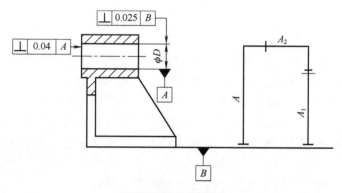

图 2-8　角度尺寸链

按尺寸链各环的空间位置区分，工艺尺寸链有直线尺寸链、平面尺寸链和空间尺寸链三种。其中直线尺寸链最为常见，其定义为各组成环平行于封闭环。以下讨论均以直线尺寸链和长度尺寸链为例。

**2. 尺寸链的计算**

尺寸链的计算方法有极值法和概率法两种。在中、小批量生产和可靠性要求高的场合，多采用极值法；在大批量生产(如汽车工业)中，常采用概率法。极值法的计算公式如下。

(1) 封闭环的公称尺寸。封闭环的公称尺寸等于所有组成环公称尺寸的代数和，即

$$A_{\Sigma} = \sum_{i=1}^{m} \overrightarrow{A_i} - \sum_{j=m+1}^{n-1} \overleftarrow{A_j}$$

式中，$A_{\Sigma}$ 为封闭环的公称尺寸；$\overrightarrow{A_i}$ 为增环的公称尺寸；$\overleftarrow{A_j}$ 为减环的公称尺寸；$m$ 为增环的数目；$n$ 为尺寸链的总环数。

(2) 封闭环的极限尺寸。

$$A_{\Sigma max} = \sum_{i=1}^{m} \overrightarrow{A}_{i\,max} - \sum_{j=m+1}^{n-1} \overleftarrow{A}_{j\,min}, \qquad A_{\Sigma min} = \sum_{i=1}^{m} \overrightarrow{A}_{i\,min} - \sum_{j=m+1}^{n-1} \overleftarrow{A}_{j\,max}$$

(3) 封闭环的极限偏差。

$$ES_{A\Sigma} = \sum_{i=1}^{m} ES_{\overrightarrow{Ai}} - \sum_{j=m+1}^{n-1} EI_{\overleftarrow{Ai}}, \qquad EI_{A\Sigma} = \sum_{i=1}^{m} ES_{Ai} - \sum_{j=m+1}^{n-1} EI_{Ai}$$

式中，ES、EI 分别表示上极限偏差和下极限偏差。

(4)封闭环的公差。封闭环的公差等于其上极限偏差减去下极限偏差，即等于各组成环公差之和。

$$T_{A\Sigma} = \mathrm{ES}_{A\Sigma} - \mathrm{EI}_{A\Sigma} = \sum_{i=1}^{n-1} T_i$$

显然，在极值算法中，封闭环的公差大于任一组成环的公差。当封闭环公差一定时，若组成环数目较多，各组成环的公差就会过小，造成工序加工困难。因此，在分析尺寸链时，应使尺寸链的组成环数为最少，即遵循尺寸链最短原则。在大批量生产或封闭环公差较小、组成环较多的情况下，可采用概率法，其计算公式为

$$T_{A\Sigma} = \sqrt{\sum_{i=1}^{n-1} T_i^2}$$

### 3. 工艺尺寸链的应用

在机械加工过程中，每一工序的加工结果都以一定的尺寸值表示出来，尺寸链反映了相互关联的一组尺寸之间的关系，也反映了这些尺寸所对应的加工工序之间的相互联系。尺寸链的构成反映了加工工艺的构成。特别是加工表面之间位置尺寸的标注方式，在一定程度上决定了表面加工的顺序。一般地，在工艺尺寸链中，组成环是各工序尺寸，即各工序直接得到并保证的尺寸；封闭环是间接得到的设计尺寸或工序加工余量，有时封闭环也可能是中间工序尺寸。

应用尺寸链计算公式求解工艺尺寸链时，有如下几种情况。

(1)已知全部组成环的极限尺寸，求封闭环的极限尺寸。这种情况一般用于验算及校核原工艺设计的正确性，属于正运算，其结果是唯一的；当加工工艺确定后，每一工序内容及工序尺寸已知，通过对工序尺寸链的正运算，可以检验间接得到的设计尺寸能否满足设计要求。

(2)已知封闭环的极限尺寸，求各组成环的极限尺寸。这种情况一般用于工艺过程设计时确定各工序尺寸的设计计算。由于组成环一般较多，其结果一般不是唯一的，需要通过公差分配法来设计。在工艺规程设计时，往往是各工序公称尺寸和封闭环的极限尺寸已知，需要通过尺寸链计算和公差分配求出各个工序尺寸的极限偏差。

(3)已知封闭环和部分组成环的尺寸，求其他组成环的尺寸。在工艺过程中所遇到的尺寸链多数是这种类型。

分配公差时有以下 3 种方法。

① 等公差值分配法，即把封闭环的公差均匀地分配给各个组成环。这种方法计算简单，但当各环的公称尺寸相差较大或要求不同时，这种方法就不宜使用。

② 等公差等级分配法。各组成环按相同的公差等级，根据具体尺寸进行分配，并保证：

$$T_{A\Sigma} \geqslant \sum_{i=1}^{n-1} T_i$$

这种方法保证了各组成环工序尺寸具有相同的公差等级，使各工序的加工难度基本均衡。但实际加工中，不同加工方法的经济加工精度是不同的，并且各工序尺寸的作用不同，其合理的精度等级也不相同，因而这种方法也有其不完善的一面。

③ 组成环主次分类法。在封闭环公差较小而组成环又较多时，可首先把组成环按重要性进行主次分类，再根据相应加工方法的经济加工精度，确定合理的各组成环公差等级，并使

各组成环的公差符合式 $T_{A\Sigma} = \sqrt{\sum_{i=1}^{n-1} T_i^2}$ 的要求。在实际生产中，这种方法应用较多。

对于复杂零件的加工，其加工工艺往往包含多个尺寸链，并且这些尺寸链之间是耦合的，在分配公差时还必须对尺寸链之间的相互影响加以综合考虑。

### 2.4.3　工序尺寸及公差计算的图表追踪法

制定工艺规程的重要内容之一就是确定各工序的工序尺寸及其公差。工序余量确定之后，工序尺寸及公差的确定，则要依据工序基准或定位基准是否重合，采用不同的计算方法。

基准不重合时，工序尺寸及其公差需通过工艺尺寸链的计算方法求解确定。对于加工工序较多，且工艺基准需多次转换的零件，采用图表追踪法建立工艺尺寸链进行计算是有效的方法。这种方法对于应用计算机辅助工艺规程的设计是十分有利的。

如图 2-9 所示零件，其轴向尺寸加工工艺路线的安排如图 2-10 所示。$A$、$B$、$C$ 面都经过两次加工，都经过了基准转换。要保证加工质量必须正确地确定每一工序的加工余量、工序尺寸及公差。应用图表追踪法计算如下。

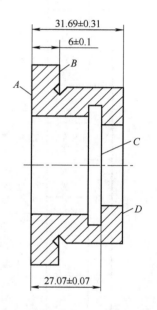

图 2-9　轴套零件的轴向尺寸

#### 1. 绘制加工过程尺寸联系图

按适当比例绘制工件简图，标出与计算有关的轴向尺寸(为方便计算，设计尺寸都用平均尺寸表示)，从各个有关端面向下引竖线，分别代表加工过程中不同阶段有余量差别的各个表面。在图表的左边按加工过程写出加工内容，在图表的右边列出计算项目。

用图表右下方的代表符号，画出各工序的工艺基准(这里指工序基准)、加工表面、工艺尺寸(或工序尺寸)、加工余量(图 2-10 中的余量)以及间接获得的设计尺寸(图 2-10 中的结果尺寸)。当工序尺寸为已知的设计尺寸时，用方框框出，以区别于未知的工序尺寸。加工余量按待加工表面的入体方向绘制。

在图表绘制过程中，应注意以下几点。

(1)必须严格按照加工顺序依次标注加工尺寸，不得随意颠倒。

(2)加工尺寸不得多余或遗漏。

(3)箭头一定要指向加工表面。

#### 2. 用图表追踪法建立工艺尺寸链

**1)确定全部封闭环**

封闭环有两种，一种是间接获得的设计尺寸，如图 2-10 所示的 $L_{01}$、$L_{02}$；另一种是除靠火花磨削的余量($Z_7$)之外的其余加工余量，如图 2-10 所示的 $Z_4$、$Z_5$、$Z_6$。

**2)建立尺寸链的方法**

从封闭环两端出发，沿竖线同步向上追踪，遇到箭头拐弯横向追踪，至基准面后再沿竖线继续向上追踪，直到两端的追踪路线相交，工艺尺寸链的建立即告完成。追踪中遇到的带箭头的加工尺寸即欲查找的组成环。由此方法可查出该工件的工艺尺寸链，如图 2-11 所示。

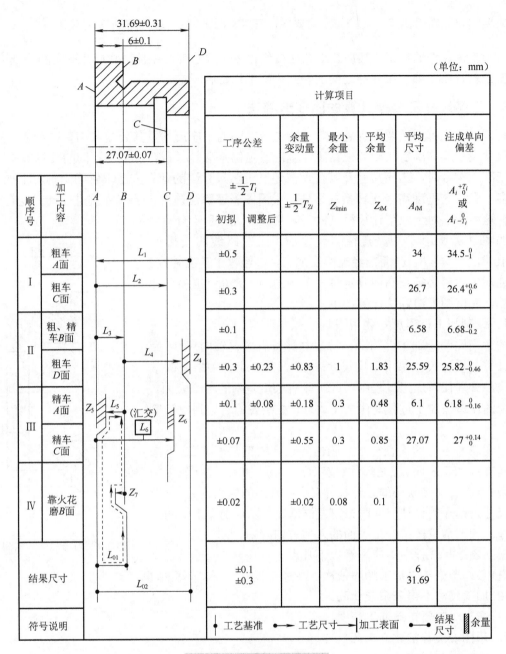

图 2-10　工序尺寸计算图表

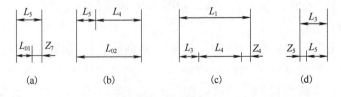

图 2-11　工艺尺寸链

**3. 计算项目的填写**

图 2-10 右侧的计算项目栏填写过程如下。

(1) 初步选定工序公差并做必要的调整，再确定工序最小余量。

(2) 根据工序公差计算余量变动量。

(3) 根据工序公差和余量变动量计算平均余量。

(4) 根据平均余量计算平均尺寸。

(5) 把平均尺寸和平均公差改写成公称尺寸和上下极限偏差形式。

在确定工序公差时，若工序尺寸是设计尺寸，则工序公差取图纸标注公差；若工序尺寸是中间尺寸，其公差按经济加工精度或按经验选取；靠火花磨削的余量公差按操作者技术水平确定。

把初定的工序公差代入相应的工艺尺寸链后，若组成环公差之和大于封闭环公差，就需要对初定的工序公差进行修正，应缩小组成环的公差。首先是缩小公共环的公差，其次是缩小不会造成加工困难的工序公差。

如图 2-11 (a) 和 (b) 所示的尺寸链按初定的工序公差验算，结果尺寸 $L_{01}$ 和 $L_{02}$ 超差。考虑到 $L_5$ 是两个尺寸链的公共环，先缩小 $L_5$ 的公差至 $\pm 0.08$mm，并将压缩后的公差分别代入两个尺寸中重新验算，$L_{01}$ 不超差，$L_{02}$ 仍超差。$L_{02}$ 在所在的尺寸链中，考虑到 $L_4$ 的公差不会给加工带来很大困难，故将 $L_4$ 的公差缩小至 $\pm 0.23$mm，并将其代入 $L_{02}$ 所在的尺寸链中验算，不超差。于是，各工序公差便可以肯定下来，并填入"调整后"一栏中。

最小余量 $Z_{i\min}$ 通常根据手册和现有资料结合实际经验修正确定。

图表内"余量变动量"一项，是由余量所在的尺寸链中，根据有关公式计算求得的。例如，$T_{Z4}=T_1+T_3+T_4=\pm (0.5+0.1+0.23)$mm$=\pm 0.83$mm。

图表内"平均余量"一项是按下式求出的：

$$Z_{iM} = Z_{i\min} + T_{Zi}/2$$

例如，$Z_{5M}=Z_{5\min}+T_{Z5}/2=(0.3+0.18)$mm$=0.48$mm。

图表内"平均尺寸"可以通过尺寸链计算得到。在各尺寸链中，先找只有一个未知数的尺寸链，求出该未知数，然后逐个将所有未知尺寸求解出来，也可利用工艺尺寸联系图，沿着拟求尺寸两端的竖线向下找后面工序与其有关的工序尺寸和平均余量，将这些工序尺寸分别和平均余量相加或相减求出拟求工序尺寸。

图表内最后一项要求将平均尺寸改注成公称尺寸和上下极限偏差的形式。按入体原则，$L_2$ 和 $L_6$ 应注成单向正偏差形式，$L_1$、$L_3$、$L_4$、$L_5$ 应注成单向负偏差形式。

# 第3章 普通车床加工

## 3.1 普通车床加工的基础知识

### 3.1.1 认识 CA6140 型卧式车床

#### 1. CA6140 型卧式车床的各部分名称和作用(图 3-1)

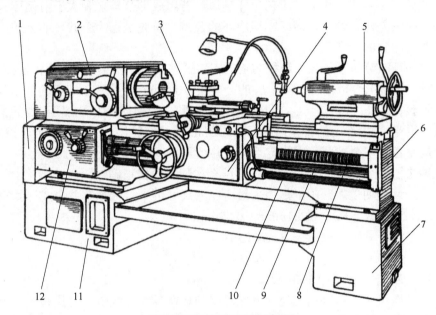

图 3-1 CA6140 型卧式车床

1-交换齿轮箱；2-主轴箱；3-刀架；4-溜板箱；5-尾座；6-床身；
7、11-床脚；8-丝杠；9-光杠；10-操纵杆；12-进给箱

(1)主轴箱：支撑主轴并带动工件做回转运动。箱内装有齿轮、轴等零件，组成变速传动机构，变换箱外手柄位置，可使主轴得到多种转速。

(2)进给箱：是进给传动系统的变速机构。它把交换齿轮箱传递来的运动，经过变速后传递给丝杠或光杠，以实现各种螺纹的车削或机动进给。

(3)交换齿轮箱：用来将主轴的回转运动传递到进给箱。更换箱内的齿轮，配合进给箱变速机构，可以得到车削各种螺距的螺纹(或蜗杆)的进给运动；并满足车削时对不同纵、横向进给量的需求。

(4)溜板箱：接受光杠或丝杠传递的运动，驱动床鞍和中、小滑板及刀架实现车刀的纵、横向进给运动。溜板箱上装有一些手柄和按钮，可以方便地操纵车床来选择如机动、手动、车螺纹及快速移动等运动方式。

（5）床身：是车床的大型基础部件，精度要求很高，用来支撑和连接车床的各个部件。床身上面有两条精确的导轨（山形导轨和平导轨），床鞍和尾座可沿着导轨移动。

（6）刀架：由床鞍、两层滑板（中滑板和小滑板）和刀架体共同组成。用于装夹车刀并带动车刀做纵向、横向和斜向运动。

（7）尾座：安装在床身导轨上，并可沿导轨纵向移动，以调整其工作位置。尾座主要用来安装后顶尖，以支撑较长的工件，也可以安装钻头、铰刀等切削刀具进行孔加工。

**找一找：** 从图 3-2 中找出车床的交换齿轮箱、主轴箱、刀架、溜板箱、尾座、床身、床脚、丝杠、光杠、操纵杆、进给箱，并说出各部分的作用。

图 3-2　CA6140 型卧式车床

## 2. 车床启动与停止

（1）检查车床各变速手柄是否处于空挡位置，离合器是否处于正确位置，操纵杆是否处于停止状态，确认无误后，合上车床电源总开关。

（2）按下床鞍上的绿色启动按钮，电动机启动。

（3）向上提起溜板箱右侧的操纵杆手柄，主轴正转；操纵杆手柄回到中间位置，主轴停止转动；操纵杆手柄下压，主轴反转。

（4）按下床鞍上的红色停止按钮，电动机停止工作。

## 3. 车床主轴变速

（1）车床主轴变速练习：车床主轴变速通过改变主轴箱右侧的两个叠套手柄的位置来控制。前面的手柄有 6 个挡位，每个挡位有 4 级转速，由后面的手柄控制，所以主轴共有 24 级转速，如图 3-3 所示。每次进行主轴转速调整必须停车。

（2）选择螺纹旋向及加大螺距练习：主轴箱正面左侧的手柄用于螺纹的左、右旋向变换和加大螺距，共有 4 个挡位，即右旋螺纹、左旋螺纹、右旋加大螺距螺纹和左旋加大螺距螺纹，其挡位如图 3-4 所示。

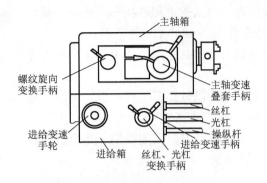

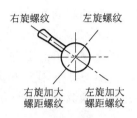

图 3-3　车床主轴箱的变速操作手柄　　　　　图 3-4　车削螺纹的变速手柄

### 4. 进给量的调节

CA6140 型卧式车床进给箱正面左侧有一个手轮，手轮有 8 个挡位；右侧有前、后叠装的两个手柄，前面的手柄是丝杠、光杠变换手柄，后面的手柄有 I、II、III、IV四个挡位，与手轮配合，用以调整螺距或进给量。

根据加工要求调整所需螺距或进给量时，可通过查找进给箱油池盖上的调配表来确定手轮和手柄的具体位置。

进给变速操作练习：

(1)确定选择纵向进给量为 0.46mm/r、横向进给量为 0.20mm/r 时的手轮和手柄位置，并调整。

(2)确定车削螺距分别为 1mm、1.5mm、2mm 的普通螺纹时，进给箱上手轮与手柄的位置，并调整。

### 5. 溜板部分操作

溜板部分包括溜板箱、床鞍、中滑板、小滑板及刀架等，如图 3-5 所示。

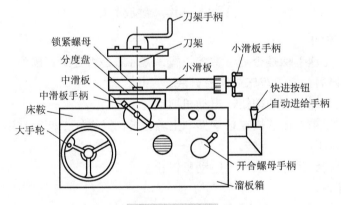

图 3-5　溜板部分

溜板部分实现车削时绝大部分的进给运动：床鞍及溜板箱做纵向移动，中滑板做横向移动，小滑板可做纵向或斜向移动。进给运动有手动进给和机动进给两种方式。

### 6. 尾座操作

(1)手动沿床身导轨纵向移动尾座至合适位置，逆时针方向扳动尾座固定手柄，将尾座固定。注意移动尾座时用力不要过大。

(2)逆时针方向转动套筒固定手柄(松开)，摇动手轮，使套筒做进、退移动；顺时针方向转动套筒固定手柄，将套筒固定在选定的位置，如图 3-6 所示。

(3)擦净套筒内孔和顶尖锥柄，安装后顶尖；松开套筒固定手柄，摇动手轮使套筒后退并退出后顶尖。

**7. 车削加工的安全操作规程**

(1)工作时应穿工作服，女同志应戴工作帽，头发或辫子应塞入帽内。

(2)工作时必须集中精力，不允许擅自离开机床或做与机床工作无关的事。手及身体不能靠近正在旋转的工件。

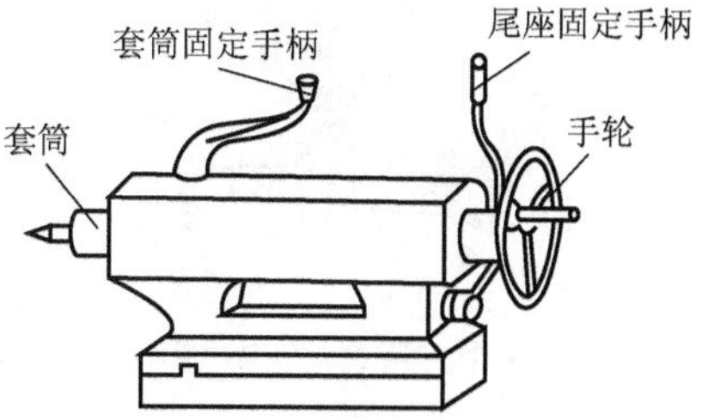

图 3-6　尾座

(3)工件和刀具必须装夹牢固，否则会飞出伤人。

(4)机床开动时，不能测量工件。

(5)应用专用的钩子清除切屑，绝对不允许用手直接清除。

(6)凡装卸工件、更换刀具、测量加工表面及变换速度时，必须先停车。

(7)车床运转时，不得用手去摸工件表面，尤其是加工螺纹时，严禁用手抚摸螺纹面，以免伤手；严禁用棉纱擦抹转动的工件。

(8)工作中若有机床、电气故障，应及时申报，由专业人员检修，未修复不得使用。

(9)毛坯棒料从主轴孔尾端伸出不得太长，并应使用料架或挡板防止甩弯后伤人。

(10)不准用手去刹住转动着的卡盘。

## 3.1.2　使用中拖板控制背吃刀量

**1. 中拖板刻度盘的原理和应用**

车削工件时，为了正确迅速地控制背吃刀量，可以利用中拖板上的刻度盘。中拖板刻度盘安装在中拖板丝杠上。当摇动中拖板手柄带动刻度盘转一周时，中拖板丝杠也转一周。这时，固定在中拖板上与丝杠配合的螺母沿丝杠轴线方向移动一个螺距。因此，安装在中拖板上的刀架也移动一个螺距。如果中拖板丝杠螺距为 5mm，当手柄转一周时，刀架就横向移动 5mm。若刻度盘圆周上等分 100 格，则当刻度盘转过一格时，刀架就移动 0.05mm。

**2. 使用中拖板刻度盘控制背吃刀量时的注意事项**

(1)丝杠和螺母之间有间隙，因此会产生空行程(即刻度盘转动，而刀架并未移动)。使用时必须慢慢地把刻度盘转到所需的位置。若不慎多转过几格，不能简单地退回几格(图 3-7(b))，必须向相反方向退回全部空行程，再转到所需位置(图 3-7(c))。

例如，要求手柄转至 30，但摇过头转到 40，如图 3-7(a)所示，该怎样调整呢？

错误操作：直接退至 30，如图 3-7(b)所示。

正确操作：反转约一周后，再转至所需位置 30，如图 3-7(c)所示。

(2)由于工件是旋转的，使用中拖板刻度盘时，车刀横向进给后的切除量刚好是背吃刀量的 2 倍，因此要注意，当工件外圆余量测得后，中拖板刻度盘控制的背吃刀量是外圆余量的 1/2，而小拖板的刻度值则直接表示工件长度方向的切除量。

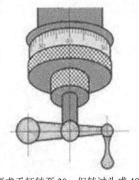
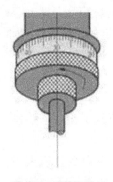
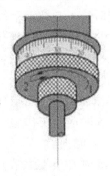

(a)要求手柄转至30，但转过头成40　　　(b)错误，直接退至30　　　(c)正确，反转约一周后再转至所需位置30

图 3-7　中拖板的使用

### 3.1.3　使用游标卡尺正确测量并读数

我们用什么仪器精确测量如图 3-8 所示工件的内径、外径和深度呢？

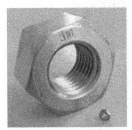

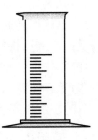

图 3-8　工件

**1)游标卡尺的构造**

游标卡尺如图 3-9 所示。

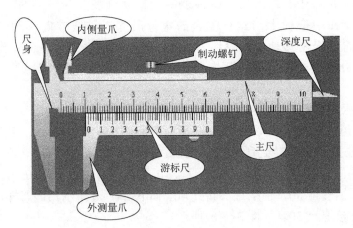

图 3-9　游标卡尺

**2)游标卡尺的刻度原理**

看图 3-10，思考下列问题：

(1)主尺上的最小单位是多少？

(2)游标尺刻度的总长是多少？每个小格是多长？

(3)此游标卡尺的精度是多少？这样的游标卡尺怎么读数？

**想一想：** 读数规则及读数公式。

(1)从游标尺的零刻度线对准的主尺位置，读出主尺毫米刻度值(取整毫米为整数 $X$)。

(2)找出游标尺的第几($n$)刻线和主尺上某一刻线对齐，则游标读数为：$n×$精度(精度由游标尺的分度决定)。

(3)总测量长度为 $l=X+n×$精度。

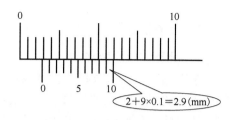

图 3-10　游标卡尺刻度(一)

**读一读：** 图 3-11 和图 3-12 中两个尺子的读数分别是多少？

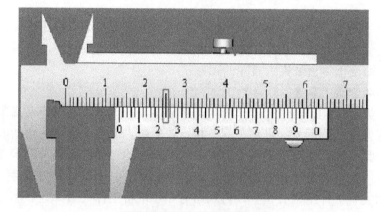

图 3-11　游标卡尺刻度(二)

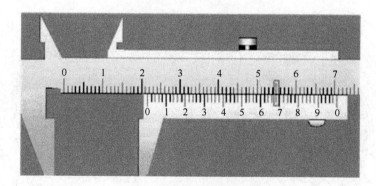

图 3-12　游标卡尺刻度(三)

# 3.2　车削轴类零件

轴类零件是车削加工中最常见的零件，它基本由外圆、端面、台阶和沟槽等表面构成。通过端面、台阶和沟槽可确定其他零件的轴向位置。在车削轴类零件时，除了要保证图样上标注的尺寸公差和表面粗糙度，还应注意形状和位置公差(简称形位公差)以及热处理的要求，例如，端面、台阶面和沟槽端面应与零件的轴线垂直；圆度和圆柱度应符合要求等。

### 3.2.1　车削端面

**1. 轴类工件的装夹**

车削加工前，必须把工件装夹在车床夹具上，经过夹紧、找正，使工件在整个车削加工过程中始终保持正确的位置。工件装夹的精度直接影响生产效率和加工质量，需加以重视。工件的形状、尺寸以及加工数量是有区别的，因此车削过程可选择以下几种装夹方法。

**1) 在三爪自定心卡盘上装夹**

三爪自定心卡盘(图 3-13)是车床上应用较广泛的一种通用夹具，其卡盘三个卡爪同步运动，能自动定心，基本无须找正。但在卡爪磨损精度降低或工件较长时，加工误差较大，必须进行校正，因此，只适用于精度要求不高、形状较规则、大批量的中小型工件的安装。

粗车时可用目测的方法进行装夹，半精车、精车时采用百分表校正工件，在找正时可用铜棒轻轻敲打工件进行校正。三爪自定心卡盘可装成正爪或反爪两种，其用正爪装夹的工件直径不能太大，而反爪尽量装夹大直径的工件。

**2) 在四爪单动卡盘上装夹**

四爪单动卡盘(图 3-14)的每个卡爪都能够单独移动，因此工件装夹后必须将工件与车床主轴的旋转轴线保持一致后才能进行车削，找正较复杂。但卡爪独立的移动能够满足工件尺寸的需要，且夹紧力大，适用于装夹大型或形状不规则的工件。四爪单动卡盘可装成正爪和反爪两种，反爪用来装夹直径较大的工件。在工件装夹时，卡爪打开与工件直径相近，先任选相对两爪目测夹紧工件至中心位置，再利用另一对爪将工件夹紧，之后利用四个卡爪的独立移动进行工件位置的校正。

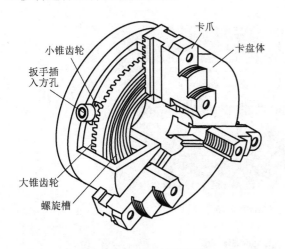

图 3-13　三爪自定心卡盘

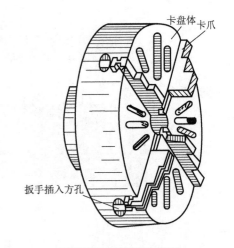

图 3-14　四爪单动卡盘

**3) 在两顶尖之间装夹**

两顶尖装夹工件，其定心精确可靠，精度较高，装夹方便，可多次装夹，轴线的位置不变，无须进行校正，但刚性较差，且必须先在工件的两端面上钻出中心孔，适用于较长的工件，如长轴、丝杠的车削等。

（1）中心孔的类型及用途（表 3-1）。

表 3-1　中心孔的尺寸（摘自 GB/T 145—2001）　　　　　　　　　（单位：mm）

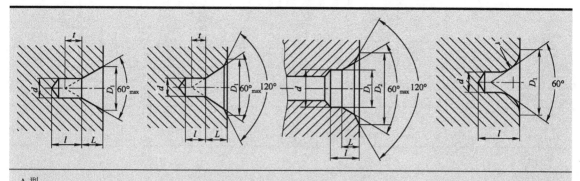

A 型

| $d$ | $D_1$ | 参考尺寸 | | $d$ | $D_1$ | 参考尺寸 | |
|---|---|---|---|---|---|---|---|
| | | $L$ | $t$ | | | $L$ | $t$ |
| (0.50) | 1.06 | 0.48 | 0.5 | 2.50 | 5.30 | 2.42 | 2.2 |
| (0.63) | 1.32 | 0.60 | 0.6 | 3.15 | 6.70 | 3.07 | 2.8 |
| (0.80) | 1.70 | 0.78 | 0.7 | 4.00 | 8.50 | 3.90 | 3.5 |
| 1.00 | 2.12 | 0.97 | 0.9 | (5.00) | 10.60 | 4.85 | 4.4 |
| (1.25) | 2.65 | 1.21 | 1.1 | 6.30 | 13.20 | 5.98 | 5.5 |
| 1.60 | 3.35 | 1.52 | 1.4 | (8.00) | 17.00 | 7.79 | 7.0 |
| 2.00 | 4.25 | 1.95 | 1.8 | 10.00 | 21.20 | 9.7 | 8.7 |

B 型

| $d$ | $D_1$ | 参考尺寸 | | $d$ | $D_1$ | 参考尺寸 | |
|---|---|---|---|---|---|---|---|
| | | $L$ | $t$ | | | $L$ | $t$ |
| 1.00 | 3.15 | 1.27 | 0.9 | 4.00 | 12.50 | 5.05 | 3.5 |
| (1.25) | 4.00 | 1.60 | 1.1 | (5.00) | 16.00 | 6.41 | 4.4 |
| 1.60 | 5.00 | 1.99 | 1.4 | 6.30 | 18.00 | 7.36 | 5.5 |
| 2.00 | 6.30 | 2.54 | 1.8 | (8.00) | 22.40 | 9.36 | 7.0 |
| 2.50 | 8.00 | 3.20 | 2.2 | 10.00 | 28.00 | 11.66 | 8.7 |
| 3.15 | 10.00 | 4.03 | 2.8 | | | | |

C 型

| $d$ | $D_1$ | $D_2$ | $l$ | 参考尺寸 | $d$ | $D_1$ | $D_2$ | $l$ | 参考尺寸 |
|---|---|---|---|---|---|---|---|---|---|
| | | | | $L$ | | | | | $L$ |
| M3 | 3.2 | 5.8 | 2.6 | 1.8 | M10 | 10.5 | 16.3 | 7.5 | 3.8 |
| M4 | 4.3 | 7.4 | 3.2 | 2.1 | M12 | 13.0 | 19.8 | 9.5 | 4.4 |
| M5 | 5.3 | 8.8 | 4.0 | 2.4 | M16 | 17.0 | 25.3 | 12.0 | 5.2 |
| M6 | 6.4 | 10.5 | 5.0 | 2.8 | M20 | 21.0 | 31.3 | 15.0 | 6.4 |
| M8 | 8.4 | 13.2 | 6.0 | 3.3 | M24 | 25.0 | 38.0 | 18.0 | 8.0 |

R 型

| d | $D_1$ | l | r | | d | $D_1$ | l | r | |
| | | | max | min | | | | max | min |
|---|---|---|---|---|---|---|---|---|---|
| 1.00 | 2.12 | 2.3 | 3.15 | 2.50 | 4.00 | 8.50 | 8.9 | 12.50 | 10.00 |
| (1.25) | 2.65 | 2.8 | 4.00 | 3.15 | 5.00 | 10.60 | 11.2 | 16.00 | 12.50 |
| 1.60 | 3.35 | 3.5 | 5.00 | 4.00 | 6.30 | 13.20 | 14.0 | 20.00 | 16.00 |
| 2.00 | 4.25 | 4.4 | 6.30 | (5.00) | 8.00 | 17.00 | 17.9 | 25.00 | 20.00 |
| 2.50 | 5.30 | 5.5 | 8.00 | 6.30 | 10.00 | 21.20 | 22.5 | 31.5 | 25.00 |
| 3.15 | 6.70 | 7.0 | 10.00 | (8.00) | | | | | |

注：① 括号内的尺寸尽量不采用。
　　② 尺寸 l 取决于中心钻的长度，此值不小于 t。

A 型中心孔由圆柱孔和圆锥孔两部分组成。圆锥孔的圆锥角一般是 60°（重型工件用 90°），与顶尖配合，具有定中心、承受工件重力和切削力的作用；圆柱孔用来储存润滑油以保证定位正确，一般适用于精度要求不高的工件。

B 型中心孔是在 A 型中心孔的端部再加上 120° 的圆锥孔，用以防止 60° 锥面磨损并使端面更易加工，一般适用于精度要求较高、工序较多的工件。

C 型中心孔是在 B 型的 60° 圆锥孔后再加上较短的圆柱孔（保证攻螺纹时不致碰毛 60° 锥孔），紧接在后面有一内螺纹孔。C 型中心孔一般应用于把其他零件轴向固定在轴上的工件。

R 型中心孔是将 A 型中心孔的 60° 圆锥面改变为圆弧面。这样与顶尖锥面的配合变成线接触，在装夹工件时，能自动纠正少量的位置偏差。

按照国家标准规定，中心孔的尺寸以圆柱孔直径为标准，直径 6mm 以下的中心孔常用高速钢制造的中心钻直接钻出。

(2) 钻中心孔的方法。

中心孔是精加工（如精车、磨削）的定位基准，对工件的加工精度影响很大。因此，两端中心孔连线与工件外圆轴线须同轴，中心孔锥面必须圆滑、角度正确。中心孔精度要求较高时，还需经过精车修整或研磨。

中心孔是用中心钻（图 3-15）钻出来的。中心钻装在钻夹头上夹住，然后直接或用过渡锥套后插入车床尾座套筒的锥孔中，再校正尾座中心，使中心钻钻头与工件旋转中心一致，最后进行转速的选择和钻削。

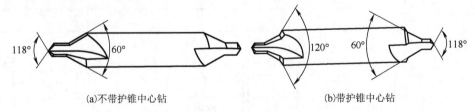

(a)不带护锥中心钻　　　　　　　　(b)带护锥中心钻

图 3-15　中心钻

其中常用的钻中心孔方法有两种：在车床上钻中心孔和定出中心后钻中心孔两种。前者精度不高，要保证工件两端中心孔同轴必须注意找正。如果工件弯曲，则精度下降，但操作较方便。目前工厂中单件生产时均采用这种方法。当工件较大或比较复杂时，无法在车床上钻中心孔，可在在工件上先画好中心，然后在钻床上或用电钻钻出中心孔，即后者。

（3）中心钻折断的原因和预防方法。

① 中心钻与工件旋转轴线不同轴，使中心钻受到一个附加力而弯曲折断。这往往是由尾座偏位、钻夹头柄弯曲等造成的。因此，中心钻轴线必须与工件轴心线同轴以找正位置。

② 工件端面没有车平，在中心处留有凸头，使中心钻不能很好地定心而折断。因此，工件端面必须车平。

③ 切削用量选择不当，如工件转速太慢而进给速度太快，造成中心钻折断。

④ 中心钻磨损以后，钻孔时强行钻入工件，使中心钻折断。因此，中心钻磨损后应及时调换或修磨。

⑤ 没有浇注充分的切削液，或没有及时排屑，以致切屑堵塞在中心孔内而挤断中心钻。因此，及时进退并加入切削液。

（4）顶尖。

顶尖具有定中心和承受工件的重力以及刀具作用在工件上的切削力的作用，可分为前顶尖和后顶尖两种。

① 前顶尖（图 3-16）。前顶尖随同工件一起转动，无相对运动，不发生滑动摩擦，可分为两种类型：一种直接安装在主轴锥孔内，装夹时注意锥柄和锥孔的清洁以保证同轴，拆卸时用棒料从主轴孔后端顶出；另一种则装夹在卡盘上，有时也可在三爪自定心卡盘上夹一段钢料，车成 60° 顶尖来代替前顶尖，但该前顶尖在卡盘上拆下后再次使用时必须将锥面重新修整，以保证顶尖锥面的旋转轴线与车床主轴旋转中心同轴。

② 后顶尖。插入车床尾座套筒锥孔中的称为后顶尖。后顶尖又分固定顶尖（图 3-17）和回转顶尖（图 3-18）两种。

固定顶尖的定心精准且刚度好；但工件中心孔与顶尖之间为滑动摩擦，易磨损或高热烧坏顶尖，因此常用于加工精度要求较高的工件及低速加工。支顶细小工件时可用如图 3-17（c）所示的反顶尖，后顶尖装夹前，必须清洁锥柄和锥孔，拆卸时，可摇动尾座手轮，使尾座套筒缩回，由丝杆的前端将其顶出。

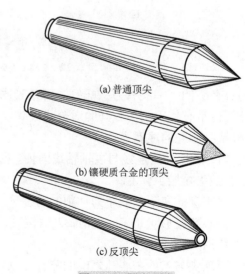

(a) 普通顶尖

(b) 镶硬质合金的顶尖

(c) 反顶尖

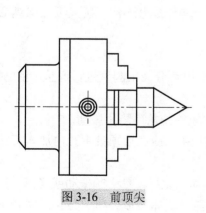

图 3-16　前顶尖　　　　　　　　　　图 3-17　固定顶尖

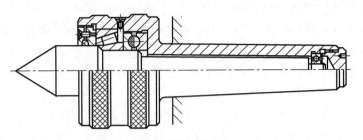

图 3-18　回转顶尖

为了改变后顶尖与工件中心孔的摩擦发热，常使用回转顶尖（图 3-18）。回转顶尖把顶尖与工件中心孔的滑动摩擦改成顶尖内部轴承的滚动摩擦，可在高转速下正常工作，目前应用广泛。但回转顶尖刚性较差，当滚动轴承磨损后，会使顶尖产生径向跳动，从而降低加工精度。因此，回转顶尖可应用于精度要求不太高的工件。

（5）拨盘和鸡心夹头。

前、后顶尖不能直接带动工件转动，必须通过拨盘 1 和鸡心夹头 2 带动工件旋转（图 3-19）。拨盘的后端有内螺纹与主轴连接。盘面有两种形状：一种是有 U 形槽的，用来装弯尾鸡心夹头（图 3-19（a））；另一种是带有拨杆的，用来装直尾鸡心夹头（图 3-19（b））。

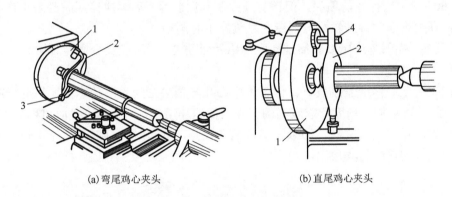

(a)弯尾鸡心夹头　　　　　　　　　　　　(b)直尾鸡心夹头

图 3-19　用鸡心夹头装夹工件

1-拨盘；2-鸡心夹头；3-U 形槽；4-拨杆

鸡心夹头的一端装有方头螺钉，用来紧固工件，另一端与拨盘连接。装夹工件除鸡心夹头以外，也常有使用两半分开的对分式夹头。

（6）钻中心孔的注意事项。

① 前、后顶尖的连线与主轴轴线同轴。当有偏移时，用百分表来测量进行调整。测量时，以百分表触头接触工件右端。

② 尾座套筒在不影响车刀切削的前提下，尽量伸出短些，从而防止振动。

③ 中心孔应形状正确、光滑，及时清理。若用固定顶尖，应在后顶尖中孔内加入工业润滑脂（即黄油）。

④ 两顶尖与工件中心孔之间的配合必须松紧适当。如果太松，易引起振动或飞出；如果过紧，细长工件会变形。其中固定顶尖会增加摩擦，可能"烧坏"顶尖和中心孔；回转顶尖可能损坏滚动轴承。因此在车削过程中，必须随时观察顶尖及靠近顶尖工件部分摩擦发热的

情况。当发现温度过高时（一般用手感来掌握），必须加黄油或机械油进行润滑，并适当调整松紧。

**4）一夹一顶装夹**

在两顶尖间装夹工件虽精度较高，但刚度较差。因此，车削轴类工件，尤其是重量和加工余量较大的工件，应采用一端卡盘夹住，另一端用后顶尖顶住的装夹方法（图 3-20）。为了防止工件轴向窜动，必须用三爪自定心卡盘或四爪单动卡盘，并在卡盘内安装限位支承或夹住工件台阶处。这种方法安全可靠，能承受较大的切削力，且可提高切削用量，缩短加工时间，因此应用广泛。

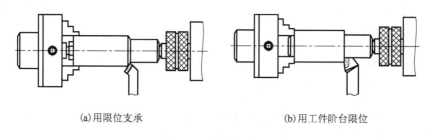

(a)用限位支承　　　　(b)用工件阶台限位

图 3-20　一夹一顶装夹工件

**2. 车刀的装夹**

**1）车刀的种类及应用**

（1）90°车刀。主偏角为 90°的外圆车刀又称偏刀，可分为右偏刀（图 3-21（a））和左偏刀（图 3-21（b））两种。通常把右偏刀称为正偏刀，而把左偏刀称为反偏刀。

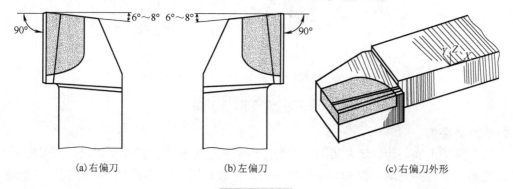

(a)右偏刀　　　　(b)左偏刀　　　　(c)右偏刀外形

图 3-21　偏刀

右偏刀的主切削刃在刀体的左侧，是由尾座向车头方向进给的车刀。左偏刀的主切削刃在刀体的右侧，是由车头向尾座方向进给的车刀。偏刀常用于车削外圆、台阶、端面（图 3-22（a）），其中右偏刀用来车削工件的外圆时，由于主偏角较大，产生的径向力较小，不容易把工件顶弯。左偏刀一般用来车削工件的外圆和左向台阶，也适用于车削直径较大、长度较短的工件的端面（图 3-22（b））。

（2）45°车刀。45°车刀分为左车刀和右车刀两

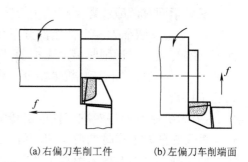

(a)右偏刀车削工件　　(b)左偏刀车削端面

图 3-22　偏刀的使用

种(图 3-23)。刀尖角为 90°，因此刀体的强度和散热效果较好。常用于加工外圆、端面以及 45° 倒角。

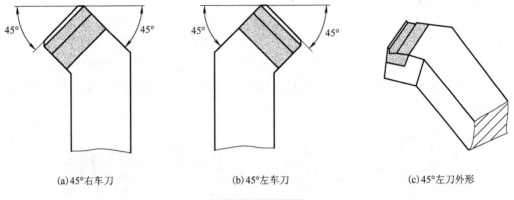

| (a)45°右车刀 | (b)45°左车刀 | (c)45°左刀外形 |
|---|---|---|

图 3-23　45° 车刀

(3)75° 车刀。75° 车刀的刀尖角大于 90°，刀头强度高且耐用，常用于粗车轴类工件的外圆和强力切削铸件、锻件等余量较大的工件(图 3-24)。

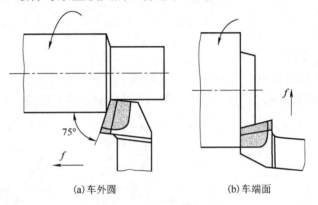

(a) 车外圆　　　　(b) 车端面

图 3-24　75° 车刀的使用

**2) 车刀的安装**

车刀安装得正确与否，将直接影响切削能否顺利进行和工件的加工质量。在车削加工前，按照工艺的要求选择刀具。例如，车削端面时，一般选用 45° 车刀和 90° 车刀。之后进行车刀的正确安装，以保证工件的加工质量，以及切削过程安全、顺利。

安装车刀时，应注意下列几个问题。

(1)车刀安装在刀架上伸出部分不宜太长，伸出量为刀杆高度的 1～1.5 倍。伸出过长会使刀杆刚性变差，切削时易产生振动，影响工件的加工质量。

(2)车刀垫片要平整，数量要少，垫片应与刀架对齐，且至少用两个螺钉压紧在刀架上，并逐个拧紧。

(3)刀尖必须严格对准工件的旋转中心(图 3-25(a))，否则会因基面和切削平面的位置变化，而改变车刀工作时的前角和后角。如果刀尖高于工件轴线(图 3-25(b))，会使实际前角增大，后角减小，车刀后刀面与工件之间的摩擦增大；如果刀尖低于工件轴线(图 3-25(c))，则前角减小，实际后角增大，切削阻力增大，当车刀车削至中心处会使刀尖崩碎。

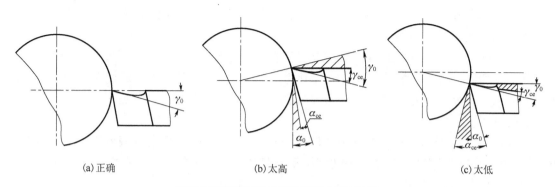

图 3-25　装刀高低对前角和后角的影响

（4）车刀刀杆中心线应与进给方向垂直，否则会使主偏角和副偏角发生变化（图 3-26）。

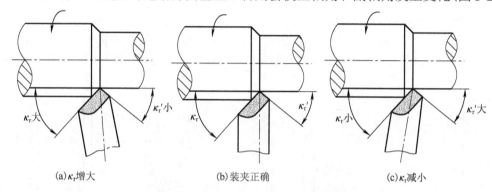

图 3-26　车刀装偏对主偏角和副偏角的影响

## 3. 端面的车削

### 1）车削端面的方法

（1）用偏刀车削端面。右偏刀适用于车削一般台阶轴和直径较小的端面。在通常的情况下，用右偏刀车削端面时，如果车刀由工件外缘向中心进给，是副切削刃切削；如果背吃刀量较大，向里的切削力会使车刀扎入工件，而形成凹面（图 3-27（a)）。为防止产生凹面，可以从中心向外进给，用主切削刃进行切削，但背吃刀量要小（图 3-27（b)），或者在车刀副切削刃上磨出前角，使之成为主切削刃来车削（图 3-27（c)）。

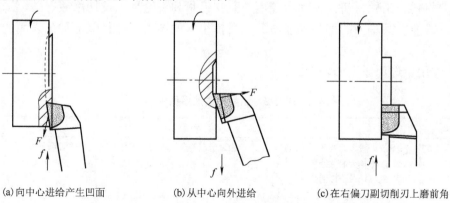

(a)向中心进给产生凹面　　　　(b)从中心向外进给　　　　(c)在右偏刀副切削刃上磨前角

图 3-27　右偏刀车削端面

　　左偏刀车削端面时(图 3-28(b)),是主切削刃进行切削,所以切削顺利,车削的表面粗糙度较小,切削条件有所改善。

　　(2)用 45° 车刀车削端面。45° 车刀又称弯头刀,主偏角 $\kappa_r$ 为 45°,刀尖角 $\varepsilon_r$ 为 90°。45° 车刀利用主切削刃进行切削(图 3-28(b)),因此车削顺利,加工的工件表面粗糙度较小,且 45° 车刀的刀尖角为 90°,刀头强度比偏刀大,常用于车削较大的平面,并适用于倒角和车外圆。

　　**2)切削用量**

　　切削用量是用来表示车削过程中主运动和进给运动的参数。它包括背吃刀量(切削用量深度)、进给量和切削速度。合理选择切削用量与提高生产率有着密切的关系。

　　(1)切削用量参数如下。

　　① 背吃刀量($a_p$)。如图 3-29 所示,车削时工件上已加工表面和待加工表面的垂直距离,也就是每次车削时车刀切入工件的深度为背吃刀量(单位:mm)。其中,粗车时,$a_p$=2~5mm;精车时,$a_p$=0.2~1mm。

　　② 进给量($f$)。如图 3-29 所示,工件每转一周,车刀沿进给方向移动的距离。它是衡量进给运动的参数(单位:mm/r)。其中,粗车时,$f$=0.3~0.7mm/r;精车时,$f$=0.1~0.3mm/r。

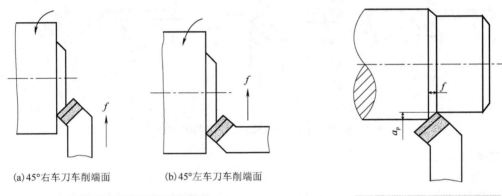

(a)45°右车刀车削端面　　　　(b)45°左车刀车削端面

图 3-28　45° 车刀车削端面　　　　　　　　图 3-29　背吃刀量和进给量

　　③ 切削速度($v_c$)。主运动的线速度称为切削速度。可以理解为车刀在一分钟内车削工件表面的理论展开直线长度(假定切屑无变形或收缩)。它是衡量主运动的参数(单位:m/min)。车削端面时的切削速度随着工件直径的减小而减小,但应按端面的最大直径计算。切削速度一般与车刀材料、工件材料、表面粗糙度、背吃刀量和进给量以及切削液有关,选择合理的切削速度,既能发挥车刀的切削性能,又能发挥车床的潜力,并且保证加工表面的质量和降低成本。

　　(2)切削用量选用原则如表 3-2 所示。

表 3-2　切削用量选用原则

| 车削步骤 | 选用原则 |
| --- | --- |
| 粗加工 | ① 选择较大的背吃刀量,最好一次切除余量,若余量太大,可分两次或三次切除<br>② 选择较大的进给量<br>③ 选择相对合理的切削速度<br>注意:粗车时,加工余量较多,应注重提高生产效率,选择比较大的切削用量。在选择切削用量时,不能将三要素同时加大,应在考虑刀具使用寿命的前提下进行(切削用量中对车刀影响最大的是切削速度,其次是进给量,最后是背吃刀量) |

续表

| 车削步骤 | 选用原则 |
|---|---|
| 半精加工及精加工 | ① 半精车及精车在表面粗糙度允许的情况下应一次进给完成；若表面粗糙度要求较高，可分两次进给<br>② 半精车及精车时进给量应选择小一些，以提高工件的表面粗糙度<br>③ 半精车及精车时切削速度应根据刀具材质进行选取：高速钢车刀应选较低的切削速度（<5m/min），硬质合金刀具应选择较高的切削速度（>80m/min）<br>注意：精车时，应保证工件加工精度，但同时要提高生产效率及保证刀具使用寿命 |

### 3) 端面的检测

对端面的要求是既与工件轴心线垂直，又平直、光洁。

(1) 端面的平面度可用钢直尺或刀口来检测。

(2) 端面的垂直度可用深度游标卡尺进行检测。

(3) 对于精度要求较高或批量生产的工件可用样板进行检测。

### 4) 废品分析

在车削端面过程中，废品产生的原因和预防方法见表 3-3。

表 3-3　车端面时产生废品的原因及预防方法

| 废品种类 | 产生原因 | 预防方法 |
|---|---|---|
| 毛坯表面没有全部车出 | 加工余量不够 | 车削前必须测量毛坯是否有足够的加工余量 |
| | 工件在卡盘上没有校正 | 工件装在卡盘上必须校正端面 |
| 端面产生凹面或凸面 | 用右偏刀从外向中心走刀时，床鞍没固定，车刀扎入工件产生凹面 | 在车大端面时，必须把床鞍的固定螺钉旋紧 |
| | 车刀不锋利。中、小滑板太松或刀架未压紧，使车刀受切削抗力的作用而"让刀"，因而产生凸面 | 保持车刀锋利。中、小滑板的镶条不应太松；车刀刀架应压紧 |

## 3.2.2　车削外圆

圆柱形表面是构成各种机器零件形状的基本表面之一。例如，轴都是由大小不同的圆柱面组成的。将工件夹在车床卡盘上做旋转运动，车刀装夹在刀架上做纵向进给运动，就可以车出外圆柱面。它是车削工作中最常见、最普遍的一种加工。此外，它与车床上其他的加工形式有着密切的关系，所以车削外圆是车工必须熟练掌握的基本功之一。

### 1. 外圆车刀的种类

车削轴类工件一般分粗车和精车两个阶段。粗车时，应尽快地将毛坯上的多余部分车去，不是要求工件达到图样上规定的尺寸精度和表面粗糙度，而是为了提高劳动生产率，但要留一定的精车余量。精车时把工件粗车后留有的少量余量车去，使工件达到图样上规定的尺寸精度、形位精度和表面粗糙度。

根据外圆车削的两个阶段要求不同，将车刀分为外圆粗车刀和外圆精车刀两种。

### 1) 外圆粗车刀

粗车刀必须适应粗车外圆时切削深、进给快的特点，主要要求车刀有足够的强度，能一次进给车去较多的余量，常用的粗车刀有主偏角为 45°、75° 和 90° 等几种。

选择粗车刀几何参数的一般原则如下。

(1) 为了增加刀头强度，前角 ($\gamma_o$) 和后角 ($\alpha_o$)（一般 $\alpha_o$=5°～7°）应小些。但前角太小会使切削力增大。

(2)主偏角($\kappa_r$)不宜过小，太小容易引起车削时振动。当工件形状许可时，主偏角最好取75°左右，因为此时刀尖角$\varepsilon_r$较大，不仅可承受较大的切削力，而且有利于切削刃散热。

(3)一般粗车时采用0°～3°的刃倾角($\lambda_s$)，以增加刀头强度。

(4)主切削刃上应磨有负倒棱，其宽度为$b_{r\varepsilon}=(0.5～0.8)f$，前角$\gamma_{01}=-10°～-5°$，以增加切削刃强度。

(5)为了增加刀尖强度，改善散热条件，延长刀具寿命，刀尖处应磨有过渡刃。

(6)粗车塑性材料(如钢类)时，为保证切削顺利，自行断屑，应在前刀面上磨有断屑槽。其中常用断屑槽包括折线形、全圆弧形及直线圆弧形三种。

**2)外圆精车刀**

精车外圆时，要求工件的尺寸精度及表面粗糙度必须达到规定数值，所以要求车刀锋利，切削刃平直、光洁，刀尖处可以修磨出修光刃，且在切削过程中必须使切屑排向工件的待加工表面方向。

选择精车刀几何参数的一般原则如下。

(1)前角($\gamma_o$)一般应取大些，使车刀锋利，以减小切削变形，并使切削轻快。

(2)后角($\alpha_o$)取得大些，以减少车刀和工件之间的摩擦。精车时切去少量的金属，对车刀强度的要求不太高，因此允许取较大的后角($\alpha_o=6°～8°$)。

(3)副偏角($\kappa_r'$)应取较小值或刀尖处磨修光刃，修光刃长度一般为$(1.2～1.5)f$，以减小工件的表面粗糙度。

(4)采用正值的刃倾角($\lambda_s=3°～8°$)，以控制切屑排向工件待加工表面方向。

(5)精车塑性材料工件时，车刀前刀面应磨出较窄的断屑槽。

**2. 外圆的车削**

**1)车削外圆的过程**

(1)准备。正确装夹工件与车刀，选择合理的切削参数并启动车床，使工件旋转。

(2)对刀。用手摇动床鞍和中滑板的进给手柄，使车刀接触工件右侧外圆表面进行对刀(刀尖与工件表面相接触，稍有切屑飞出即可)。中滑板进给手柄不动，床鞍手柄向反方向摇动，使车刀向右离开工件3～5mm。

(3)进刀。看准中滑板刻度值，并摇动中滑板手柄，使车刀横向进给，其进给数值即背吃刀量。

(4)试切削。试切削的目的是控制切削深度，保证工件的加工尺寸。摇动床鞍做纵向进给，当车削工件长度为3～5mm时，中滑板手柄不动，摇动床鞍手柄，将车刀纵向快速退回，停车测量。比较图样尺寸，重新调整切削深度，保证尺寸要求。若尺寸符合要求，就可继续切削；若尺寸还大，可加大切削深度；若尺寸过小，则应减小切削深度。

(5)正常切削。通过试切削调节好切削深度便可正常车削。此时，可选择机动或手动纵向进给。当床鞍再次进行纵向进给，车削至所需长度尺寸时，退出车刀，停车测量。经过多次进给，直到被加工表面达到图样标准。

**2)刻度盘的原理和应用**

在车削时，要准确和迅速地掌握背吃刀量，可以利用中滑板或小滑板上的刻度盘。

中滑板的刻度盘装在横向进给丝杆头上，当摇动手柄带着刻度盘旋转一周时，刻度盘也旋转一周，这时固定在中滑板上的螺母带动中滑板、刀架以及车刀一起移动一个螺距。如果中滑板丝杆螺距为 5mm，刻度盘圆周等分 100 格，当摇手柄转一周时，中滑板就移动 5mm；当刻度盘转过一格时，中滑板移动 5/100=0.05（mm）。小滑板的刻度盘可以用来控制车刀短距离的纵向移动，其刻度原理与中滑板的刻度盘相同。

应用中、小滑板刻度盘时，必须注意下列两点。

（1）转动中滑板丝杠时，丝杆和螺母之间往往存在间隙，由此易产生空行程（即刻度盘转动而滑板并未移动）。使用时必须反向转到适当的角度，消除配合间隙，然后慢慢地把刻线转到所需要的格数。如果多转过几格，绝对不能简单地直接退回几格，必须向相反方向退回全部空行程，再转到所需要的格数处。

（2）由于工件是旋转的，车刀从工件表面向中心切削后切下的部分刚好是背吃刀量的两倍。因此要注意，使用中滑板刻度盘时，当工件余量测得后，中滑板刻度盘的切入量（即背吃刀量）不能超过此时加工余量的 1/2。而小滑板刻度盘的刻度值则直接表示车刀沿工件轴向移动的距离。

### 3）废品分析

在车削外圆过程中，可能产生各种废品，其产生的原因和预防方法见表 3-4。

表 3-4　车外圆时产生废品的原因和预防方法

| 废品种类 | 产生原因 | 预防方法 |
|---|---|---|
| 尺寸精度达不到要求 | 操作者粗心大意，看错图样或刻度盘使用不当 | 车削时必须看清图样尺寸要求，正确使用刻度盘，看清格数 |
| | 车削时盲目吃刀，没有进行试切削 | 根据加工余量算出背吃刀量，进行试切削，然后修正背吃刀量 |
| | 量具有误差或测量不正确 | 量具使用前，必须仔细检查和调整零位，正确掌握测量方法 |
| | 由于切削热的影响，工件尺寸发生变化 | 不能在工件温度较高时测量。若要测量，应先掌握工件的收缩情况，或在车削时浇注切削液，降低工件的温度 |
| 产生锥度 | 用一夹一顶或两顶尖装夹工件时，后顶尖轴线不在车床主轴轴线上 | 车削前必须找正锥度 |
| | 用小滑板进给车外圆时产生锥度，使小滑板的位置不正，即小滑板的刻线没有对准中滑板上的"0"线 | 使用小滑板进给车外圆时，必须事先检查小滑板上的刻线是否与中滑板的"0"线对准 |
| | 用卡盘装夹工件车外圆时，车床导轨与主轴轴线不平行 | 调整车床主轴与床身导轨的平行度 |
| | 工件装夹时悬臂较长，车削时因切削力影响使端部让开 | 尽量减少工件的伸出长度，或另一端用顶尖支顶，增加装夹刚度 |
| | 刀具中途逐渐磨钝 | 选用合适的刀具材料，或适当降低切削速度 |
| 表面粗糙度达不到要求 | 车床刚度不足，如滑板镶条过松，传动零件（如带轮）不平衡或主轴太松引起振动 | 消除或防止由于车床刚度不足而引起的振动（如调整车床各部分的间隙） |
| | 车刀刚度不足或伸出太长引起振动 | 增加车刀的刚度和正确装夹车刀 |
| | 工件刚度不足引起振动 | 增加工件的装夹刚度 |
| | 车刀几何形状不正确，如选用过小的前角、主偏角和后角 | 选择合理的车刀角度（如适当增大前角、选择合理的后角）；用磨石研磨切削刃，减小表面粗糙度 |
| | 切削用量选择不恰当 | 进给量不宜太大，精车余量和切削速度选择适当 |

### 3.2.3　车削台阶

在工件上，几个直径不同的圆柱体连接在一起，形成台阶状，这类工件称为台阶轴，台阶工件的加工实际上就是外圆和端面车削加工方法的组合。因此在车削加工时必须兼顾外圆尺寸精度和台阶长度尺寸的要求。

**1. 车刀的选择与安装**

车削相邻两个圆柱直径相差不大的台阶时，常使用 90° 偏刀进行车削加工。这样既可车削外圆，又能车削端面及台阶。

**1) 车刀安装注意事项**

(1) 车削端面时，车刀刀尖必须对准工件中心，否则端面中心会留有凸台，硬质合金车刀刀尖还会因此而崩碎。

(2) 车刀的装夹应根据粗、精车和余量进行区别。例如，粗车时余量较多，应减小刀尖压力，增加背吃刀量，车刀装夹时主偏角可稍小一些(87°～90°)；精车时为保证台阶面和轴心线垂直，主偏角可装夹得大一些(93°～95°)。车削时分几次进给，进给时应留精车外圆和端面的加工余量。精车外圆到台阶长度后，停止纵向进给，手摇中滑板手柄使车刀慢慢均匀退出，即把端面精车一刀，至此一个阶台便加工完毕。

**2) 台阶的车削**

台阶轴根据相邻两圆柱体直径差，可分为低台阶和高台阶两种。

(1) 低台阶的车削。相邻两圆柱体直径差较小的低台阶可一次进给车出。由于台阶面应与工件轴线垂直，装刀时必须使主偏角等于 90°，可用角尺对刀或以车好的端面来对刀(图 3-30(a))。

(2) 高台阶的车削。相邻两圆柱体直径差较大的高台阶适合分层切削。粗车削时可先用主偏角小于 90° 的粗车刀进行车削，然后将 90° 的偏刀主偏角装成 93°～95°，通过多次车削完成加工。最后一次进给时，车刀纵向进给之后应用手摇动中滑板手柄，将车刀缓慢均匀地退出，使台阶与工件轴线垂直(图 3-30(b))。

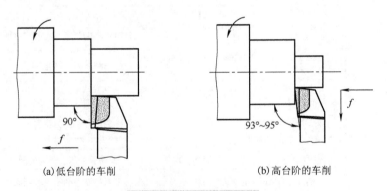

(a) 低台阶的车削　　　　　　　(b) 高台阶的车削

图 3-30　台阶的车削方法

**2. 台阶长度的测量和控制方法**

车削台阶时，尤其是多台阶的工件，准确地控制台阶长度尺寸的关键是按图样选择正确的测量基准。如果选择不当，则造成误差，产生废品。

控制台阶尺寸的方法有以下几种。

**1) 刻线法**

采用刻线法，一般选用最小直径圆柱的端面作为统一测量基准；为了确定台阶的位置可先用内卡钳或钢直尺量出台阶的长度尺寸(大批量生产时可用样板)，再用车刀在台阶的位置处刻出细线，然后进行车削。

**2) 挡铁定位法**

在车削数量较多、台阶长度相差不大的台阶轴时，为了迅速、正确地控制台阶的长度，可采用挡铁定位的方法(图 3-31)。带触头 3 的固定挡铁 1 用两只螺钉 2 固定在床身上，圆盘 5 套在体壳 6 中，并可转动。在圆盘上装有 4～6 个止挡螺钉 4，螺钉可根据工件的台阶长度进行调整。在车削台阶时，只需转动圆盘，使所需要的止挡螺钉进入工作位置。当止挡螺钉与固定挡铁上的触头接触时，即可车好一个长度尺寸。由此一个挡铁可准确地控制 4～6 个长度尺寸，使用方便。

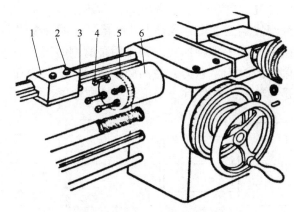

图 3-31　用挡铁定位车台阶的方法

1-固定挡铁；2-螺钉；3-触头；4-止挡螺钉；5-圆盘；6-体壳

**3) 床鞍刻度盘法**

台阶长度尺寸也可利用床鞍上的刻度盘进行控制。CA6136 型车床床鞍的刻度盘 1 格等于 0.5mm，车削时的精度一般在 0.1mm 左右。具体步骤如下：

(1) 对刀，将车刀刀尖与工件端面轻轻接触；

(2) 调整床鞍刻度盘刻线使之归零，根据台阶长度计算床鞍行程(床鞍应进给的数值)；

(3) 调整中滑板刻度盘刻度值至所需位置，自动纵向进给床鞍进行车削；

(4) 当快车到长度尺寸时，应改用手动进给方式车削至所需尺寸。

台阶轴的外圆直径尺寸可利用中滑板刻度盘来控制，其方法与车削外圆时相同。

**3. 切削用量**

切削用量选用原则应根据工件材料、刀具材料和几何角度及其他切削条件综合考虑，从而利用切削用量三要素的最优组合进行加工。车削台阶轴(工件为 45 钢)的切削用量参考数值如下。

(1) 硬质合金车刀(YT5)。背吃刀量 $(a_p)$=0.5～1mm；进给量 $(f)$=0.10～0.18mm/r；$v_c$=115m/min。

(2) 高速钢车刀。背吃刀量 $(a_p)$=0.5～1mm；进给量 $(f)$=0.10～0.18mm/r；$v_c$=35m/min。

### 4. 废品分析

在车削台阶过程中，废品产生的原因和预防方法见表3-5。

表 3-5　车台阶时产生废品的原因和预防方法

| 废品种类 | 产生原因 | 预防方法 |
|---|---|---|
| 台阶不垂直 | 较低的台阶是由于车刀装得歪斜，使主切削刃与工件轴线不垂直 | 装刀时必须使车刀的主切削刃垂直于工件的轴心线，车台阶时最后一刀应从台阶里面向外车出 |
| | 较高的台阶不垂直的原因与端面凹凸的原因一样 | 保持车刀锋利。中、小滑板的镶条不应太松；车刀刀架应压紧 |

## 3.2.4　切断和切槽

在车削加工中，当零件的毛坯是整根棒料而且较长时，需要把它事先切成段，然后进行车削；或在车削完后把工件从原材料上切下来，这样的加工方法称为切断。切断的关键是切断刀的几何参数的选择以及其刃磨和切削用量的选择合理。

外沟槽是在工件的外圆或端面上切有各种形式的槽，如图 3-32 所示的外圆沟槽、45°外沟槽、外圆端面沟槽、圆弧沟槽等各种形式。其作用是磨削时退刀方便，或使砂轮磨削端面时保证肩部垂直；在车削螺纹时为了退刀方便和旋平螺母，一般也在肩部切有沟槽。这些沟槽在机器上的最后作用是使装配时零件有一个正确的轴向位置。

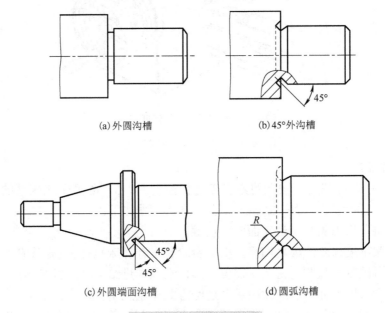

(a) 外圆沟槽　　　　　　　(b) 45°外沟槽

(c) 外圆端面沟槽　　　　　　　(d) 圆弧沟槽

图 3-32　常见的各种沟槽

普通零件都用外圆沟槽，要求比较高并需要磨削外圆和端面的零件可采用 45°外沟槽和外圆端面沟槽，动力机械和受力较大的零件采用圆弧沟槽。

### 1. 切断刀

切断刀以横向进给为主，前端的切削刃为主切削刃，两侧的切削刃是副切削刃。为了减少工件材料的浪费和切断时能切到工件的中心，切断刀的主切削刃较窄，刀体较长。为了提高刀体的强度，在选择刀体的几何参数和切削用量时，要特别注意提高切断刀的强度问题。

**1）切断刀的特点及几何形状**

（1）高速钢切断刀。高速钢切断刀的形状如图 3-33 所示。

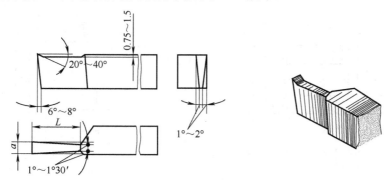

图 3-33　高速钢切断刀

① 前角 $\gamma_o$。切断中碳钢时，$\gamma_o =20^\circ \sim 30^\circ$；切断铸铁时，$\gamma_o =0^\circ \sim 10^\circ$。

② 主后角 $\alpha_o$。切断塑性材料取大些，切断脆性材料时取小些，一般为 $\alpha_o =6^\circ \sim 8^\circ$。

③ 副后角 $\alpha_o'$。切断刀有两个对称的副后角 $\alpha_o' =1^\circ \sim 2^\circ$。其作用是减少刀具副后刀面与工件两侧面的摩擦。

④ 主偏角 $\kappa_r$。切断刀以横向进给为主，$\kappa_r =90^\circ$。切断工件时经常会在端面留有凸头，因此常将主切削刃略磨斜。

⑤ 副偏角 $\kappa_r'$。两副偏角必须对称，其作用是减少副切削刃与工件两侧面的摩擦。副偏角过大会削弱切断刀刀头的强度，因此一般取 $\kappa_r' =1^\circ \sim 1^\circ 30'$。

⑥ 主切削刃宽度 $a$。主切削刃不能太宽，以免浪费工件材料及引起振动，但太狭易削弱刀头强度。主切削刃宽度与工件直径有关，具体可根据下面的经验公式计算，即

$$a \approx (0.5 \sim 0.6)\sqrt{D}$$

式中，$a$ 为主切削刃宽度，单位为 mm；$D$ 为工件直径，单位为 mm。

⑦ 刀头长度 $L$。刀头不宜太长，太长易引起振动和使刀头折断。刀头长度 $L$ 可按下式计算，即

$$L=h+(2 \sim 3)$$

式中，$L$ 为刀头长度，单位为 mm；$h$ 为切入深度（图 3-34），切断实心工件时，切入深度等于工件半径，单位为 mm。为了使切削顺利，切断刀的前刀面上应磨出一个浅的卷屑槽。该槽深度一般为 0.7～1.5mm，但长度应超过切入深度。卷屑槽过深，会削弱刀头强度，使刀头容易折断。

切断时，为了防止切下的工件端面有一小凸头，以及带孔工件不留边缘，可以把主切削刃略磨斜（图 3-35）。

（2）硬质合金切断刀。采用硬质合金切断刀，为使排屑顺利，增加散热面积，可把切断刀磨成人字形（图 3-36）或凸台式。在使用硬质合金切断刀时，由于采用高速切削，产生的热量大，易引起刀片脱焊。因此，在切削时应浇注充分的冷却液，特别是刀片磨损后，发热量更大，应及时修磨刀刃。

① 人字形切断刀切刀前角 $\gamma_o =10^\circ$，后角 $\alpha_o =6^\circ \sim 8^\circ$，刀尖角为 $150^\circ \sim 160^\circ$；该切断刀具有人字形两条过渡刃，可以有效地改善散热条件；同时由于两侧刀刃均有负倒棱，刀尖强

度增加，延长了刀具的寿命。在刃磨时，注意刀尖两面应对称，否则切削时两面受力不均，容易打刀。

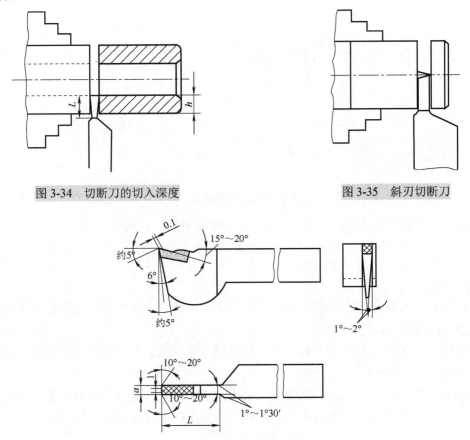

图 3-34　切断刀的切入深度　　　　　图 3-35　斜刃切断刀

图 3-36　硬质合金切断刀

② 凸台式切断刀在主切削刃中间有刃宽为刀头宽度的 1/3、长为 0.5～1mm 的凸台部分。在切削加工时，可减小切削宽度，使切屑排出顺利，不易打刀。

（3）弹性切断刀。为了节省高速钢，切断刀可以做成片状，再装夹在弹性刀杆内（图 3-37）。这样既节约了刀具材料，又使刀杆富有弹性。当进给量太大时，由于弹性刀杆受力变形时刀杆弯曲中心在上面，刀头会自动退让出一些。因此不容易扎刀，切断刀不易折断。

（4）反切刀。切断直径较大的工件时，因刀头很长、刚度差，容易引起振动，此时使工件反转，即用反切刀，采用反切断法进行切断（图 3-38）。这样切断时的切削力与工件重力方向一致，不容易引起振动。此外，反切刀切断时的切屑向下面排出，不容易堵塞在工件槽中。

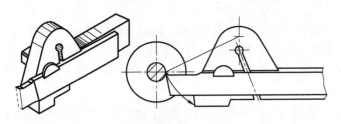

图 3-37　弹性切断刀

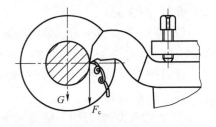

图 3-38　反切断和反切刀

在使用反切断法时，卡盘与主轴连接的部分必须装有保险装置，防止反转时卡盘从主轴上脱开造成事故。

(5)车槽刀。车削一般的外沟槽，车刀的角度和形状基本上与切断刀相同。车削外沟槽，应注意沟槽尺寸较窄时，车槽刀的主切削刃宽度与槽宽相等，刀头的长度应稍大于沟槽深度。

**2)切断刀的刃磨**

刃磨切断刀时，应先磨两副后刀面，以获得两侧副偏角和两侧副后角。因此刃磨难度较高，切断刀刃磨不正确是打刀的主要原因之一。

(1)刃磨两副后刀面，磨出两侧副偏角及两侧副后角；刃磨时须保证两副后刀面平直、对称，并磨到所需要的主切削刃宽度。

(2)刃磨主后刀面，保证主切削刃平直，磨出主偏角和主后角。

(3)刃磨前角及断屑槽，断屑槽尺寸由工件材料、切削速度和进给量决定。

(4)在主切削刃两侧刀尖处倒角，增加切断刀的刚性。

(5)刃磨负倒棱，以增加切削刃强度。

(6)刃磨后可用角尺或钢板尺检查两侧副后角大小及对称程度。

**3)切断刀的装夹方法**

(1)切断刀不宜伸出过长，同时切断刀的中心线必须装得与工件轴线垂直，以保证两副偏角 $\kappa_r'$ 对称。

(2)切断实心工件时，切断刀必须装得与工件轴线等高，否则不能切到中心，而且容易使车刀折断。

(3)切断刀底平面应平整，否则会引起副后角的变化(两 $\alpha_o'$ 不对称)。

**4)切断工件的方法**

切断工件常用的方法有直进法、左右借刀法及反切法。

(1)直进法：切断刀沿工件轴线垂直方向进给，直到将工件切断，如图 3-39 所示。

(2)左右借刀法：在刀具、工件及设备刚性不足的情况下，切断刀可适当地左右移动和横向进给，从而将工件切断，如图 3-40 所示。

(3)反切法：当工件直径较大时，因刀头较长，刚性较差，可安装反切刀，使工件反转将其切断，如图 3-41 所示。使用反切法，切屑向下排出，不容易堵塞在工件槽中。使用反切法时，卡盘与主轴连接的部分必须装有保险装置，否则卡盘会因倒车而从主轴上脱开造成事故。

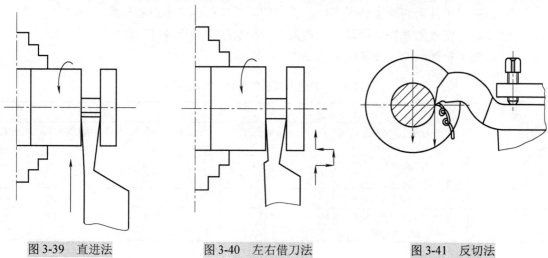

图 3-39 直进法　　　图 3-40 左右借刀法　　　图 3-41 反切法

**2. 切断和车槽**

**1）切削用量**

（1）背吃刀量（$a_p$）。横向切削时，背吃刀量 $a_p$ 即在垂直于加工端面（已加工表面）的方向所量得的切削层的宽度。因此切断时的背吃刀量等于主切削刃宽度。

（2）进给量（$f$）。切断时刀头强度较低，应选择合适的进给量。进给时，进给量过大容易造成切断刀折断；进给量太小，则使切断刀后面与工件产生强烈摩擦引起振动。进给量可根据工件和刀具材料决定。

① 高速钢刀具的进给量。切削钢件时，$f=0.05\sim0.1$mm/r；切削铸铁时，$f=0.1\sim0.2$mm/r。

② 硬质合金刀具的进给量。切削钢件时，$f=0.1\sim0.2$mm/r；切削铸铁时，$f=0.15\sim0.25$mm/r。

（3）切削速度（$v_c$）。

① 高速钢刀具的切削速度。切削钢件时，$v_c=30\sim40$m/min；切削铸铁时，$v_c=15\sim25$m/min。

② 硬质合金刀具的切削速度。切削钢件时，$v_c=80\sim120$m/min；切削铸铁时，$v_c=60\sim100$m/min。

切断时，由于切断刀伸入工件被切割的槽内，周围被工件和切屑包围，散热情况极为不利。为了降低切削区域的温度，应在切断时加充分的切削液进行冷却。

**2）切断的注意事项及切断刀折断的原因与解决方法**

（1）切断时的注意事项如下。

① 切断毛坯前，最好把工件先车圆，或尽量减小进给量，以免造成扎刀现象而损坏车刀。

② 手动进给时，摇动手柄应连续、均匀，以避免由于切断刀与工件表面摩擦增大，工件表面产生冷硬现象，使刀具磨损加快，在使用高速钢切断刀时应浇注充分的切削液，若中途停车，应先把车刀退出再停车。

③ 切断时，切断位置与卡盘的距离应尽可能接近。否则容易引起振动，易使工件抬起压断切断刀。

④ 切断由一夹一顶装夹的工件时，切断时应留有余量，卸下工件后再敲断。切断较小的工件时，要用盛具接住，以免切断后的工件混在切屑中或飞出找不到。

⑤ 切断时不能用两顶尖装夹工件，否则切断后工件会飞出造成事故。

⑥ 中、小滑板的塞铁可稍紧些，若太松，会引起振动造成打刀现象。

（2）切断刀折断的原因及解决方法如表 3-6 所示。

表 3-6　切断刀折断的原因及解决方法

| 序号 | 切断刀折断的原因 | 解决方法 |
|---|---|---|
| 1 | 切断刀角度刃磨不正确，副偏角、副后角磨得过大、过小或刀头刃磨歪斜 | 刃磨时仔细检查副偏角及副后角，使之满足加工要求 |
| 2 | 切断刀安装时与工件轴线不垂直，或刀尖没有对准工件中心 | 刀具安装角度应合理，刀尖与工件中心等高 |
| 3 | 车削时进给量选择过大 | 选择合理的切削用量，减小刀具的磨损 |
| 4 | 切断刀前角刃磨太大，中滑板松动，切断时产生扎刀现象，使刀头折断 | 前角刃磨合理，并在工作时预先检查设备状态，发现问题及时进行解决 |

**3) 沟槽的车削和测量方法**

(1) 外沟槽的车削。

车削一般外沟槽的车槽刀，角度和形状基本与切断刀相同，车刀一次直进车出；在车削窄的外沟槽时，车槽刀的主切削刃宽度应与槽宽相等，刀头应尽可能短一些，如图 3-42 所示。

较宽的沟槽可以分几次切削来完成。车第一刀时，先用钢直尺量好距离。车一条槽后，车刀退出工件向左移动继续车削，把槽的大部分余量车去。但必须在槽的两侧和底部留有精车余量，最后根据槽的宽度和槽的位置进行精车。

沟槽内的直径可用卡钳或游标卡尺测量。沟槽的宽度可用钢直尺、样板或塞规来测量。

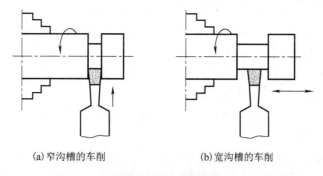

(a) 窄沟槽的车削　　(b) 宽沟槽的车削

图 3-42　外沟槽的车削

(2) 斜沟槽的车削。

① 45° 外沟槽车刀车削方法(图 3-43(a))。45° 外沟槽车刀与一般端面沟槽车刀相当，刀尖 a 处的副后刀面应磨成相应的圆弧。车削时，可把小滑板转过 45°，用小滑板进给车削成形。

② 圆弧沟槽车刀车削方法(图 3-43(b))。圆弧沟槽车刀可根据沟槽圆弧的大小相应磨成圆弧刀头。但必须注意：在切削端面的一段圆弧切削刃下也必须磨有相应的圆弧后面。

③ 外圆端面沟槽车刀车削方法(图 3-43(c))。外圆端面沟槽车刀的形状比较特殊，它的前端磨成外圆车槽刀形式，侧面刃磨成端面车槽刀形式。车削时，先用一般车槽刀车削外圆沟槽，再用外圆端面沟槽车刀车削端面槽。当然也可以用外圆端面沟槽车刀一次把槽车好。由于这种车槽刀刀头强度很差，切削用量应取得小些。在切削一般材料时，这种车刀可用高速钢磨制成。当切削硬度较高的零件时，车刀也可用 YT15 硬质合金磨成，但必须注意：为了保证刀片下面的支承强度，刀片不宜太厚。

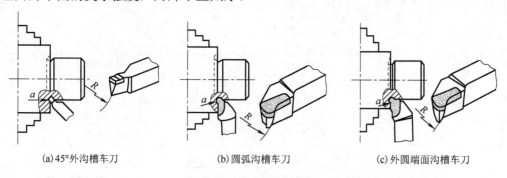

(a) 45° 外沟槽车刀　　(b) 圆弧沟槽车刀　　(c) 外圆端面沟槽车刀

图 3-43　斜沟槽的车刀

#### 4) 减少振动及防止刀体折断的方法

切屑的形状和排出方向对切断刀的使用寿命、工件的表面粗糙度及生产效率都有很大影响，所以在切断时，控制切屑的形状和流向是一个重要的问题。

例如，在切削钢类工件时，切屑在工件槽里呈发条状卷曲，排屑就困难，增加了切力，容易造成扎刀，并损伤工件的已加工表面。理想的切屑应呈直线形从工件槽里排出然后再卷成弹簧形或宝塔状；或者使切屑变狭，顺利排出。为了达到这些目的采取下列措施。

(1) 在切断刀前刀面磨出 1°～3° 的倾角，使前刀面左高右低。前刀面倾角为 0° 时，切屑容易在槽中呈发条状，不能理想地排出。但倾角太大，切断刀受到一个侧向分力，使切断工件的平面歪斜，或造成扎刀现象而损坏刀具。

(2) 把切断刀的主切削刃磨成人字形，使切屑变窄，以便顺利排出。

(3) 卷屑槽的大小和深度要根据进给量与工件直径来决定。卷屑槽不宜过深，但长度必须超过切入深度，以保证顺利排屑。

切断工件时，还往往会引起振动，而使刀具损坏。操作中可以采取下列措施来防止振动。

(1) 适当地加大前角，以减小切削阻力。

(2) 在切断刀主切削刃中间磨 $R0.5mm$ 左右的凹槽(消振槽)，这样不仅能起消振作用，还能起导向作用，保证切断的平直。

(3) 大直径工件采用反切断法，也可防止振动，并使排屑方便。

(4) 选用合适的主切削刃宽度。主切削刃宽度太窄，使刀头强度减弱；太宽，容易引起振动。

(5) 改变刀柄的形状，即在切断刀伸入工件部分的刀柄下面做成凸圆弧形或其他形状，以减少由于刀柄刚度差而引起的振动。

(6) 把车床主轴间隙、中滑板和小滑板间隙适当调小。

#### 5) 废品分析

在切断和车槽过程中，可能产生各种废品，其产生的原因和预防方法见表3-7。

表3-7　切断和车槽时产生废品的原因和预防方法

| 废品种类 | 产生原因 | 预防方法 |
|---|---|---|
| 沟槽尺寸不正确 | 由于主切削刃宽度太宽或太窄 | 根据沟槽宽度刃磨主切削刃宽度 |
| | 没有及时测量或测量不正确 | 车槽过程中及时、正确测量 |
| | 尺寸计算错误 | 仔细计算尺寸，对留有磨削余量的工件，车槽时必须把磨削余量考虑进去 |
| 切下的工件表面凹凸不平(尤其是薄工件) | 切断刀强度不够、主切削刃不平直，切削时由于侧向切削力的作用使刀具偏斜，致使切下的工件凹凸不平 | 增加切断刀的强度，刃磨时必须使主切削刃平直 |
| | 刀尖圆弧刃磨或磨损不一致，使主切削刃受力不均而产生凹凸面 | 刃磨时保证两刀尖圆弧对称 |
| | 切断刀装夹不正确 | 正确装夹切断刀 |
| | 刀具角度刃磨不正确，两副偏角过大而且不对称，从而降低刀头强度，产生让刀现象 | 正确刃磨切断刀，保证两副偏角对称 |
| 表面粗糙度达不到要求 | 两副偏角太小，产生摩擦 | 正确选择两副偏角的数值 |
| | 切削速度选择不当，没有加切削液 | 选择适当的切削速度，并浇注切削液 |
| | 切削时产生振动 | 采取防振措施 |
| | 切屑拉毛已加工表面 | 控制切屑的形状和排出方向 |

## 3.2.5 车削轴类综合工件

### 1. 轴类零件的结构特征

轴是机器中的重要零件之一，用来支持旋转零件(如带轮、齿轮)，传递运动和转矩。轴通常由圆柱面、阶台、端面和沟槽等结构组成。轴类零件的精度要求较高，所以在车削时除了要保证尺寸精度和表面粗糙度，还应保证其形状和位置精度的要求。

### 2. 轴类零件的车削工艺分析

车削轴类工件时，如果轴的毛坯尺寸余量较大，且不均匀，或精度要求较高，应将粗加工与精加工分开进行。另外，根据零件的形状特点、技术要求、数量和工件的安装方法，轴类零件的车削步骤选择原则如下。

(1)用两顶尖装夹车削轴类工件时，一般至少要装夹三次，即粗车第一端，调头再粗车和精车另一端，最后精车第一端。

(2)车短小的工件时，一般先车一端面，这样便于确定长度方向的尺寸。车铸铁件时，最好先倒角再车削，这样刀尖就不易遇到外皮和型砂，避免损坏车刀。

(3)工件车削后还需磨削的，只需粗车和半精车，并注意留磨削余量。

(4)车削阶台轴时，应先车削直径较大的一端，以避免过早地降低工件刚性。

(5)在轴上车槽，一般安排在粗车和半精车之后，精车之前。如果工件刚性好或精度要求不高，也可在精车之后再车槽。

(6)车螺纹一般安排在半精车后进行，待螺纹车好后再精车各级外圆，这样可避免车螺纹时轴发生弯曲，而影响轴的精度。若工件精度要求不高，螺纹可安排在最后车削。

(7)轴类零件的定位基准通常选用中心孔。加工中心孔时，应先车端面后钻中心孔，以保证中心孔的加工质量。

### 3. 轴类零件综合练习
#### 1)工件图样(图 3-44)

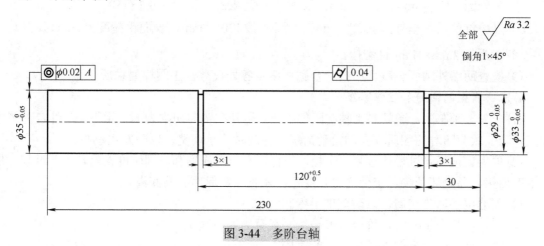

图 3-44 多阶台轴

#### 2)工艺分析

(1)该零件形状较简单，结构尺寸变化不大。若其为重要用途的轴，则应选锻件毛坯；现将其视为一般用途的轴，则选棒料毛坯比较合适。现毛坯为 45 圆钢，$\phi 40 \times 240$mm。

(2)该零件有三个台阶面、两处直槽，前后两端阶台同轴度误差为 $\phi 0.02$mm，中段轴颈有圆柱度要求，其允差为 0.04mm，且只许左大右小。总的来说，该零件结构虽然不复杂，但其精度要求比较高，因此在加工方法上应采取以下技术措施：分粗、精加工阶段；粗车时工件采取一夹一顶的安装方法，精车时采取两顶尖支撑的方法；切槽安排在精车后进行；粗加工阶段应校正好车床锥度，以保证工件对圆柱度的要求；加工过程中应从加工步骤的安排工件安装、车刀刃磨等诸多方面尽量减小工件的变形。

**3) 用三爪自定心卡盘装夹工件**

**4) 刀具、量具的选择**

刀具：45°车刀、90°车刀、切槽刀等。

量具：游标卡尺、外径千分尺等。

**5) 加工步骤**

(1) 检查坯料，毛坯伸出三爪自定心卡盘长度约 40mm，找正后夹紧。车端面、钻中心孔 B2.5/8.0。粗车外圆 $\phi35\times25$mm。

(2) 工件调头夹持 $\phi35$mm 外圆处，找正后夹紧。车端面并保证总长 230mm，钻中心孔 B2.5/8.0。

(3) 一夹一顶，粗车整段外圆 $\phi36$mm（除夹紧处 $\phi35$mm 外）。

(4) 调头一夹（夹 $\phi36$mm 处外圆）一顶，粗车右端各处尺寸：

① 车中 $\phi29$mm 处外圆至中 $\phi29.8$mm、长 29.5mm；

② 车 $\phi33$m 处外圆至中 $\phi35$mm、表面粗糙度 $Ra3.2\mu$m，长 120mm，检查并校正锥度后，再将外圆车至 $\phi33.8$mm。

(5) 修研两端中心孔。

(6) 工件调头，两顶尖安装。精车左端外圆至 $\phi35_{-0.05}^{0}$mm，表面粗糙度 $Ra3.2\mu$m，倒角 $1\times45°$。

(7) 工件调头、两顶尖安装。精车右端各处尺寸：

① 车外圆 $\phi29_{-0.05}^{0}$mm、长 30mm，表面粗糙度 $Ra3.2\mu$m，倒角 $1\times45°$；

② 复检锥度后，车外圆 $\phi33_{-0.05}^{0}$mm、保证长度 $120_{0}^{+0.5}$mm，表面粗糙度 $Ra3.2\mu$m。

(8) 车两处 3mm×1mm 直沟槽。

(9) 检查两端外圆同轴度、中段阶台圆柱度及各处尺寸合乎图样要求后，卸下工件。

**6) 容易产生的问题和注意事项**

(1) 一夹一顶车削，通常要用轴向限位支撑，否则在轴向切削力的作用下，工件容易产生轴向移动。故应随时注意后顶尖的松动情况，并及时给予调整，以防发生事故。

(2) 顶尖支顶不能过松或过紧。过松，工件跳动，形成扁圆，同轴度误差较大；过紧，易产生摩擦热，易烧坏顶尖，工件产生热变形。随时注意后顶尖的润滑。

(3) 不准用手清除切屑，以防割破手指。

(4) 粗车多阶台工件时，阶台长度余量一般只需留右端第一挡。

(5) 阶台处，应注意保持长度尺寸的准确。

(6) 注意工件锥度的方向性。

(7) 按规定要求检测工件的形位误差。

# 3.3  车削套类零件

套类零件的主要作用是支承、导向、连接以及和轴组成精密的配合等。套类工件是车削加工的重要内容之一。为研究方便，把轴承座、齿轮、带轮等带有孔的工件都作为套类工件来介绍。套类工件主要由同轴度要求较高的内、外回转表面以及端面、阶台、沟槽等部分组成。用作配合的孔，一般都要求较高的精度(IT7～IT8)、较细的表面粗糙度($Ra$0.2～3.2μm)与较高的形状和位置精度。

圆柱孔可以通过钻、扩、车或铰来加工。但圆柱孔的加工要比车削外圆困难得多，原因如下：

(1)孔加工是在工件内部进行的，观察切削情况很困难。尤其是孔径小时，根本看不见，控制更困难。

(2)刀柄尺寸由于受孔径的限制，不能做得太粗，又不能太短，因此刚度很差，加工孔径小、长度长的孔时更为突出。

(3)排屑和冷却困难。

(4)当工件壁较薄时，加工时容易变形。

(5)圆柱孔的测量比外圆困难。

## 3.3.1  车削盲孔

### 1. 钻孔

用钻头在实体材料上加工孔的方法称为钻孔。钻孔的加工精度一般可达 IT1～IT12，表面粗糙度($Ra$12.5～25μm)。精度要求不高的孔，可以用钻头直接钻出。

钻头根据形状和用途不同，可分成扁钻、麻花钻、中心钻、锪孔钻、深孔钻等。钻头一般用高速钢制成。近几年来，由于高速切削的发展，镶硬质合金的钻头得到了广泛的应用。

#### 1)磨花钻的几何形状

(1)麻花钻的组成部分(图 3-45)。

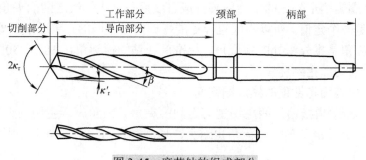

图 3-45  麻花钻的组成部分

① 柄部，钻头的尾部。钻削时起传递扭矩和钻头的夹持定心作用。麻花钻有直柄和莫氏锥柄两种。直柄钻头的直径一般为 0.3～13mm，莫氏锥柄的钻头直径见表 3-8。

表 3-8　莫氏锥柄钻头直径

| 莫氏锥柄号 | 1 | 2 | 3 | 4 | 5 | 6 |
|---|---|---|---|---|---|---|
| 钻头直径/mm | 6～15.5 | 15.6～23.5 | 23.6～32.5 | 32.6～49.5 | 49.6～65 | 70～80 |

② 颈部，位于工作部分和柄部之间。直径较大的钻头在颈部标注有商标、钻头直径和材料牌号等。

③ 工作部分，这是钻头的主要部分，由切削部分和导向部分组成，起切削和导向作用。为了节约高速钢，较大直径的麻花钻的柄部材料为碳素结构钢。

(2) 麻花钻工作部分的几何形状（图 3-46）。

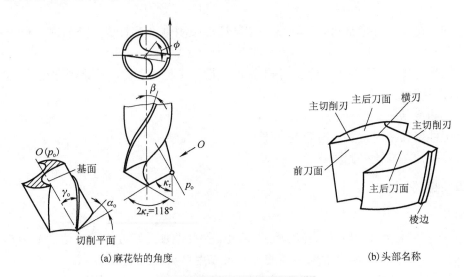

(a) 麻花钻的角度　　　　　　(b) 头部名称

图 3-46　麻花钻的各部分名称

麻花钻的切削部分可看作正、反的两把车刀，所以它的几何角度的概念与车刀基本相同，但又具有它本身的特点。

① 螺旋槽。钻头的工作部分有两条螺旋槽，它的作用是构成切削刃、排出切屑和通切削液。

螺旋角 $(\beta)$ 是螺旋槽上外缘的螺旋线展开成直线后与钻头轴线之间的夹角。由于同一只钻头的螺旋槽导程是一个定值，所以不同直径处的螺旋角是不同的，越近中心处的螺旋角越小。钻头上的名义螺旋角是指外缘处的螺旋角。标准麻花钻的螺旋角在 18°～30°。

② 前刀面。前刀面指螺旋槽面。

③ 后刀面。后刀面指钻顶的螺旋圆锥面。

④ 顶角 $(2\kappa_r)$。顶角指钻头两主切削刃之间的夹角。顶角大，主切削刃短，定心差，钻出的孔容易扩大。另外，顶角大，前角也增大，切削时省力些。顶角小，则反之。一般标准麻花钻的顶角为 118°。

当麻花钻顶角为 118° 时，两主切削刃为直线，顶角磨得小于 118° 时，主切削刃就变为凸形曲线，磨得大于 118° 时，主切削刃变成凹形曲线（图 3-47）。

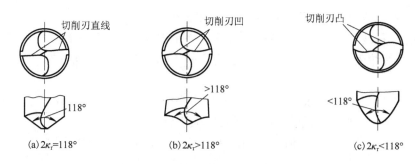

图 3-47　麻花钻顶角对主切削刃的影响

⑤ 前角($\gamma_{\circ}$)。麻花钻前角是前刀面和基面之间的夹角。它与螺旋角、顶角、钻心直径等有关，而其中影响最大的是螺旋角。螺旋角越大，前角也越大。由于螺旋角随钻头直径而变化，所以主切削刃上各点的前角数值也是变化的(图 3-48)。靠近外缘处最大，自外缘向中心逐渐减小，变化范围为$-30°\sim+30°$。

⑥ 后角($\alpha_{\circ}$)。麻花钻后角是后刀面和切削平面之间的夹角。为了测量方便，后角规定在圆柱面内测量(图 3-49)。麻花钻主切削刃上各点内的后角数值也是变化的。靠近外缘处的后角最小，靠近中心处的后角最大，外缘处后角一般为$8°\sim10°$。

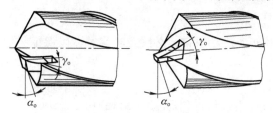

图 3-48　麻花钻的前角变化

图 3-49　麻花钻后角的测量

⑦ 横刃。横刃是麻花钻两主切削刃的连线，也就是两个主后刀面的交线。横刃太短会影响麻花钻钻尖强度，横刃太长使轴向力增大，对钻削不利。

⑧ 横刃斜角($\psi$)。横刃斜角是在垂直于钻头轴线的端面投影图中，横刃与主切削刃之间的夹角。它由后角决定。后角大时，横刃斜角就减小，横刃变长，钻削时轴向力增大。后角小时，情况相反。横刃斜角一般为$55°$。

⑨ 棱边和倒锥。麻花钻的导向部分在切削过程中能保持钻削方向，修光孔壁以及作为切削部分的后备部分。但在切削过程中，为了减少和孔壁之间的摩擦，以保证切削的顺利进行，在麻花钻上特地制出两条倒锥形的刃带(即棱边)。

**2)麻花钻的刃磨、优缺点和修磨**

(1)麻花钻的刃磨。

麻花钻的刃磨质量直接关系到钻孔质量(尺寸精度、表面粗糙度和钻削效率)。

麻花钻刃磨时，只需刃磨两个主后刀面，但同时要保证后角、顶角和横刃斜角，所以麻花钻的刃磨是比较困难的。

麻花钻刃磨后，必须达到下列两个要求。

① 麻花钻的两条主切削刃应该对称，也就是两主切削刃与钻头轴线成相等的角度，并且长度相等(图 3-50(a))。

② 横刃斜角为$55°$。

钻头刃磨不正确对加工的影响如图 3-50(b)和(c)所示。

图 3-50(b)为顶角磨得不对称时钻孔的情况。钻削时，只有右边切削刃在切削，而左边切削刃不起作用。两边受力不平衡，右边切削刃上的切削力会把钻头向左推，结果使钻出的孔扩大和歪斜。

图 3-50(c)为顶角磨得对称，但切削刃长度不相等时钻孔的情况。钻削时，钻头的工作中心由 $O$—$O_1$ 移到 $O'$—$O_1'$，所以钻出的孔径必定大于钻头直径。

刃磨得不正确的钻头，由于所受的切削力不平均，会使钻头很快磨损。

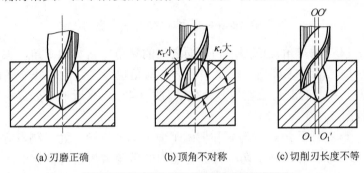

(a) 刃磨正确　　　　　(b) 顶角不对称　　　　　(c) 切削刃长度不等

图 3-50　钻头刃磨不正确对加工的影响

麻花钻刃磨时应注意以下几点。

① 刃磨前应先检查砂轮。如果砂轮表面不平整或跳动厉害，必须及时修整，以保证刃磨质量。

② 把钻头切削刃摆平，磨削点大致在砂轮水平中心面上。

③ 钻头轴线与砂轮圆柱面素线在水平面内的夹角等于顶角 $\kappa_r$(图 3-51(a))。

④ 刃磨时，钻柄不能高出水平面，以防磨出负后角，造成钻头钻不进工件的不良后果。

⑤ 刃磨时，一手握住钻头的一个部位作为定位支承，另一手把钻柄向下摆动(图 3-51(b))及绕轴线做微量转动。

⑥ 当钻头将要磨好时，注意不要由刃背向刃口方向磨，以免刃口退火。

⑦ 刃磨时，应经常浸入水中冷却，以免钻头退火，缩短钻头的使用寿命。

⑧ 刃磨好以后，还须检查两主切削刃是否对称，是否出现负后角。检查时，可用目测或使用游标万能角度尺测量。

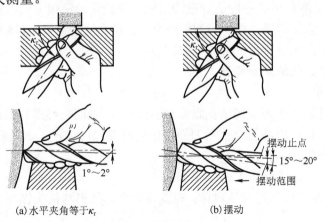

(a) 水平夹角等于 $\kappa_r$　　　　　(b) 摆动

图 3-51　麻花钻的刃磨方法

（2）麻花钻的优缺点。

标准麻花钻的优点如下。

① 钻头上有螺旋槽，可以不必刃磨前刀面，即有一定的前角。重磨时，只需刃磨主后刀面。

② 切削时是双刃切削，不易产生振动。

③ 钻身上有螺旋形的棱边，钻孔时导向作用好，轴线不容易歪斜。

④ 钻头工作部分较长，所以使用寿命也较长。

标准麻花钻的缺点如下。

① 主切削刃上各点的前角是变化的，靠外缘处前角大，接近钻心处已变为很大的负前角，使切削阻力增加，切削条件很差。

② 横刃太长，又是很大的负前角，它所起的作用实际上是挤压和刮削，而不是切削，所以横刃的存在会消耗大量的能量，产生大量的热量，而且使轴向力大，定心不好。

③ 棱边上没有后角，棱边与孔壁发生摩擦，而该处切削速度最高，最容易磨损。

④ 当钻头直径较大时，切削刃长，切屑较宽，各点切屑流出的速度相差很大，切屑卷曲成很宽的螺卷，所占的空间体积大，对排屑不利，并阻碍切削液的流入，在钻较深的孔时，排屑就更困难。

（3）麻花钻的修磨。

针对麻花钻的上述缺点，可根据不同的工件材料和切削条件对麻花钻进行修磨。

① 修磨横刃。修磨横刃有修短横刃和改善横刃处前角两种方法（图 3-52（a））。通常把这两种方法结合起来使用。

修磨的原则如下：工件材料越软，横刃修磨得越短；工件材料越硬，横刃应越少修磨。

② 修磨前刀面。修磨前刀面有两种：一种是修磨外缘处的前刀面，以减小前角（图 3-52（b））；另一种是修磨横刃处的前刀面，以增大前角（图 3-52（a））。这两种方法可分开应用，也可结合应用。

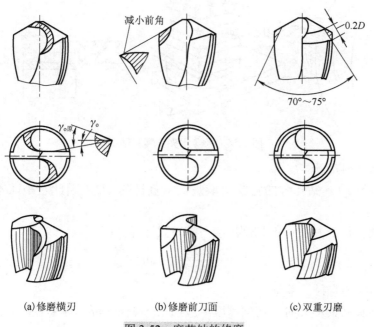

(a) 修磨横刃　　　　(b) 修磨前刀面　　　　(c) 双重刃磨

图 3-52　麻花钻的修磨

修磨的原则如下：工件材料较软，应修磨横刃处的前刀面，以加大前角，减小切削力，使切削顺利；工件材料较硬，应修磨外缘处的前刀面，以减小前角，增加钻头强度。用麻花钻扩孔时，为了避免扎刀，可把外缘处的前角磨小。

③ 双重刃磨。在同一钻头上，外缘处的切削速度最高，最容易磨损。因此，可采用如图 3-52(c)所示的双重刃磨法来增加这部分的强度，减少钻头的磨损，并可减小孔的表面粗糙度。

④ 开分屑槽。较大的麻花钻，可在前刀面或后刀面上开分屑槽，如图 3-53 所示。

前刀前上的分屑槽(图 3-53(a))在制造时做出。主后刀面上的分屑槽(图 3-53(b))在砂轮尖角处磨出。刃磨时，应注意将左、右两面分屑槽的位置相互错开。

(a)前刀面的分屑槽　　(b)主后刀面的分屑槽

图 3-53　分屑槽

### 3)麻花钻的装夹

(1)直柄钻头的装卸。直柄钻头可用钻夹头装夹。用钻夹钥匙将钻夹头的三爪打开，放入钻头并将之夹紧，夹紧时，钻头柄部应有少许卡爪露出。然后将钻夹头放入尾座套筒锥孔内即可。

(2)锥柄钻头的装夹。当钻头锥柄与尾座锥孔规格相同时，可直接将钻头锥柄装入尾座内，若规格不相同，则须在钻头锥柄处安装一个与尾座锥孔规格相同的过渡锥套，再将过渡锥套装入尾座套筒内。

(3)专用夹具装夹。将直柄或锥柄钻头安装在专用夹具上，然后将专用夹具固定在刀架上(图 3-54)。用这种方法可以实现机动进给方式钻孔，降低劳动强度并提高生产效率。

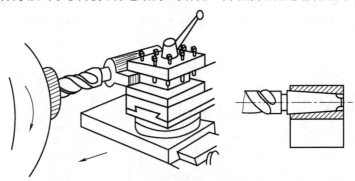

图 3-54　用专用夹具装夹钻头

### 4)钻孔时的切削用量

(1)背吃刀量($a_p$)。钻孔时的背吃刀量是钻头直径的 1/2，因此它是随着钻头直径而改变的。

(2)切削速度($v_c$)。钻孔时的切削速度可按下式计算，即

$$v_c = \frac{\pi D n}{1000} \text{m / min}$$

式中，$D$ 表示钻头的直径，单位为 mm。

用高速钢钻头钻钢料孔时，切削速度一般选 15～30m/min。钻铸铁时，应稍低些。根据切削速度的计算公式，钻头直径越小，转速应越高。

(3) 进给量 ($f$)。使用小直径钻头钻孔时，进给量太大会使钻头折断。用直径 30mm 的钻头钻钢料时，进给量选 0.1～0.3mm/r。钻铸铁时，进给量选 0.15～0.4mm/r。

(4) 切削液。钻削钢料时，为了不使钻头过热，必须加充分的切削液。钻削铸铁时，一般不加；钻削铝时，可以加煤油；钻削黄铜、青铜时，一般不加，如果需要，也可加乳化液；钻削镁合金时，也不加切削液，因为加切削液后会发生氢化作用 (助燃) 而引起燃烧甚至爆炸，所以只能用压缩空气来排屑和降温。

由于在车床上钻孔时，孔的轴线是水平的，切削液很难注入切削区域，所以在加工过程中应经常退出钻头，以利排屑和冷却钻头。

**5) 钻孔时的注意事项**

钻孔时，必须注意以下几点。

(1) 钻孔前，先把工件端面车平，否则会影响正确定心。

(2) 必须找正尾座，使钻头轴线与工件回转轴线重合，以防孔径扩大和钻头折断。

(3) 用较长的钻头钻孔时，为了防止钻头跳动，可以在刀架上夹一铜棒或挡铁，轻轻支顶住钻头头部，使它对准工件的回转中心。然后缓慢进给，当钻头在工件上已正确定心，并正常钻削以后，把铜棒退出。

(4) 对于小孔，可先用中心钻定心，再用麻花钻钻孔，这样钻出的孔同轴度好，尺寸正确。

(5) 当钻了一段孔以后，应把钻头退出，停车测量孔径，检查是否符合要求。

(6) 钻较深的孔时，切屑不易排出，必须经常退出钻头，清除切屑。如果是很长的通孔，可以采用调头钻孔的方法。

(7) 当孔将钻穿时，因为钻头的横刃不再参加工作，阻力明显减小，进给时就会觉得手轮摇起来很轻松，这时进给量必须减小，否则会使钻头的切削刃 "咬" 在工件孔内而损坏钻头，或者使钻头的锥柄在尾座锥孔内打转，把锥柄和锥孔拉毛。

**2. 扩孔**

用扩孔工具扩大工件孔径的加工方法称为扩孔。常用的扩孔工具有麻花钻和扩孔钻。一般可用麻花钻扩孔。对于精度要求较高和表面粗糙度较小的孔，可用扩孔钻扩孔。

**1) 用麻花钻扩孔**

工件上的小孔可一次钻出。但钻较大孔时，钻头直径也大，由于横刃长，轴向切削力大，钻削时很费力，这时可分两次钻削。例如，钻直径为 50mm 的孔，可先用 25mm 的钻头钻孔，再用 50mm 的钻头扩孔。

用麻花钻扩孔时，由于钻头横刃不参加切削，轴向切削力减小，进给时省力；但由于钻头外缘处的前角大，容易产生扎刀而使钻头在尾座套筒内打滑。因此，扩孔时应把钻头外缘处的前角修磨得小一些，并适当控制进给量，绝不能因为钻削时省力而加大进给量。

**2) 用扩孔钻扩孔**

扩孔钻有高速钢扩孔钻和硬质合金扩孔钻两种 (图 3-55)。扩孔钻的钻心较粗，刀齿较多，钻头刚度和导向性均比麻花钻好，因此，可提高生产效率，改善加工质量。

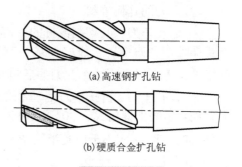

(a) 高速钢扩孔钻

(b) 硬质合金扩孔钻

图 3-55　扩孔钻

扩孔时，除铸造青铜材料外，其他材料的工件扩孔都要使用切削液。

扩孔精度一般可达 IT9～IT10，表面粗糙度 $Ra3.2～6.3\mu m$，所以扩孔一般作为孔的半精加工。

### 3. 锪钻

在工件孔口表面加工出一定的孔和表面称为锪钻。锪钻有圆柱沉头孔锪钻、圆锥形锪钻和端面锪钻等。

有些零件钻孔后需要孔口倒角，有些零件需用顶尖顶住孔口来加工外圆，此时可用圆锥形锪钻(图3-56)加在孔口锪出锥孔。圆锥形锪钻有 60°、90° 和 120° 等几种。

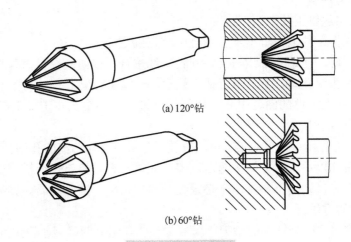

(a)120°钻

(b)60°钻

图 3-56　圆锥形锪钻

用锪削方法加工平底或锥形沉孔的方法称为锪孔。锪孔钻分圆锥形锪孔钻和端面锪孔钻两种。前者用于锪圆锥面，后者用于锪平面。车工常用的是圆锥形锪孔钻。

### 4. 车孔

铸造孔、锻造孔或用钻头钻出的孔，为了达到要求的精度和表面粗糙度，还需要车孔。车孔是常用的孔加工方法之一，可以作为粗加工，也可以作为精加工，加工范围很广。车孔的精度一般可达到 IT7～IT8，表面粗糙度 $Ra1.6～3.2\mu m$，精车孔可以达到更细($Ra<0.8\mu m$)。

#### 1)车孔刀

(1)车刀的种类。

根据不同的加工情况，车孔刀可分为通孔车刀(图 3-57(a))和盲孔车刀(图 3-57(b))两种。

(2)车刀的几何形状。

① 通孔车刀。其切削部分的几何形状基本上与外圆车刀相同。为了减小径向切削力 $F_p$，防止振动，主偏角 $\kappa_r$ 一般取 60°～75°，副偏角 $\kappa_r'$ 取 15°～30°。为了防止车孔刀后刀面和孔壁的摩擦，以及不使车孔刀的后角磨得太大，一般磨成两个后角(图 3-57(c))。

② 盲孔车刀。盲孔车刀是车台阶(局部)孔或盲孔用的，切削部分的几何形状基本上与偏刀相同。它的主偏角大于 90°($\kappa_r=92°～95°$，图 3-57(b))。刀尖在刀柄的最前端，刀尖到刀柄外端的距离 $a$ 应小于内孔半径 $R$，否则孔的底平面就无法车平。车内孔台阶时，只要与孔壁不碰即可。

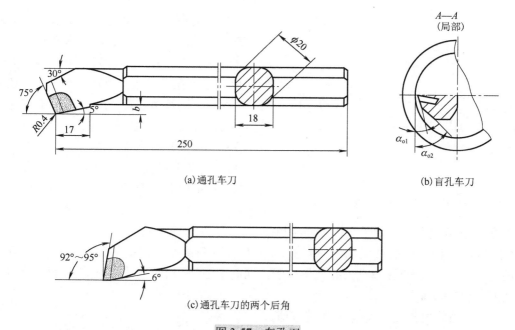

(a) 通孔车刀

(b) 盲孔车刀

(c) 通孔车刀的两个后角

图 3-57　车孔刀

为了节省刀具材料和增加刀柄强度,可以把高速钢或硬质合金做成很小的刀头(其切削部分几何形状与外圆车刀基本相同,但方向相反)。刀头装在碳钢或合金钢制成的刀柄中(图 3-58),在顶端或上面用螺钉紧固。刀柄可分为车通孔(图 3-58(b))和车盲孔(图 3-58(c))用的两种。车盲孔刀柄的方孔的位置做成斜的。车孔刀刀柄根据孔径及孔深可做成几组,以便在加工时选择使用。

如图 3-58(a)和图 3-58(b)所示的车孔刀柄,其伸出长度固定,不能适应不同孔深的工件。如图 3-58(c)所示的方形长刀柄,可根据不同的孔深调整刀柄的伸出长度,以发挥刀柄的最大刚度。

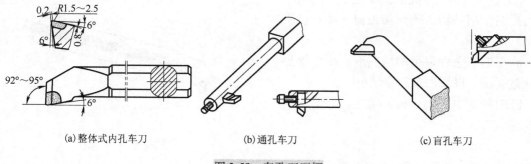

(a) 整体式内孔车刀

(b) 通孔车刀

(c) 盲孔车刀

图 3-58　车孔刀刀柄

### 2) 盲孔车刀的安装

内孔车刀装夹得正确与否,直接影响车削情况及孔的精度。盲孔车刀的安装与通孔车刀的安装一样,刀杆应平行工件轴心线,这样可避免刀杆和内孔发生摩擦。此外,由于镗孔刀杆刚性差,刀头部分受到较大的切削力,压力使刀尖低于轴线,这样前角增大,后角减小,刀具主后面会与孔壁产生摩擦,发生振动,因此在装刀时,刀尖要略高于工件轴心,以弥补以上缺陷。

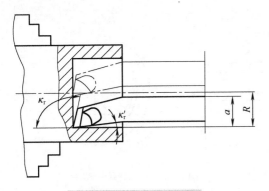

图 3-59　盲孔车刀的安装

检验刀尖中心高度的简便方法是车端面时进行对刀,若端面能车至中心,则盲孔底面也能车平。同时必须保证盲孔车刀刀尖至刀柄外侧的距离 $a$ 应小于内孔半径 $R$,否则切削时刀尖还未车到工件中心,刀柄外侧就已与孔壁上部相碰,如图 3-59 所示。

**3) 车孔的关键技术及方法**

(1) 车孔的关键技术。

车孔的关键技术是解决车孔刀的刚度和排屑问题。

增加车孔刀的刚度主要采取以下两项措施。

① 尽量增加刀柄的截面积。一般的车孔刀有一个缺点,刀柄的截面积小于孔截面的 1/4(图 3-60(b))。如果让车孔刀的刀尖位于刀柄的中心平面上,这样刀柄的截面积就可达到最大程度(图 3-60(a))。

② 刀柄的伸出长度尽可能缩短。若刀柄伸出太长,则会降低刀柄刚度,容易引起振动。因此,刀柄伸出长度只要略大于孔深即可,为此,要求刀柄的伸出长度能根据孔深加以调整(图 3-60(c))。

解决排屑问题主要通过控制切屑可调节长度流出方向,精车通孔要求切屑流向待加工表面(前排屑),盲孔要求切屑从孔口排出(后排屑)。

(2) 车孔的方法。

① 粗车盲孔。车孔的关键是车刀的刚性及切屑的排出问题,因此加工前应注意以下几点。

a) 在工艺条件许可的情况下,尽量增加刀杆截面积,以增加车刀刚性。

b) 刀杆伸出长度尽可能短些,只要略大于孔深即可。

c) 刃倾角选择要合理,车削通孔时,刃倾角应为正值,切屑向前(待加工表面)排出;车盲孔时,刃倾角应为负值,切屑向后(孔口)排出。

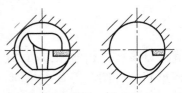

(a) 刀尖位于刀杆中心　　(b) 刀尖位于刀杆上面

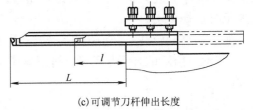

(c) 可调节刀杆伸出长度

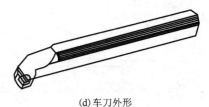

(d) 车刀外形

图 3-60　车刀形状

d) 车削孔前若已有毛坯孔则可直接加工盲孔。

e) 车削盲孔方法与通孔基本相同,车削盲孔时可采用床鞍刻度盘、在刀杆上做标记或安装挡铁的方法控制孔的深度。当纵向进给将要车至孔深时,应停止机动进给,改用手动进给车至孔底。

车削盲孔与车削外圆方法基本相同，控制尺寸方法与车削外圆一样，试切时一般在孔口2m 左右，只是进、退刀的动作与车削外圆正好相反。粗车盲孔步骤如下。

a) 根据孔径尺寸选用车孔刀，刀尖到刀柄外端的距离应不小于盲孔半径。

b) 根据工件材质及孔径选择切削速度，车削盲孔时切削速度与车削外圆基本相同。

c) 装夹车刀时，刀尖应略高于盲孔中心，刀杆与孔轴线平行。装夹后，应在孔内前、后试移动一次，检查刀柄与工件能否碰撞。

d) 启动主轴，用刀尖与孔壁相接触，中滑板不动，摇动床鞍手轮将车刀纵向退出，将中滑板刻度调零。

e) 根据盲孔的加工余量，确定粗车背吃刀量(一般为 1～3mm)，用中滑板刻度盘控制。

f) 摇动床鞍手轮，使车刀靠近盲孔，进行机动进给，观察盲孔车削时排屑情况。车削声停止，表明车削结束，应立即停止机动进给，车刀横向不必退刀，直接纵向快速退出。若盲孔余量较多，再调整背吃刀量进行第二次粗车。粗车时可留 0.5～1mm 作为精车余量。

② 精车盲孔。

a) 启动主轴，使精车刀的刀尖与孔壁接触后纵向退出。

b) 根据精车余量调整好背吃刀量。

c) 摇动床鞍手轮进行试切削，试切削长度 2～3mm。

d) 用相应的量具进行测量(如内卡钳)，若尺寸正确无误，就可机动进给车削。精车时最后一刀的背吃刀量和进给量可小些，一般选用背吃刀量为 0.1～0.2mm、进给量为 0.08～0.15mm/r。

e) 精车结束后，立即停止机动进给，并记住中滑板刻度值，摇动中滑板手柄，使刀尖离开孔壁，摇动床鞍手轮，将车刀退出。

f) 测量盲孔孔径尺寸，如果尺寸仍未达到要求，中滑板在上一次进给值的基础上做微量调整，再通过试切削，将盲孔精车削至尺寸要求。

**5. 工件的测量**

**1) 尺寸精度检验**

孔径精度要求较低时，可采用钢直尺、内卡钳或游标卡尺测量。要求较高时，可用以下几种方法测量。

(1) 用塞规。塞规(图 3-61)由止端、过端和柄组成。过端的公称尺寸等于孔径的下极限尺寸，止端的公称尺寸等于孔径的上极限尺寸。为使两种尺寸有所区别，止端长度比过端短。过端能进入孔内，而止端不能进入孔内，说明工件的孔径合格。

测量盲孔时，为了排除孔内的空气，在塞规的外圆上沿轴向开有排气槽。

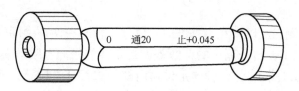

图 3-61　塞规

(2) 用内径千分尺。当孔径小于 25mm 时，可用内径千分尺测量。内径千分尺及其使用方法见图 3-62。这种千分尺刻线方向与外径千分尺相反，当微分筒顺时针旋转时，活动量爪向左移动，量值增大。

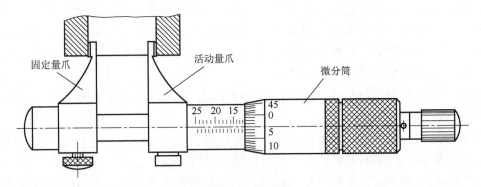

固定量爪　　　活动量爪　　　微分筒

图 3-62　内径千分尺

(3)用内径百分表。使用内径百分表测量孔径时，内径百分表应在孔内摆动。轴向摆动以下极限尺寸为准，圆周摆动以上极限尺寸为准。这两个重合的尺寸就是孔的实际尺寸(图 3-63)。

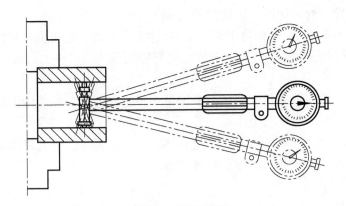

图 3-63　内径百分表

**2)几何形状精度检验**

(1)孔的圆度测量。孔的圆度误差可用内径百分表在孔的圆周各个方向上测量，测量的最大值与最小值之差的 1/2 即单个截面上的圆度误差。按上述方法测量若干个截面，取其中最大的误差作为该圆柱孔的圆度误差。

(2)孔的圆柱度测量。孔的圆柱度误差可用内径百分表在孔的全长上前、中、后各测量几点，比较其测量值，其最大值与最小值之差的 1/2 即孔全长上的圆柱度误差。

**3)位置精度检验**

(1)径向圆跳动的测量。以盲孔为基准时，可把工件装在两顶尖间的心轴上，用百分表检验(图 3-64)。百分表在工件转一周中的读数差就是工件的径向圆跳动误差。以外圆为基准时，可把工件放在 V 形架上(图 3-65)，轴向定位，用杠杆式百分表检验。百分表在工件转一周中的读数差，就是工件的径向圆跳动误差。这种方法可测量外形简单而内部形状复杂，不能装夹在心轴上测量的套类工件。

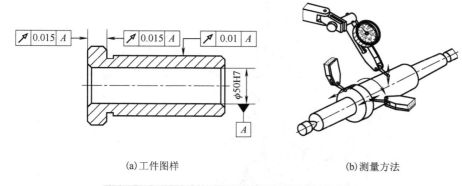

(a)工件图样                (b)测量方法

图 3-64 工件装在两顶尖的心轴上检验径向圆跳动

(2)端面圆跳动的测量。检验有孔工件的端面圆跳动，可用如图 3-65 所示的方法。先将工件装夹在精度很高的心轴上，利用心轴上极小的锥度使工件轴向定位，然后把杠杆式百分表的测量头靠在所需要测量的端面上，转动心轴，测得百分表的读数差，就是端面圆跳动误差。

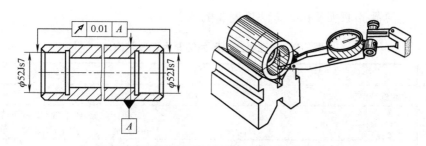

图 3-65 工件装在 V 形架上检验径向圆跳动

(3)端面对轴线垂直度的测量。端面圆跳动和垂直度是两个不同的概念。端面圆跳动是当零件绕基准轴线做无轴向移动回转时，被测端面上任一测量直径处的轴向跳动量$\Delta L$。垂直度是整个端面对基准轴线的垂直误差。工件的端面是一个平面，其端面圆跳动量为$\Delta L$，垂直度误差也为$\Delta L$，两者相等。工件的端面是一个凹面，虽然其端面圆跳动量为零，但垂直度误差为$\Delta L$。

检验端面垂直度，必须经过两个步骤。先检查端面圆跳动是否合格，如果符合要求，再检验端面的垂直度。对于精度要求较低的工件可用刀口直尺检查(图 3-66)。

对于精度要求较高的工件，可把工件套在心轴 1 上检验。当端面圆跳动检验合格后，再把工件 2 装夹在 V 形架 3 上，并放在精度很高的平板上检验端面的垂直度(图 3-67)。检验时先找正心轴的垂直度，然后用百分表 4 从端面的最里面一点向外移动。百分表的读数差就是端面对盲孔轴线的垂直度误差。

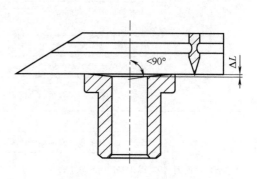

图 3-66 用刀口直尺检查垂直度

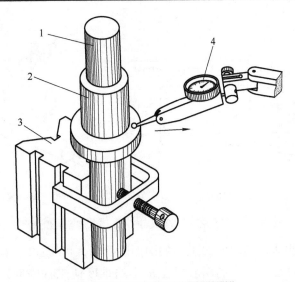

图 3-67　用刀口直尺检查垂直度

1-心轴；2-工件；3-V 形架；4-百分表

### 6. 废品分析

车孔时产生废品的原因及预防方法见表 3-9。

表 3-9　车孔时产生废品的原因及预防方法

| 废品种类 | 产生原因 | 预防方法 |
|---|---|---|
| 尺寸不对 | 测量不正确 | 仔细测量 |
| | 车孔刀杆与孔壁相碰 | 选择合适的刀杆直径，在开车前，先让车孔刀在孔内走一遍，检查是否相碰 |
| | 工件的热胀冷缩 | 加注充分的切削液 |
| 内孔有锥度 | 刀具磨损 | 采用耐磨的硬质合金 |
| | 刀杆刚性差，产生让刀现象 | 尽量采用大尺寸的刀杆，减小切削用量 |
| | 刀杆与孔壁相碰 | 正确装刀 |
| | 车头轴线歪斜 | 检查机床精度，找正主轴轴线与床身导轨的平行度 |
| | 床身不水平，使床身导轨与主轴轴线不平行 | 找正机床水平 |
| | 床身导轨磨损。由于磨损不均匀，使进给轨迹与工件轴线不平行 | 大修车床 |
| 内孔不圆 | 孔壁薄，装夹时产生变形 | 选择合理的装夹方法 |
| | 轴承间隙太大，主轴轴颈呈椭圆 | 大修车床，并检查主轴的圆度 |
| | 工件加工余量和材料组织不均匀 | 增加半精车，把不均匀的余量车匀后，使精车余量尽量减少和均匀。对工件毛坯进行回火处理 |
| 表面粗糙度大 | 刀具磨损 | 重新刃磨刀具 |
| | 车孔刀刃磨不良，表面粗糙度大 | 保证切削刃锋利，研磨车孔刀前、后刀面 |
| | 车孔刀几何角度不合理，装刀低于工件中心 | 合理选择刀具角度，精车孔时装刀应略高于工件中心 |
| | 切削用量选择不当 | 适当降低切削速度，减小进给量 |
| | 刀杆细长，产生振动 | 加粗刀杆并降低切削速度 |

### 3.3.2　车削通孔

#### 1. 通孔车刀的安装

通孔车刀的安装方法与盲孔车刀相同，如图 3-68 所示，只是它的几何角度与盲孔车刀不同而已。它的主偏角一般取 60°～75°，副偏角取 15°～30°，后角取 8°～12°。

内孔车刀装夹得正确与否，直接影响到车削情况及孔的精度，内孔车刀装夹时一定要注意以下几点。

(1)装夹内孔车刀时，刀尖应与工件中心等高或稍高。如果装得低于中心，由于切削力的作用，容易将刀杆压低而产生扎刀现象，并可造成孔径扩大。

(2)刀杆伸出刀架不宜过长。

(3)刀杆要平行于工件轴线，否则车削时刀杆容易碰到内孔表面。

#### 2. 钻通孔的方法

(1)钻孔前工件端面应车平，不能留有凸台，以免影响定心。钻头安装好后，应检查钻头与工件的同轴度，以确保加工质量。

(2)移动尾座，将钻头靠向工件端面，刚开始钻削时，进给量不可过大；当两主切削刃全部切入工件后，浇注切削液，双手交替摇动手轮，使钻头匀速进给，如果钻头两主切削刃不对称，切屑将从主切削刃高的螺旋槽向外排出。此时应将钻头卸下，重新修磨后再钻削，以防钻孔后尺寸扩大。

(3)钻削深孔时，切屑不易排出，应经常退出钻头，清除切屑。如果内孔很深，可采用调头钻孔的方法，即钻到大于工件长度的 1/2 后，将工件调头装夹，再进行钻孔直至钻通。这样可以缩短钻头长度。

(4)孔将要钻通时，横刃不参加切削，进给阻力减小，此时必须减小进给量，直至完全钻通。

(5)钻削直径较大时，不宜用大钻头一次钻出，可分两次钻削；先钻小孔，再进行扩孔，从而钻削出所需要的尺寸。

(6)当用较长钻头钻孔时，刚开始钻削时钻头很容易产生跳动。此时可采用两种定心方法：一是刀架上固定一挡块，当钻头与工件端面接触时，移动中滑板，使挡块轻轻靠在钻头的切削部分，提高转动时的稳定性；二是钻孔前先在端面上钻中心孔，钻头起钻时受到中心孔的限制起到定心作用，该法适用于直径小于 5mm 的钻头。

钻孔时，为避免钻头过热而磨损，应加注充分的切削液，由于车床上钻孔时，孔的轴线是水平的，切削液难以注入，所以在加工过程中应经常退出钻头，以利排屑和冷却钻头。

#### 3. 车削通孔的方法及注意事项

##### 1)车通孔的方法

车削通孔的方法基本上与车外圆相同，只是进刀和退刀方向相反。

首先将通孔车刀伸入孔口内，移动中滑板，让刀尖进给至与孔口刚好接触时，车刀纵向退出，此时将中滑板刻度调至零位。然后手动或机动纵向进给车削，车削余量较多需车第二刀时，将车刀纵向退出，使刀尖退回车削时的起始位置，然后用中滑板刻度控制切削深度，第二刀的车削方法与第一刀相同。

粗车和精车内孔时也要进行试切与试测，其方法与车外圆相同。

**2）注意事项**

（1）加工过程中注意中滑板退刀方向与车外圆时相反。

（2）精车内孔时，应保持车刀锋利。

（3）为了防止因刀杆细长而让刀所造成的锥度，当孔径接近最后尺寸时，应用很小的切削深度重复车削几次，消除锥度。

（4）加工时不仅要达到尺寸精度、表面粗糙度要求，还要达到形状精度和位置精度的要求。

（5）加工内孔时不准用手去摸内孔表面。

### 3.3.3　车削台阶孔

#### 1．车刀的安装

车削台阶孔与车盲孔一样，用盲孔车刀，车刀的安装方法与通孔、盲孔车刀的安装方法一样。

#### 2．车台阶孔

**1）车台阶孔的方法**

（1）车削直径较小的台阶孔：由于直接观察困难，尺寸精度不易掌握，所以通常采用先粗、精车小孔，再粗、精车大孔的方法进行。

（2）车削直径较大的台阶孔：在视线不受影响的情况下，通常采用先粗车大孔和小孔，再精车大孔和小孔的方法进行。

（3）车削孔径悬殊的台阶孔：最好采用主偏角小于 90°（一般为 85°～88°）的车刀先进行粗车，然后用盲孔刀精车至图样尺寸。如果直接用盲孔刀车削，进刀不可太深，否则刀尖容易损坏。其原因是刀尖处于切削刃的最前沿，切削时刀尖先入工件，因此其承受力最大，加上刀尖本身强度差，所以容易碎裂。其次由于刀杆细长，在纯轴向抗力的作用下，进刀深容易产生振动和扎刀。

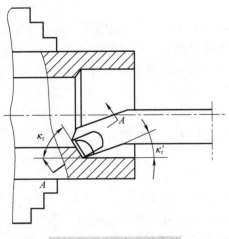

图 3-68　通孔车刀的安装

**2）控制车孔长度的方法（图 3-68）**

（1）粗车时通常采用刀杆上刻线痕做记号、安放限位铜片，以及用床鞍刻度盘的刻线来控制等。

（2）精车时还需用钢直尺、游标深度尺配合小滑板刻度盘的刻线等量具复量车准。

**3）粗、精车削台阶孔**

车削直径较小的台阶孔，一般先粗、精车削小孔，再粗、精车削大孔，从而便于尺寸精度的控制。如果大、小孔直径比较接近，或台阶孔较浅，一般不采用扩孔的方法，可直接将台阶孔车出。

（1）粗车削台阶孔。

粗车削台阶孔时，大、小孔径要留精车削余量 0.3～0.5mm，孔深可车削至尺寸，操作步骤如下。

①　启动车床，用内孔车刀车削端面并将小滑板和床鞍刻度调至零位，粗车削孔深用床鞍刻度盘控制，精车削孔深用小滑板刻度盘控制。

② 移动床鞍和中滑板，使刀尖与孔壁接触，车刀纵向退出，将中滑板刻度调至零位。

③ 移动中滑板，调整粗车削用量，试切符合要求后，纵向机动进给车孔。床鞍刻度盘刻度值接近孔的深度时，停止机动进给，采用手动进给至内孔台阶面，停止进给。摇动中滑板手动横向进给车削台阶孔内端面。

在粗车削时常采用在刀杆上做刻线记号或安装限位装置的方法进行车削。

(2)精车削台阶孔。

① 精车削小孔至尺寸，试切尺寸用游标卡尺测量或塞规检查，符合要求后，纵向机动进给精车削内孔，表面粗糙度需目测检查。

② 精车削大孔，试切尺寸正确后纵向机动进给车削内孔。当床鞍刻度盘刻度值接近孔深时，机动进给停止，继续手动进给至刀尖与内台阶面微量接触后稍向后退，停机，将车刀退出。

③ 孔口用内孔车刀倒去锐边。

精车削时，控制台阶深度需用钢直尺及游标深度尺反复测量，还可采用限位挡块或在车身上安装百分表的方法来控制轴向尺寸。

(3)注意事项。

① 中滑板进、退刀时方向与车外圆进、退刀方向正好相反。

② 车削台阶孔，刀尖快到轴向尺寸时，应及时停止机动进给并改用手动进给继续车削。孔壁与内端面相交处要清角，防止出现小台阶。

③ 当工件温度较高时，不能立即用塞规测量，以防工件冷缩将塞规"抱死"在孔内。

### 3.3.4　车削内沟槽

#### 1. 内沟槽的种类和作用

常用的内沟槽断面有以下两种。

(1)退刀槽。如图 3-69 所示的沟槽在车内螺纹、车孔或磨孔时退刀用。有些较长的轴套，为了储存润滑油和正确定位，常在工件中间加工内沟槽(图 3-69 (b))。

(2)密封槽。在如图 3-69 (a) 所示左端的梯形内沟槽里嵌入毛毡，可防止滚动轴承的润滑脂溢出。

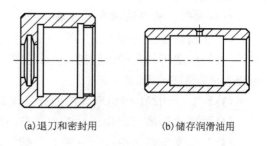

(a)退刀和密封用　　　　　(b)储存润滑油用

图 3-69　内沟槽

#### 2. 内沟槽的车刀及安装

内沟槽车刀与切断刀的几何形状基本上一样，只是装夹方向相反而已。内沟槽车刀在内孔中切削，因此也应磨两个后角。在小孔中加工的内沟槽车刀一般做成整体式，直径稍大些，就可采用刀柄装夹式。

内沟槽车刀的装夹应使主切削刃与内孔轴线等高或略高，两侧副偏角必须对称。在采用刀柄装夹式的内沟槽车刀时，刀头的伸出长度 $a$ 应大于槽深 $h$(图 3-70 (a))，同时应保证

$$d+a<D$$

式中，$D$ 为内孔直径；$d$ 为刀柄直径；$a$ 为刀头在刀柄上伸出的长度。

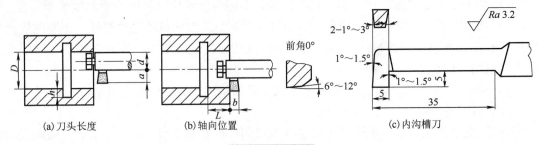

图 3-70　内沟槽

### 3. 车内沟槽

车削内槽与车削外槽方法大致相同，精车削时用试切法控制孔径尺寸。

**1)车削内沟槽的一般方法**

(1)确定车削内沟槽的起始位置，在工件端面及内孔壁上试切，记下床鞍刻度盘数值，并将中滑板及小滑板刻度盘数值调至零位。

(2)确定车削内沟槽的终止位置，根据槽深计算中滑板进给数值，并在相应的刻度盘数值上做下记号。

(3)确定退刀位置，退刀时主切削刃与孔壁距离 0.2～0.3mm，在刻度盘数值上做下记号。

(4)移动床鞍，深度为沟槽轴向位置尺寸 $L$ 加上沟槽车刀的主切削刃宽度 $b$。

(5)启动主轴，进给中滑板，当主切削刃与工件孔壁开始接触后，进给量为 0.1～0.2mm/r，车削到槽深尺寸时，车刀应做停留，将槽底修整光洁。

(6)沟槽车削好后，应按原定的中滑板退刀刻度值进行退刀，以免车坏沟槽或擦伤孔壁。

(7)检查沟槽尺寸。

**2)各种形状的内沟槽车削方法**

(1)宽度较小或要求不高的窄沟槽，用刀宽等于槽宽的内沟槽刀一次车出。

(2)精度要求较高的内沟槽，先切窄槽，槽壁与槽底均留少些余量，再用刀宽等于槽宽内沟槽刀进行精车削修整。

(3)较宽的沟槽，可用窄沟槽刀分几次切出，槽壁与槽底均留少些余量，最后进行精车削。

(4)很宽的沟槽可用尖头车槽刀先车出凹槽，再用内沟槽车刀将沟槽两端进行精车削。

(5)车削梯形密封槽时，一般先车削出直槽，再用梯形槽车刀车削成形。

**3)车内沟槽的注意事项**

(1)控制沟槽之间的距离，应选定统一的测量基准。

(2)车底槽时，注意与底平面平滑连接。

(3)应利用中滑板刻度盘的读数，控制沟槽的深度和退刀的距离，退刀应注意要退足后方可退出。

(4)启动机床，摇动中滑板手柄，当主切削刃与孔壁开始切削时，进给量不宜太大，应为 0.1～0.2mm/r，刻度进到槽深尺寸时，车刀不要马上退出，应稍作停留，这样槽底经过修整会比较平整光洁。横向进刀时要认准原定的退刀刻度位置，不能退得过多，否则刀柄会与孔壁相碰，造成内壁碰伤。

### 4. 内沟槽的测量

(1)内沟槽直径可用弹簧内卡钳测量(图 3-71(a))。测量时先将弹簧内卡钳收缩，放入内沟槽，测出内沟槽直径，然后将内卡钳收缩取出，恢复到原来的尺寸，再用游标卡尺或外径千分尺测出内卡钳的张开距离，就是内沟槽直径。当内沟槽直径较大时，可用弯脚游标卡尺测量(图 3-71(b))，这时内沟槽直径应等于卡脚尺寸和游标卡尺读数之和。

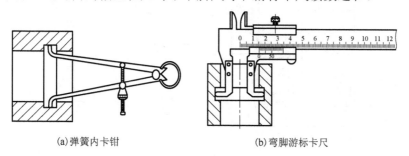

(a)弹簧内卡钳　　　　　　　　(b)弯脚游标卡尺

图 3-71　内沟槽直径的检验

(2)内沟槽的轴向尺寸可用钩形深度游标卡尺测量(图 3-72)。

(3)内沟槽的宽度可用钢直尺、游标卡尺或样板测量(图 3-73)。

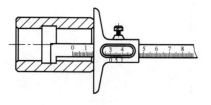

图 3-72　测量轴向尺寸

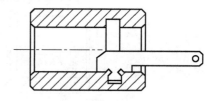

图 3-73　用样板测量宽度

(4)内台阶深度可用钢直尺或游标卡尺测量，也经常采用深度游标卡尺或深度千分尺测量。

### 3.3.5　车削套类综合工件

**1. 综合技能训练 1**

**1)技能训练要求**

(1)巩固练习车削外圆、内孔、台阶、内沟槽、外沟槽等项操作技能。

(2)掌握车削加工中心达到图样要求的尺寸精度、形位精度所需要的正确加工方法。

(3)掌握内、外圆车刀及麻花钻的刃磨方法。

(4)了解车削轴类工件、套类工件产品废品的原因及预防方法。

**2)技能训练内容**

(1)工件图样见图 3-74 中件 1 和件 2。

(2)车削步骤。

件 1 只车削台阶孔，其车削步骤如下。

① 用三爪自定心卡盘垫铜皮夹住$\phi$40mm 处，找正夹牢。

② 钻$\phi$23mm 孔，深为 55mm。

③ 粗车台阶孔$\phi$25mm、$\phi$30mm 内孔，各留余量 2mm。

④ 车内沟槽至尺寸。

⑤ 找正夹牢精车台阶孔$\phi$30mm、$\phi$25mm 至尺寸，两处孔口倒角 1.5×45°。

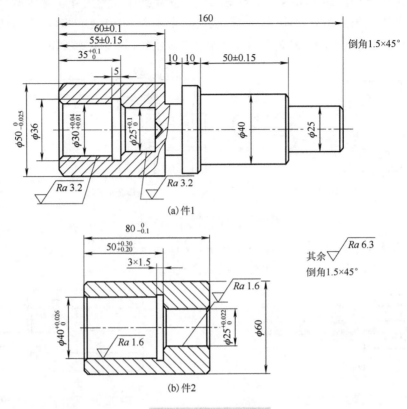

图 3-74 台阶孔配合件

件 2 为件 1 的配合件，其车削步骤如下。

① 用三爪自定心卡盘夹住毛坯外圆，露出长度约 30mm，车端面，钻中心孔。

② 用卡盘顶尖装夹（夹持部分要短），车外圆（见光）至卡盘处，粗车 $\phi50$mm、$\phi40$mm、$\phi25$mm，各留 2mm 余量。

③ 车外沟槽至尺寸。

④ 调头夹住 $\phi40$mm 处，车端面截总长至尺寸，钻中心孔，粗车 $\phi50$mm 至接刀处。

⑤ 采用两顶尖装夹精车 $\phi50$mm、$\phi40$mm、$\phi25$mm 至尺寸，倒角符合要求。

⑥ 垫铜皮夹住 $\phi40$m 处，找正夹牢，钻孔、粗车 $\phi25$mm、$\phi30$mm 孔，留 1mm 余量，车内沟槽至尺寸。

⑦ 精车 $\phi30$mm、$\phi25$mm 台阶孔至尺寸。

⑧ 孔口倒角 $1.5\times45°$。

**3) 注意事项**

(1) 车削孔径较大的台阶孔时，可先粗车大孔，再粗车小孔，最后精车大孔、再精车小孔。若车削孔径较小的台阶孔，因观察困难，应先将小孔粗车、精车好后，再粗车、精车大孔。

(2) 综合练习的工件比较复杂，尺寸精度、形状精度、位置精度要求较高，应提高对加工步骤的分析能力，只有采用正确的加工方法才能保证工件的形位精度。

(3) 为保证工件的长度精度，最好选用同一个测量基准。

**2．综合技能训练 2**

**1）技能训练要求**

（1）巩固练习车削外圆、内孔、阶台、内沟槽、外沟槽等项操作技能。

（2）掌握车削加工中达到图样要求的尺寸精度、形位精度所需要的正确加工方法。

（3）掌握内、外圆车刀及麻花钻的刃磨方法。

（4）了解车削轴类工件产生废品的原因及预防方法。

**2）技能训练内容**

（1）工件图样见图 3-75。

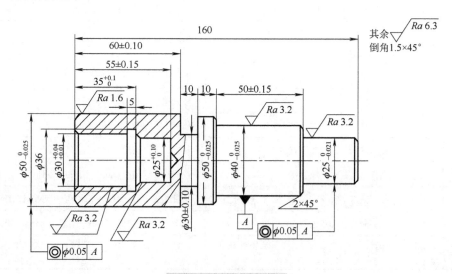

图 3-75　综合加工工件

（2）车削步骤。

① 用三爪自定心卡盘夹住毛坯外圆，露出长度约 30mm，车端面，钻中心孔。

② 用卡盘顶尖装夹（夹持部分要短），车外圆（见光）至卡盘处，粗车 $\phi$50mm、$\phi$40mm、$\phi$25mm，各留 2mm 余量。

③ 车外沟槽至尺寸。

④ 调头夹住 $\phi$40mm 处，车端面截总长至尺寸，钻中心孔，粗车 $\phi$50mm 至接刀处。

⑤ 采用两顶尖装夹精车 $\phi$50mm、$\phi$40mm、$\phi$25mm 至尺寸，倒角符合要求。

⑥ 垫铜皮夹住 $\phi$40mm 处，找正夹牢，钻孔、粗车 $\phi$25mm、$\phi$30mm 孔，留 1mm 余量，车内沟槽至尺寸。

⑦ 精车 $\phi$30mm、$\phi$25mm 台阶孔至尺寸。

⑧ 孔口倒角 1.5×45°。

**3）注意事项**

（1）车削孔径较大的台阶孔时，可先粗车大孔，再粗车小孔，最后精车大孔、再精车小孔。若车削孔径较小的台阶孔，因观察困难，应先将小孔粗车、精车好后，再粗车、精车大孔。

（2）综合练习的工件比较复杂，尺寸精度、形状精度、位置精度要求较高，应提高对加工步骤的分析能力，只有采用正确的加工方法才能保证工件的形位精度。

（3）为保证工件的长度精度，最好选用同一测量基准。

**4) 套类工件的质量分析**

车套类工件时，可能产生废品的种类、原因及预防措施见表 3-10。

表 3-10　车孔时产生废品的种类、原因及预防措施

| 废品种类 | 产生原因 | 预防措施 |
|---|---|---|
| 孔的尺寸大 | 车孔时，没有仔细测量 | 仔细测量和进行试切削 |
| | 铰孔时，主轴转速太高，铰刀温度上升，切削液供应不足 | 降低主轴转速，充分加注切削液 |
| | 铰孔时，铰刀尺寸大于要求，尾座偏位 | 检查铰刀尺寸，校正尾座轴线，采用浮动套筒 |
| 孔的圆柱度超差 | 车孔时，刀杆过细，刀刃不锋利，造成让刀现象，使孔外大里小 | 增加刀杆刚性，保证车刀锋利 |
| | 车孔时，主轴中心线与导轨在水平面内或垂直面内不平行 | 调整主轴轴线与导轨的平行度 |
| | 铰孔时，孔口扩大，主要原因是尾座偏位 | 校正尾座，采用浮动套筒 |
| 孔的表面粗糙度大 | 车孔时，内孔车刀磨损，刀杆产生振动 | 修磨内孔车刀，采用刚性较大的刀杆 |
| | 铰孔时，铰刀磨损或切削刃上有崩口、毛刺 | 修磨铰刀，刃磨后保管好，不许碰毛 |
| | 切削速度选择不当，产生积屑瘤 | 铰孔时，采用 5m/min 以下的切削速度，并加注切削液 |
| 同轴度、垂直度超差 | 用一次安装方法车削时，工件移位或机床精度不高 | 工件装夹牢固，减小切削用量，调整机床精度 |
| | 用软卡爪装夹时，软卡爪没有车好 | 软卡爪应在本车床上车出，直径与工件装夹尺寸基本相同 |
| | 用心轴装夹时，心轴中心孔碰毛，或心轴本身同轴度超差 | 心轴中心孔应保护好，若碰毛可研修中心孔，若心轴弯曲可校直或重制 |

# 3.4　车削圆锥和成形面

在机床和工具中，常遇到使用圆锥面配合的情况，如车床主轴锥孔与前顶尖锥柄的配合及车尾座锥孔与麻花钻锥柄的配合等，如图 3-76 所示。

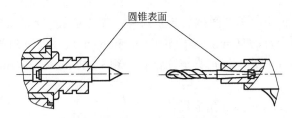

圆锥表面

图 3-76　车床上的圆锥面配合

## 1. 圆锥的基本参数及其尺寸计算

### 1) 圆锥的基本参数

圆锥分为外圆锥和内圆锥两种，如图 3-77 所示。

圆锥的基本参数如下。

(1) 最大圆锥直径 $D$，简称大端直径。

(2) 最小圆锥直径 $d$，简称小端直径。

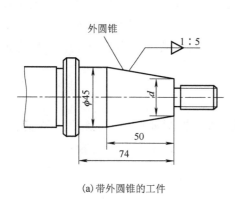
(a)带外圆锥的工件

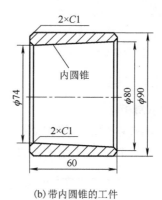
(b)带内圆锥的工件

图 3-77　圆锥工件

（3）圆锥长度 $L$，最大圆锥直径与最小圆锥直径之间的轴向距离。工件全长一般用 $L_0$ 表示。

（4）锥度 $C$，圆锥的最大圆锥直径和最小圆锥直径之差与圆锥长度之比，即

$$C = \frac{D-d}{L}$$

锥度一般用比例或分数形式表示，如 1：7 或 1/7。

（5）圆锥半角 $\alpha/2$。圆锥角 $\alpha$ 是在通过圆锥轴线的截面内两条素线之间的夹角。车削圆锥面时，小滑板转过的角度是圆锥角的 1/2——圆锥半角 $\alpha/2$。其计算公式为

$$\tan\frac{\alpha}{2} = \frac{D-d}{2L} = \frac{C}{2}$$

不难看出，锥度确定后，圆锥半角可以由锥度直接计算出来。因此，圆锥半角与锥度属于统一参数，不能同时标注。

**2）圆锥基本参数的计算**

**例**　如图 3-78(a)所示的磨床主轴圆锥，已知锥度 $C$=1：5，最大圆锥直径 $D$=45mm，圆锥长度 $L$=50mm，求最小圆锥直径 $d$。

**解**　根据锥度公式得

$$d = D - CL = 45\text{mm} - \frac{1}{5} \times 50\text{mm} = 35\text{mm}$$

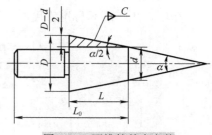

图 3-78　圆锥的基本参数

**2. 标准工具圆锥**

为了制造和使用方便，降低生产成本，机床上、工具上和刀具上的圆锥多已标准化，即圆锥的基本参数都符合几个号码的规定。使用时只要号码相同，即能互换。标准工具圆锥已在国际上通用，只要符合标准都具有互换性。

常用标准工具圆锥有莫氏圆锥和米制圆锥两种。

（1）莫氏圆锥 Morse。莫氏圆锥是机械制造业中应用最为广泛的一种，如车床上的主轴锥孔、顶尖锥柄、麻花钻锥柄和铰刀锥柄等都是莫氏圆锥。莫氏圆锥有 0～6 号 7 种，其中最小的是 0 号(Morse No.0)，最大的是 6 号(Morse No.6)。莫氏圆锥号码不同，其线性尺寸和圆锥半角均不相同。

(2)米制圆锥。米制圆锥有 7 个号码,即 4 号、6 号、80 号、100 号、120 号、160 号和 200 号。它们的号码是指最大圆锥直径,而锥度固定不变,即 $C$=1:20;如 100 号米制圆锥的最大圆锥直径 $D$=100mm,锥度 $C$=1:20。米制圆锥的优点是锥度不变,记忆方便。

### 3.4.1 车削外圆锥

#### 1. 转动小滑板法

车削较短的圆锥时,可用转动小滑板法。车削时只要把小滑板转过一个圆锥半角 $\alpha/2$,使车刀的运动轨迹与所要车削的圆锥素线平行即可,如图 3-79 所示。

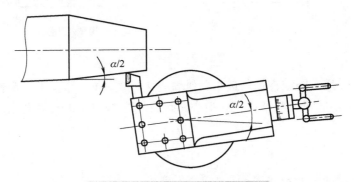

图 3-79　转动小滑板法车削外圆锥

应当注意以下问题。

(1)图样上标注的不是圆锥半角 $\alpha/2$ 时,一定要将其换算成圆锥半角 $\alpha/2$。

(2)转动小滑板时,一定要注意转动方向正确。

转动小滑板法车削圆锥的优点是:角度调整范围大,可车削各种角度的圆锥;能车削内、外圆锥;在同一零件上车削几种圆锥角时调整较方便。缺点是:因受小滑板的行程限制,只能加工较短的圆锥,车削时只能手动进给,劳动强度大,表面粗糙度难以控制。

车削常用锥度和标准锥度时,小滑板转动角度见表 3-11。

表 3-11　车削常用锥度和标准锥度时小滑板转动角度

| 名称 | | 锥度 | 小滑板转动角度 | 名称 | | 锥度 | 小滑板转动角度 |
|---|---|---|---|---|---|---|---|
| 莫氏 | 0 | 1:19.212 | 1°20′27″ | 标准锥度 | 0°17′11″ | 1:200 | 0°08′36″ |
| | 1 | 1:20.047 | 1°25′43″ | | 0°34′23″ | 1:100 | 0°17′11″ |
| | 2 | 1:20.020 | 1°25′50″ | | 1°8′45″ | 1:50 | 0°34′23″ |
| | 3 | 1:19.922 | 1°26′16″ | | 1°54′35″ | 1:30 | 0°57′17″ |
| | 4 | 1:19.254 | 1°29′15″ | | 2°51′51″ | 1:20 | 1°25′56″ |
| | 5 | 1:19.002 | 1°30′26″ | | 3°49′6″ | 1:15 | 1°54′33″ |
| | 6 | 1:19.180 | 1°29′36″ | | 4°46′19″ | 1:12 | 2°23′09″ |
| 标准锥度 | 30° | | 15° | | 5°43′29″ | 1:10 | 2°51′45″ |
| | 45° | | 20°30′ | | 7°9′10″ | 1:8 | 3°34′35″ |
| | 60° | | 30° | | 8°10′16″ | 1:7 | 4°05′08″ |
| | 75° | | 37°30′ | | 11°25′16″ | 1:5 | 5°42′38″ |
| | 90° | | 45° | | 18°55′29″ | 1:3 | 9°27′44″ |
| | 120° | | 60° | | 16°35′32″ | 7:24 | 8°17′46″ |

## 2. 偏移尾座法

车削长度较长、锥度较小的外圆锥工件时，若精度要求不高，可用偏移尾座法。车削时将工件装在两顶尖之间，把尾座横向偏移一段距离 $s$，使工件的旋转轴线与车刀纵向进给方向相交成一个圆锥半角 $\alpha/2$，从而车削出圆锥。偏移尾座法车削圆锥的方法见图3-80。

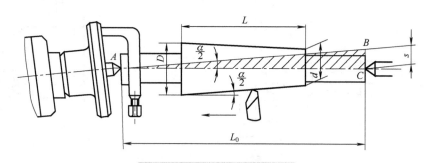

图3-80　偏移尾座法车削圆锥

用偏移尾座法车削圆锥时，必须注意尾座的偏移量不仅和圆锥长度有关，而且和两顶尖之间的距离有关，这段距离一般可近似看作工件全长 $L_0$。尾座偏移量可用下列近似公式计算：

$$s \approx L_0 \tan\frac{\alpha}{2} = \frac{D-d}{2L} \cdot L_0$$

$$s = \frac{C}{2} \cdot L_0$$

式中，$s$ 为尾座偏移量，mm；$D$ 为大端直径，mm；$d$ 为小端直径，mm；$L$ 为圆锥长度，mm；$L_0$ 为工件全长，mm；$C$ 为锥度。

## 3. 仿形法

仿形法（靠模法）是刀具按仿形装置进给对工件进行车削加工的一种方法。这种方法适用于车削较长、精度要求较高和生产批量较大的内、外圆锥工件。仿形法车削圆锥的原理见图3-81。

在车床的床身后装一固定靠模板1，靠模板上有斜槽，斜槽角度可按所车削圆锥的圆锥半角 $\alpha/2$ 调整。斜槽中的滑块2通过中滑板与刀架3刚性连接（中滑板丝杠在车削时已抽去）。当床鞍纵向进给时，滑块沿靠模板斜槽滑动，并带动车刀沿平行于斜槽方向移动，其运动轨迹 $BC$ 与斜槽方向 $AD$ 平行。因此，就车削出了圆锥。

仿形法车削圆锥的优点是：调整锥度既方便又准确，工件中心孔与顶尖接触良好，锥面加工质量高，可利用车床机动进给车削内、外圆锥。缺点是：只有在带有靠模附件的车床上才能使用；靠模角度调节范围小，只能车削圆锥半角小于12°的圆锥。

## 4. 宽刃刀车削法

这种车削方法实质上属于成形法。宽刃刀属于成形车刀（与工件加工表面形状相同的车刀），其刀刃必须平直，装刀后应保证刀刃与车床主轴轴线的夹角等于工件的圆锥半角（图3-82）。使用这种车削方法时，要求车床具有良好的刚性，否则容易引起振动。宽刃刀车削法只适用于车削较短的外圆锥。

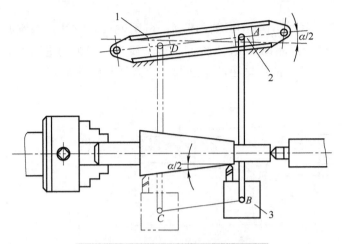 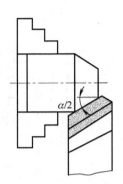

图 3-81　仿形法车削圆锥的基本原理　　　　　　　　　图 3-82　宽刃刀车削法车削圆锥

1-靠模板；2-滑板；3-刀架

## 3.4.2　车削内圆锥

### 1. 内圆锥车削方法

车削内圆锥面时，工件安装应使锥孔大端向外，以便于加工和测量，其车削方法有以下几种。

#### 1）转动小滑板法

用转动小滑板法车削内圆锥面的原理和方法与车削外圆锥面相同。下面仅介绍两个实例。

(1) 车削配套锥面。车削配套锥面的方法见图 3-83。车削配套锥面时，应先将外圆锥面车好，检查合格后，换上要配车锥孔的工件。在不改变小滑板角度的前提下，把车刀反装，使其刀刃向下，车床主轴仍正转，车削内圆锥面。由于小滑板角度不变，可获得较正确的配套锥面。

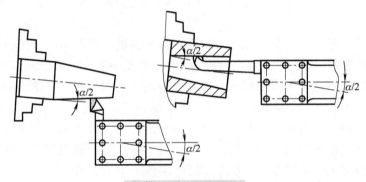

图 3-83　车削配套锥面

(2) 车削对称锥孔。车削对称锥孔的方法见图 3-84。车削时，先将右边锥孔车削合格。车刀退刀后，不改变小滑板角度，把车刀反装，再车削左边锥孔。用这种方法车削对称锥孔，能使两孔的锥度相等并可避免工件两次安装产生的误差，保证两对称孔有很高的同轴度。

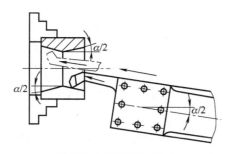

图 3-84 车削对称锥孔

### 2) 仿形法

仿形法车削内圆锥面的原理和方法与车削外圆锥面相同。车削时只需将靠模板转到与车削外圆锥面时相反的方向就可以了。

### 3) 铰削圆锥孔

加工直径较小的圆锥孔时,因刀杆强度较差,难以达到较高的尺寸精度和较小的表面粗糙度,这时常采用锥形铰刀铰孔。铰削圆锥孔的表面粗糙度可达 $Ra0.8\sim1.6\,\mu m$ 。

(1) 锥形铰刀。锥形铰刀分粗铰刀和精铰刀两种(图 3-85)。粗铰刀的刀槽少,容屑空间大,并在切削刃上有一条螺旋分屑槽,因此产生的切屑较短,排屑容易。精铰刀做成锥度准确的直线刀齿,并留有很小的棱边,以保证锥孔质量。

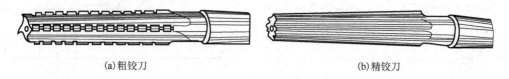

(a) 粗铰刀        (b) 精铰刀

图 3-85 锥形铰刀

(2) 铰削圆锥孔的方法。

① 钻、铰圆锥孔。这种方法适用于锥度和直径较小、精度较低的圆锥孔。

② 钻、扩、铰圆锥孔。这种方法适用于锥孔较长、余量较大、有一定位置精度要求的圆锥孔。

③ 钻、车、铰圆锥孔。这种方法适用于锥度和余量较大、具有较高位置精度要求的圆锥孔。

(3) 铰圆锥孔时的注意事项。

① 切削用量应选得小些。

② 车床主轴只能正转,不能反转,否则铰刀刃口容易损坏。

③ 合理选择切削液。铰钢料时可选用乳化液或切削油,铰铸铁时应选用煤油。

### 2. 圆锥的检测

对于相配合的锥度或角度工件,根据用途不同,规定不同的锥度公差和角度公差。圆锥的检测主要是指圆锥角度和尺寸精度的检测。

### 1) 角度和锥度的检测

常用的圆锥角度和锥度的检测方法有用游标万能角度尺测量、用角度样板检测、用正弦规测量等。对于精度要求较高的圆锥面,常用圆锥量规涂色法检验,其精度以接触面积来评定。

(1)用游标万能角度尺测量。

① 结构。游标万能角度尺简称万能角度尺，其结构如图 3-86 所示，可以测量 0°～320° 的任意角度。

测量时基尺带着尺身沿着游标转动，当转到所需的角度时，可以用制动器锁紧。卡块将直角尺和直尺固定在所需的位置上。测量时转动背面的捏手，通过小齿轮转动扇形齿轮，使基尺改变角度。

② 读数方法。游标万能角度尺的分度值一般分为 2′和 5′两种。游标万能角度尺的读数方法与游标卡尺的相似。

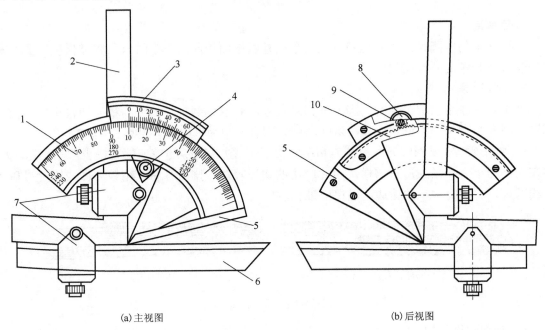

(a)主视图　　　　　　　　　　　　　　　(b)后视图

图 3-86　游标万能角度尺

1-主尺；2-直角尺；3-游标尺；4-制动螺钉；5-基尺；6-直尺；7-卡块；8-捏手；9-小齿轮；10-扇形齿轮

(2)用角度样板检验。

角度样板属于专用量具，常用于批量生产，以缩短辅助时间。图 3-87 为用角度样板检验圆锥齿轮坯的角度。

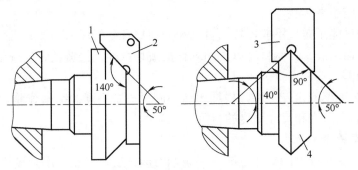

图 3-87　用角度样板测量工件

1、4-齿轮坯；2、3-角度样板

（3）用正弦规测量。

正弦规是利用三角函数中正弦关系来间接测量角度的一种精密量具，如图 3-88 所示。

测量时，将正弦规安放在平板上，圆柱体的一端用量块垫高，被测工件放在正弦规的平面上，如图 3-88 所示。量块组高度可以根据被测工件的圆锥角精确计算获得。然后用百分表测量工件圆锥面两端的高度，如果读数相同，则说明工件圆锥角正确。

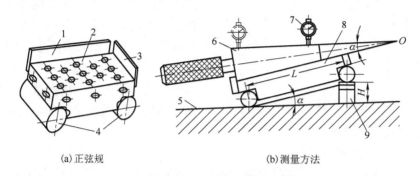

(a)正弦规　　　　　　　　　　　　(b)测量方法

图 3-88　正弦规及测量方法

1-后挡板；2-长方体；3-侧挡板；4-圆柱体；5-平板；6-工件；7-百分表；8-正弦规；9-量块组

用正弦规测量工件时，已知圆锥角，则需垫进量块组的高度为

$$H = L \sin \alpha$$

如果已知量块组的高度 $H$，圆锥角 $\alpha$ 为

$$\alpha = \arcsin \frac{H}{L}$$

式中，$H$ 为量块组的高度，mm；$L$ 为正弦规两圆柱的中心距，mm；$\alpha$ 为圆锥角，mm。

量块是一种由 38、83 和 91 等块数的六面体组成的精密量具，是制造业中的长度基准。可以把不同尺寸的量块组合成所需的尺寸，进行找正、测量和调整工作。

（4）用涂色法检验。

对于标准圆锥或配合精度要求较高的圆锥工件，一般使用圆锥套规和圆锥塞规检验。圆锥套规用于检验外圆锥，圆锥塞规用于检验内圆锥。

用圆锥套规检验外圆锥时，要求工件和套规的表面清洁，工件外圆锥面的表面粗糙度小于 3.2μm 且表面无毛刺。用涂色法检验的步骤如下。

① 在工件的圆周上，顺着圆锥素线薄而均匀地涂上三条显示剂(印油、红丹粉和机械油等的调和物)，如图 3-89 所示。

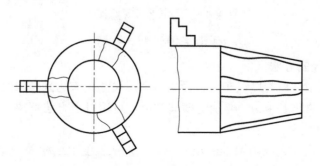

图 3-89　涂色方法

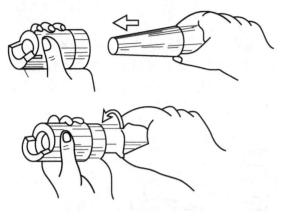

图 3-90　用圆锥套规检验外圆锥

② 手握套规轻轻地套在工件上，稍加周向推力，并将套规转动半圈，如图 3-90 所示。

③ 取下套规，观察工件表面显示剂被擦去的情况。若三条显示剂全长擦痕均匀，圆锥表面接触良好，说明锥度正确；若小端擦去，大端未擦去，说明工件圆锥角小；若大端擦去，小端未擦去，说明工件圆锥角大。

如果检验内圆锥的角度，可以使用圆锥塞规，其检验方法与用圆锥套规检验外圆锥基本相同，只是显示剂应涂在圆锥塞规上。

**2)圆锥线性尺寸的检验**

(1)用卡钳和千分尺测量。

圆锥的精度要求较低及加工中粗测最大或最小圆锥直径时，可以使用卡钳和千分尺测量。测量时，必须注意卡钳脚或千分尺测量杆应与工件的轴线垂直，测量位置必须在最大或最小圆锥直径处。

(2)用圆锥量规测量。

最大或最小圆锥直径可以用圆锥界限量规来检验，如图 3-91 所示。塞规和套规除有一个精确的圆锥表面外，端面上分别有一个台阶(或刻线)。台阶长度(或刻线之间的距离)$m$ 就是最大或最小圆锥直径的公差范围。

检验内圆锥时，若工件的端面位于圆锥塞规的台阶(或两刻线)之间，则说明内圆锥的最大圆锥直径为合格，如图 3-91(b)所示；若工件的端面位于圆锥套规的台阶(或两刻线)之间，则说明外圆锥的最小圆锥直径为合格，如图 3-92(a)所示。

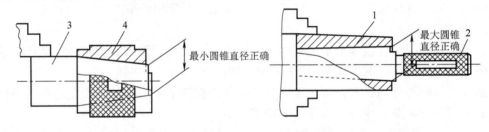

(a)检验外圆锥的最小圆锥直径　　　　　　(b)检验内圆锥的最大圆锥直径

图 3-91　用圆锥界限量规检验

1、3-工件；2-圆锥塞规；4-圆锥套规

**3. 圆锥尺寸的控制方法**

在车圆锥的过程中，当锥度已车准，而大、小端尺寸还未达到要求时，必须再进给车削。用圆锥量规测量只能量出长度 $a$，要确定横向进给，可用以下方法解决。

**1)计算法(图 3-92)**

当工件外圆锥的尺寸大或内圆锥的尺寸小，表现在长度上还相差一个 $a$ 的距离时，背吃刀量 $a_p$ 可用下面公式计算：

$$a_{\mathrm{p}} = a\tan\frac{\alpha}{2} \quad 或 \quad a_{\mathrm{p}} = a\frac{C}{2}$$

式中，$a_{\mathrm{p}}$ 为当圆锥量规刻线或台阶中心面离开工件端面 $a$ 的长度时的背吃刀量，mm；$\frac{\alpha}{2}$ 为圆锥半角，（°）；$C$ 为锥度。

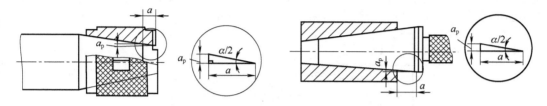

图 3-92　车外圆锥控制尺寸的方法

**例**　已知工件的圆锥半角 $\alpha/2=1°30'$，用套规测量时，工件小端离开套规台阶中心为 4mm，问背吃刀量多少才能使小端直径尺寸合格？

**解**　$a_{\mathrm{p}} = a\tan\frac{\alpha}{2}$，$a_{\mathrm{p}} = 4\tan1°30' = 4\mathrm{mm}\times0.02619 = 0.105\mathrm{mm}$，假使车床中滑板刻度每格为 0.05mm，那么应该进给两格多一点。

**例**　已知工件锥度 $C = 1:20$，用套规测量工件时，小端离开套规台阶中心为 2mm，问背吃刀量多少才能使小端直径合格？

**解**
$$a_{\mathrm{p}} = a\frac{C}{2} = 2\mathrm{mm}\times\frac{\frac{1}{20}}{2} = 2\mathrm{mm}\times\frac{1}{40} = 0.05\mathrm{mm}$$

**2）移动床鞍法（图 3-93）**

当用圆锥量规检验工件尺寸时，如果界限刻线或台阶面中心和工件端面还相差一个长度 $a$，这时取下圆锥量规，使车刀轻轻接触工件小端表面上，接着移动小滑板，使车刀离开工件端面一个 $a$ 的距离，然后移动床鞍使车刀同工件端面接触（因为车刀是沿着主轴轴线平行方向移动的）。这时虽然没有移动中滑板，但由于小滑板沿着圆锥母线移动了一段距离，所以车刀已切入一个需要的深度。

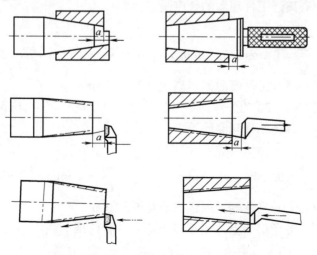

图 3-93　用移动床鞍车锥体控制尺寸的方法

#### 4．圆锥的留磨余量

许多工具和刀具上的圆锥表面需要经常装拆与传递转矩。为了使圆锥表面在相互接触过程中不易磨损和碰毛，在工艺上常采用把圆锥面淬硬后用磨削的方法来减小表面粗糙度。对于这类工件，车床加工时必须留有磨削余量(简称留磨余量)，如图3-94所示。留磨余量应按工艺规定。留得太多会增加磨床工作量，留得太少可能会磨不出规定的尺寸。车削需要磨削的圆锥表面的锥度也必须准确，一般表面粗糙度 $Ra \leqslant 3.2\mu m$。

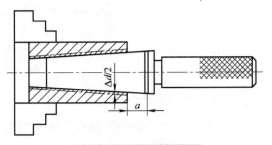

图 3-94　留磨余量的确定

留磨圆锥表面的尺寸可以用游标卡尺测量，也可以用标准圆锥量规测量。但量规的刻线或台阶必须离开工件端面一段距离，距离根据留磨余量来确定。留磨余量越多，刻线或台阶离开工件端面越长。反之，就应短一些。刻线和工件端面的距离除与留磨余量有关以外，还与锥度有关。同样的留磨余量，由于锥度不同，刻线离开工件的端面就不一样，它们之间的关系是

$$\tan\frac{\alpha}{2}=\frac{\Delta d}{2a}$$

$$a=\frac{\Delta d}{2\tan\frac{\alpha}{2}} \quad 或 \quad a=\frac{\Delta d}{C}$$

式中，$a$ 为标准圆锥量规刻线或台阶中心离开工件端面的长度，mm；$\Delta d$ 为工艺规定的留磨余量，mm；$C$ 为锥度。

**例**　加工一锥度 $C$=1：5 的外圆锥，工艺规定留磨余量 0.4～0.5mm，如果用标准圆锥量规测量，量规台阶中心离开工件端面的长度是多少？

**解**

$$a=\frac{\Delta d}{C}=0.4mm\times5=2mm \ , \qquad a_1=\frac{\Delta d}{C}=0.5mm\times5=2.5mm$$

这时量规台阶中心离开工件端面的距离应是 2～2.5mm。

**例**　加工一锥度 $C$=1：20 的外圆锥，工艺规定留磨余量 0.4～0.5mm，如果用标准圆锥量规测量，量规台阶中心离开工件端面的长度是多少？

**解**

$$a=\frac{\Delta d}{C}=0.4mm\times20=8mm \ , \qquad a_1=\frac{\Delta d}{C}=0.5mm\times20=10mm$$

这时量规台阶中心离开工件端面的距离应是 8～10mm。

以上两例说明同样的留磨余量，由于锥度不同，台阶或刻线中心离开工件端面的长度就相差很多。

在成批加工圆锥表面时，经常使用留磨专用圆锥量规。它的外形与标准圆锥量规无区别，

只是直径尺寸与标准圆锥量规不一样，在塞规柄上和套规外面标有"留磨"及留磨余量数值的字样。

### 5. 圆锥面的车削质量分析

由于车削内、外圆锥面对操作者技能要求较高，在生产实践中，往往会因各种因素而产生很多缺陷。车削圆锥时产生废品的原因及预防措施见表 3-12。

表 3-12　车削圆锥时产生废品的原因及预防措施

| 废品种类 | 产生原因 | 预防措施 |
|---|---|---|
| 锥度(角度)不正确 | 用转动小滑板法车削时，小滑板转动角度计算错误；<br>小滑板移动时松紧不匀 | 仔细计算小滑板应转的角度和方向，并反复试车校正；<br>调整塞铁使小滑板移动均匀 |
| | 用偏移尾座法车削时，尾座偏移位置不正确；<br>工件长度不一致 | 重新计算和调整尾座偏移量；<br>若工件数量较多，各件的长度必须一致 |
| | 用仿形法车削时，靠模板角度调整不正确；<br>滑块与靠模板配合不良 | 重新调整靠模板角度；<br>调整滑块和靠模板之间的间隙 |
| | 用宽刃刀车削法车削时，装刀不正确；<br>切削刃不直 | 调整切削刃的角度和对准中心；<br>修磨切削刃的直线度 |
| | 铰削圆锥孔时，铰刀锥度不正确；<br>铰刀的轴线与工件旋转轴线不同轴 | 修磨铰刀；<br>用百分表和试棒调整尾座套筒轴线 |
| 双曲线误差 | 车刀刀尖没有对准工件轴线 | 车刀刀尖必须严格对准工件轴线 |

车圆锥时，虽经多次调整小滑板或靠模板的角度，但仍不能找正；用圆锥套规检验外圆锥时，发现两端的显示剂被擦去，中间不接触；用圆锥塞规检验内圆锥时，发现中间显示剂被擦去，两端没有擦去。出现以上情况是车刀刀尖没有严格对准工件轴线，使车出的圆锥素线不直，形成了双曲线，通常称为双曲线误差，如图 3-95 所示。

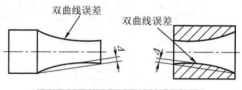

图 3-95　圆锥表面的双曲线误差

车圆锥面时产生双曲线误差的分析如下：根据圆锥表面形成的原理，通过圆锥轴线的圆锥素线是一条直线，如果把一个标准圆锥离开轴线 $\Delta h$ 处剖开，其剖面形状是双曲线 $CDE$，如图 3-96 所示。就是说当车刀装得高于中心 $\Delta h$ 时，如果车刀按双曲线 $CD$ 轨迹移动，就可车出圆锥素线是直线的圆锥，当然这是不可能的，因为车刀移动轨迹总是直线的。如果车刀装得高于或低于中心 $\Delta h$，并且运动轨迹为直线，则车出的素线变成双曲线。

因此，车圆锥面时，非常重要的问题是要把车刀刀尖严格对准工件的中心。此外，当车刀在中途刃磨以后装夹时，必须重新调整垫片的厚度，把刀尖再一次严格对准中心。

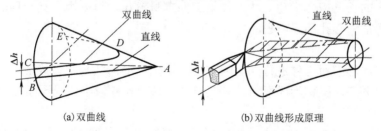

(a) 双曲线　　　　　　　　　(b) 双曲线形成原理

图 3-96　车圆锥时的双曲线误差的形成

### 3.4.3　车削成形面

**1. 成形面**

在机器制造中,经常会遇到有些零件表面素线不是直线而是曲线,如单球手柄、三球手柄、摇手柄(图 3-97)及内、外圆弧槽等,这些带有曲线的零件表面称为成形面(特形面)。

在加工成形面时,应根据工件的特点、精度及批量等情况,采用不同的车削方法。

**2. 成形面的车削方法**

**1)双手控制法**

双手控制法就是用左手控制中滑板手柄,右手控制小滑板手柄,使车刀运动为纵、横进给的合运动,从而车出成形面。

在实际生产中,因操作小滑板手柄不仅劳动强度大,而且不易连续转动,不少工人常用控制床鞍纵向移动手柄和中滑板手柄来实现加工成形面的任务。

用双手控制法车削成形面,难度较大、生产效率低、表面质量差、精度低,所以只适用于精度要求不高、数量较少或单件产品的生产。

(1)单球手柄的车削。

车削如图 3-98 所示的单球手柄,应先车 $D$ 和 $d$ 外圆,并留有精车余量 0.3~0.5mm,再车准长度 $L$,最后把圆球车成形。为了增加车削球面时工件的刚性,手柄的后半部分最好在车好球面后再进行精车。

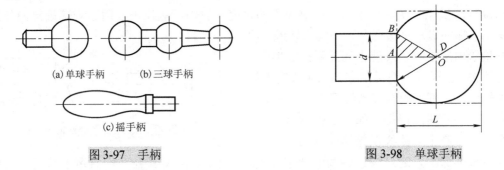

|图 3-97　手柄|图 3-98　单球手柄|

(a)单球手柄　　(b)三球手柄

(c)摇手柄

长度 $L$ 的计算公式为

$$L = \frac{1}{2}\left(D + \sqrt{D^2 - d^2}\right)$$

式中,$L$ 为圆球部分长度,mm;$D$ 为圆球直径,mm;$d$ 为手柄直径,mm。

(2)摇手柄的车削。

车削如图 3-99 所示的摇手柄时,应先把毛坯夹持在三爪自定心卡盘上,为增加车削时工件的刚性,伸出的长度应尽量短一些,如果工件本身较长,可采用一夹一顶的装夹方法,待工件车成形后再把中心孔部分车去。

**2)成形法**

成形法是用成形刀对工件进行加工的方法。切削刃的形状与工件成形面表面轮廓形状相同的车刀称为成形刀,又称为样板刀。数量较多、轴向尺寸较小的成形面可用成形法车削。

(1)成形刀的种类。

① 整体式成形刀(图 3-100)。这种成形刀与普通车刀相似,其特点是将切削刃磨成和成形面表面轮廓素线相同的曲线形状。对车削精度不高的成形面,其切削刃可用手工刃磨;对

车削精度要求较高的成形面，切削刃应在工具磨床上刃磨。该成形车刀常用于车削简单的成形面。

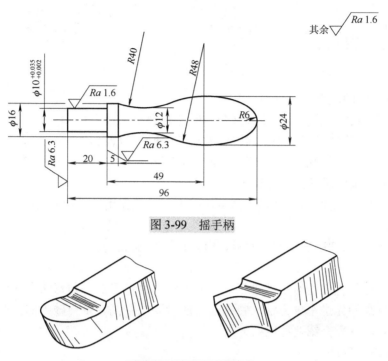

图 3-99　摇手柄

图 3-100　整体式成形刀

② 棱形成形刀（图 3-101）。这种成形刀由刀头和弹性刀柄两部分组成。刀头的切削刃按工件的形状在工具磨床上磨出，刀头后部的燕尾块装夹在弹性刀柄的燕尾槽中，并用紧固螺栓紧固。

棱形成形刀磨损后，只需刃磨前面，并将刀头稍向上升即可继续使用。该车刀可以一直用到刀头无法夹持。棱形成形刀加工精度高，使用寿命长，但制造复杂，主要用于车削较大直径的成形面。

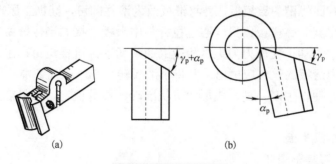

图 3-101　棱形成形刀

③ 圆轮成形刀（图 3-102）。这种成形刀做成圆轮形，在圆轮上开有缺口，从而形成前面和主切削刃。使用时圆轮成形刀装夹在刀柄或弹性刀柄上，为防止圆轮成形刀转动，侧面有端面齿，使之与刀柄侧面上的端面齿啮合。

圆轮成形刀允许重磨的次数较多，较易制造，常用于车削直径较小的成形面。

图 3-102　圆轮成形刀

(2) 成形法车削的注意事项如下。

① 车床要求足够的刚度，车床各部分的间隙要调整得较小。

② 成形刀角度的选择要恰当。成形刀的后角一般选得较小(2°～5°)，刃倾角宜取 0°。

③ 成形刀的刃口要对准工件的回转轴线，装高容易扎刀，装低会引起振动。必要时，可以将成形刀反装，采用反切法进行车削。

④ 为降低成形刀切削刃的磨损，减少切削力，最好先用双手控制法把成形面粗车成形，再用成形刀进行精车。

⑤ 应采用较小的切削速度和进给量，合理选用切削液。

**3) 仿形法**

刀具按照仿形装置进给对工件进行加工的方法称为仿形法。仿形法车成形面是一种加工质量好、生产率高的先进车削方法，特别适合质量要求较高、批量较大的生产。仿形法车成形面的方法很多，下面介绍两种主要方法。

(1) 尾座靠模仿形法。

尾座靠模仿形法如图 3-103 所示，把一个标准样板装在尾座套筒内。在刀架上装上一把长刀夹，长刀夹上装有圆头车刀和靠模杆。车削时，用双手操纵中、小滑板(或使用床鞍机动进给和用手操纵中、小滑板相配合)，使靠模杆始终贴在标准样件上，并沿着标准样件的表面移动，圆头车刀就到工件上车出与标准样件形状相同的成形面。

这种方法在一般车床上都能使用，但操作不太方便。

(2) 靠模板仿形法。

在车床上用靠模板仿形法车成形面，实际上与车圆锥用的仿形法基本相同，只需把锥度靠模板换上一个带有曲线槽的靠模板，并将滑板改为滚柱即可，其加工原理如图 3-104 所示，在床身的后面装上支架和靠模板，滚柱通过拉杆与中滑板连接。当床鞍做纵向运动时，滚柱在靠模板的曲线槽中移动，使车刀刀尖做相应的曲线运动，这样也可车出成形面工件。与仿形法车圆锥类似，中滑板的丝杠应抽出，并将小滑板转过 90° 以代替中滑板进给。

这种方法操作方便、生产率高、成形面形状准确、质量稳定，但只能加工成形面形状变化不大的工件。

**4) 用专用工具车成形面**

(1) 利用圆筒形刀具车圆球面。

圆筒形刀具的结构如图 3-105 所示，切削部分是一个圆筒，其前端磨斜 15°，形成一个圆的切削刃口。其尾柄和特殊刀柄应保持 0.5mm 的配合间隙，并用销轴浮动连接，以自动对准圆球面中心。

用圆筒形刀具车圆球面工件时，一般应先用圆弧刃车刀大致粗车成形，再将圆筒形刀具的径向表面中心调整到与车床主轴轴线成一夹角，最后用圆筒形刀具把圆球面车削成形。

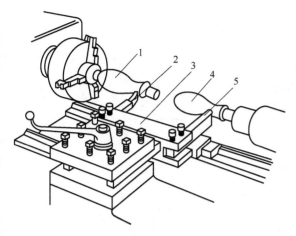

图 3-103　尾座靠模仿形法

1-工件；2-圆头车刀；3-长刀夹；4-标准样件；5-靠模杆

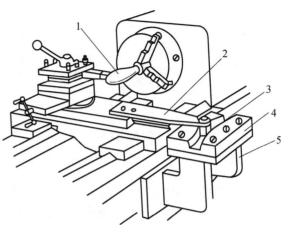

图 3-104　靠模板仿形法

1-工件；2-拉杆；3-滚柱；4-靠模板；5-支架

(a)圆筒形刀具

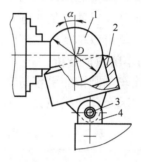

(b)车圆球面

图 3-105　圆筒形刀具车圆球面

1-圆球面工件；2-圆筒形刀具；3-销轴；4-特殊刀柄

该方法简单方便，易于操作，加工精度较高；适用于车削青铜、铸铝等脆性金属材料的带柄圆球面工件。

（2）用铰链推杆车球面内孔。

较大的球面内孔可用如图 3-106 所示的方法车削。待车削的带有球面内孔的工件装夹在卡盘中，在两顶尖间装夹刀柄，圆弧刃车刀反装，车床主轴仍然正转，刀架上安装推杆，推杆两端铰链连接。当刀架纵向进给时，圆头车刀在刀柄中转动，即可车出球面内孔。

（3）用蜗杆副车成形面。

① 用蜗杆副车外圆球面、外圆弧面和内圆球面等成形面的车削原理如图 3-107 所示。车削成形面时，必须使车刀刀尖的运动轨迹为一个圆弧，车削的关键是保证刀尖做圆周运动，其运动轨迹的圆弧半径与成形面圆弧半径相等，同时使刀尖与工件的回转轴线等高。

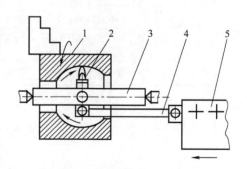

图 3-106　用铰链推杆车球面内孔

1-带有球面内孔的工件；2-圆弧刃车刀；
3-刀柄；4-推杆；5-刀架

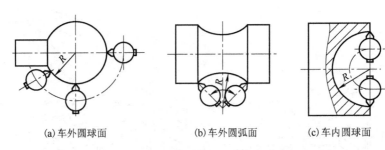

(a) 车外圆球面　　　　(b) 车外圆弧面　　　　(c) 车内圆球面

图 3-107　内、外成形面的车削原理

② 用蜗杆副车内、外成形面的结构原理如图 3-108
所示。车削时先把车床小滑板拆下，装上车成形面工具。
刀架装在圆盘上，圆盘下面装有蜗杆面。当转动手柄时，
圆盘内的蜗杆就带动蜗轮使车刀绕着圆盘的中心旋转，刀
尖做圆周运动，即可车出成形面。为了调整成形面半径，
在圆盘上制出 T 形槽，以使刀架在圆盘上移动。当刀尖调
整得超过中心时，就可以车削内成形面。

**3. 成形面的车削质量分析**

车削成形面比车削圆锥面更容易产生废品，其废品种
类、产生废品的原因及预防措施见表 3-13。

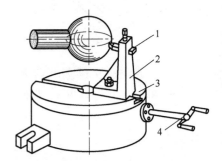

图 3-108　用蜗杆副车内、外成形面

1-车刀；2-刀架；3-圆盘；4-手柄

表 3-13　车成形面时产生废品的种类、原因及预防措施

| 废品种类 | 产生原因 | 预防措施 |
| --- | --- | --- |
| 工件轮廓不正确 | 用成形车刀车削时，车刀形状刃磨得不正确、没有按主轴中心高度安装车刀，工件受切削力产生变形造成误差 | 仔细刃磨成形刀，车刀高度安装准确，适当减小进给量 |
| | 用双手控制进给车削时，纵、横向进给不协调 | 加强车削练习，使纵、横向进给协调 |
| | 用靠模加工时，靠模形状不准确、安装得不正确或靠模传动机构中存在间隙 | 使靠模形状准确、安装正确，调整靠模传动机构中的间隙 |
| 工件表面粗糙 | 车削复杂零件时进给量过大 | 减小进给量 |
| | 工件刚性差或刀头伸出过长，切削时产生振动 | 加强工件安装刚度及刀具安装刚度 |
| | 刀具几何角度不合理 | 合理选择刀具角度 |
| | 材料切削性能差，未经过预备热处理，难于加工；若产生积屑瘤，表面更粗糙 | 对材料进行预备热处理，改善切削性能；合理选择切削用量，避免产生积屑瘤 |
| | 切削液选择不当 | 合理选择切削液 |

# 3.5　车削三角螺纹

螺纹在各种机器中应用非常广泛，如在车床方刀架上用四个螺钉实现对车刀的装夹，在
车床丝杠与开合螺母之间利用用螺纹传递动力。螺纹的加工方法有很多种，在专业生产中多采
用滚压螺纹、轧螺纹和搓螺纹等一系列的先进加工工艺；而在一般的机械加工中，通常采用
车螺纹的方法。

## 3.5.1　螺纹基础知识

### 1. 螺纹的基本要素

螺纹牙型是通过螺纹轴线剖面上的螺纹轮廓形状。下面以普通螺纹的牙型为例（图 3-109），介绍螺纹的基本要素。

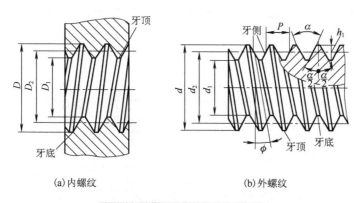

(a) 内螺纹　　　　　　　　　(b) 外螺纹

图 3-109　普通螺纹的基本要素

（1）牙型角 $\alpha$。牙型角是在螺纹牙型上相邻两牙侧间的夹角。

（2）牙型高度 $h_1$。牙型高度是在螺纹牙型上牙顶到牙底在垂直于螺纹轴线方向上的距离。

（3）螺纹大径（$d$、$D$）。螺纹大径是指与外螺纹牙顶或内螺纹牙底相切的假想圆柱或圆锥的直径。外螺纹和内螺纹的大径分别用 $d$ 和 $D$ 表示。

（4）螺纹小径（$d_1$、$D_1$）。螺纹小径是指与外螺纹牙底或内螺纹牙顶相切的假想圆柱或圆锥的直径。外螺纹和内螺纹的小径分别用 $d_1$ 和 $D_1$ 表示。

（5）螺纹中径（$d_2$、$D_2$）。螺纹中径是指一个假想圆柱或圆锥的直径，该圆柱或圆锥的素线通过牙型上沟槽和凸起宽度相等的地方。同规格的外螺纹中径 $d_2$ 和内螺纹中径 $D_2$ 的公称尺寸相等。

（6）螺纹公称直径。螺纹公称直径是代表螺纹尺寸的直径，一般是指螺纹大径的公称尺寸。

（7）螺距 $P$。螺距是指相邻两牙在中径线上对应两点间的轴向距离，如图 3-109（b）所示。

（8）导程 $P_h$。导程是指同一条螺旋线上相邻两牙在中径线上对应两点间的轴向距离。导程可按下式计算：

$$P_h = nP$$

式中，$P_h$ 为导程，mm；$n$ 为线数；$P$ 为螺距，mm。

（9）螺纹升角 $\varphi$。在中径圆柱或中径圆锥上，螺旋线的切线与垂直于螺纹的平面的夹角称为螺纹升角（图 3-110）。

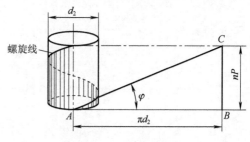

图 3-110　螺纹升角

螺纹升角可按下式计算：

$$\tan\varphi = \frac{P_h}{\pi d_2} = \frac{nP}{\pi d_2}$$

式中，$\varphi$ 为螺纹升角，（°）；$P$ 为螺距，mm；$d_2$ 为中径，mm；$n$ 为线数；$P_h$ 为导程，mm。

**2. 螺纹的分类**

螺纹按用途可分为紧固螺纹、管螺纹和传动螺纹；按牙型可分为三角形螺纹、矩形螺纹、圆形螺纹、梯形螺纹和锯齿形螺纹；按螺旋线方向可分为右旋螺纹和左旋螺纹；按螺旋线线数可分为单线螺纹和多线螺纹；按母体形状可分为圆柱螺纹和圆锥螺纹等。一般地，螺纹分类如图 3-111 所示。

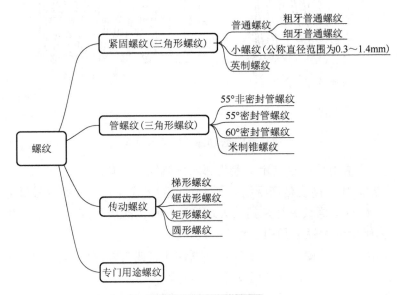

图 3-111　螺纹的分类

**3. 螺纹的标记**

常用螺纹的标记见表 3-14。

表 3-14　常用螺纹

| 螺纹种类 | | 特征代号 | 牙型角 | 标记示例 | 标记方法 |
|---|---|---|---|---|---|
| 普通螺纹 | 粗牙 | M | 60° | M16LH-6g-L<br>示例说明：<br>M-粗牙普通螺纹<br>16-公称直径<br>LH-左旋<br>6g-中径和顶径公差带代号<br>L-长旋合长度 | 粗牙普通螺纹不标螺距<br>右旋不标螺旋代号；旋合长度有长旋合长度 L、中等旋合长度 N 和短旋合长度 S，中等旋合长度不标<br>螺纹公差带代号中，前者为中径公差带代号，后者为顶径的公差带代号，两者相同时则只标一个 |
| | 细牙 | | | M16×1-6H7H<br>示例说明：<br>M-细牙普通螺纹<br>16-公称直径<br>1-螺距<br>6H-中径公差带代号<br>7H-顶径公差带代号 | |

续表

| 螺纹种类 | | | 特征代号 | 牙型角 | 标记示例 | 标记方法 |
|---|---|---|---|---|---|---|
| 管螺纹 | 55°非密封管螺纹 | | G | 55° | G1A<br>示例说明：<br>G-55°非密封管螺纹<br>1-尺寸代号<br>A-外螺纹公差等级代号 | 尺寸代号：在向米制转化时，已为人熟悉的、原代表螺纹公称直径(单位为英寸)的简单数字被保留下来，没有换算成毫米，不再称为公称直径，也不是螺纹本身的任何直径尺寸，只是无单位的代号；右旋不标旋向代号 |
| | 55°密封管螺纹 | 圆锥内螺纹 | $R_C$ | 55° | $R_C$1-LH<br>示例说明：<br>$R_C$-圆锥内螺纹，属于 55°密封管螺纹<br>1-尺寸代号<br>LH-左旋 | |
| | | 圆柱内螺纹 | $R_P$ | | | |
| | | 与圆柱内螺纹配合的圆锥外螺纹 | $R_1$ | | | |
| | | 与圆锥内螺纹配合的圆锥外螺纹 | $R_2$ | | | |
| | 60°密封管螺纹 | 圆锥管螺纹(内外) | NPT | 60° | NPT3/4-LH<br>示例说明：<br>NPT-圆锥管螺纹，属于 60°密封管螺纹<br>3/4-尺寸代号<br>LH-左旋 | |
| | | 与圆锥外螺纹配合的圆柱内螺纹 | NPSC | 60° | NPSC3/4<br>示例说明：<br>NPSC-与圆锥外螺纹配合的圆柱内螺纹，属于 60°密封管螺纹<br>3/4-尺寸代号 | |
| | | 米制锥螺纹(管螺纹) | ZM | 60° | ZM14-S<br>示例说明：<br>ZM-米制锥螺纹<br>14-基面上螺纹公称直径<br>S-短基距(标准基距可省略) | |
| 梯形螺纹 | | | Tr | 30° | Tr36×12(P6)-7H<br>示例说明：<br>Tr-梯形螺纹<br>36-公称直径<br>12-导程<br>P6-螺距为 6mm<br>7H-中径公差带代号，右旋，双线，中等旋合长度 | 单线螺纹只标螺距，多线螺纹应同时标导程和螺距；<br>右旋不注旋向代号；<br>旋合长度只有长旋合长度和中等旋合长度两种，中等旋合长度不标；<br>只标中径公差带代号 |
| 锯齿形螺纹 | | | B | 33° | B40×7-7A<br>示例说明：<br>B-锯齿形螺纹<br>40-公称直径<br>7-螺距<br>7A-公差带代号 | |
| 矩形螺纹 | | | | 0° | 矩形 40×8<br>示例说明：<br>40-公称直径<br>8-螺距 | |

### 3.5.2 车螺纹时车床的调整及乱牙的预防

#### 1. 车螺纹时车床的调整

图 3-112 为 CA6140 型卧式车床车螺纹时的传动示意图。从图中不难看出，当工件旋转一周时，车刀必须沿工件轴线方向移动一个螺纹的导程 $nP_工$。在一定的时间内，车刀的移动距离等于工件转数 $n_工$ 与工件螺纹导程 $nP_工$ 的乘积，也等于丝杠转数 $n_丝$ 与丝杠螺距 $P_丝$ 的乘积，即

$$n_工 nP_工 = n_丝 P_丝 , \qquad \frac{n_丝}{n_工} = \frac{nP_工}{P_丝}$$

式中，$\dfrac{n_丝}{n_工}$ 称为传动比，用 $i$ 表示。由于 $\dfrac{n_丝}{n_工} = \dfrac{z_1}{z_2} = i$，可以得出车螺纹时的交换螺纹计算公式，即

$$i = \frac{n_丝}{n_工} = \frac{nP_工}{P_丝} = \frac{z_1}{z_2} = \frac{z_1}{z_0} \times \frac{z_0}{z_2}$$

式中，$n_工$ 为工件转数，r；$n_丝$ 为丝杠转数，r；$P_工$ 为螺纹螺距，mm；$n$ 为螺纹线数；$nP_工$ 为螺纹导程，mm；$P_丝$ 为丝杠螺距，mm；$z_1$ 为主动齿轮齿数；$z_0$ 为中间齿轮齿数；$z_2$ 为从动齿轮齿数。

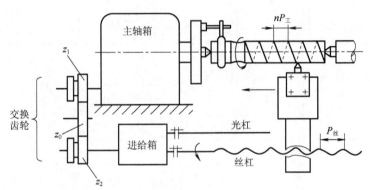

图 3-112　CA6140 型卧式车床车螺纹时的传动示意图

#### 2. 车螺纹或蜗杆时交换齿轮的调整和手柄位置的变换

在 CA6140 型卧式车床上车削常用螺距(或导程)的螺纹时，变换手柄位置分三个步骤。

(1)变换主轴箱外手柄的位置，可用来车削不同旋向和螺距(或导程)的螺纹与蜗杆(表 3-15)。

表 3-15　主轴箱外手柄的位置

| 手柄位置 | 位置 1 | 位置 2 | 位置 3 | 位置 4 |
|---|---|---|---|---|
| 可以车削的螺纹和蜗杆 | 右旋正常螺距(或导程) | 右旋扩大螺距(或导程) | 左旋扩大螺距(或导程) | 左旋正常螺距(或导程) |

(2)进给箱外，先将内手柄置于位置 $B$ 或 $D$，如图 3-113 所示；位置 $B$ 可用来车削米制螺纹和米制蜗杆，位置 $D$ 可用来车削英制螺纹和英制蜗杆。再将外手柄置于Ⅰ、Ⅱ、Ⅲ、Ⅳ或Ⅴ的位置上。然后将进给箱外左侧的圆盘式手轮拉出，并转到与Ⅴ相对的 1～8 的某一位置后，再把圆盘式手轮推进去。

(3)在交换齿轮箱内调整交换齿轮。

车削米制螺纹和英制螺纹时，用 $\dfrac{z_1}{z_0} \times \dfrac{z_0}{z_2} = \dfrac{A}{B} \times \dfrac{B}{C} = \dfrac{63}{100} \times \dfrac{100}{75}$。

车削米制蜗杆和英制蜗杆时，用 $\dfrac{z_1}{z_0} \times \dfrac{z_0}{z_2} = \dfrac{A}{B} \times \dfrac{B}{C} = \dfrac{64}{100} \times \dfrac{100}{97}$。

### 3. 车螺纹时乱牙的预防

车螺纹和蜗杆时，都要经过几次进给才能完成。如果在第二次进给时，车刀刀尖偏离前一次进给车出的螺旋槽，把螺旋槽车乱，称为乱牙。

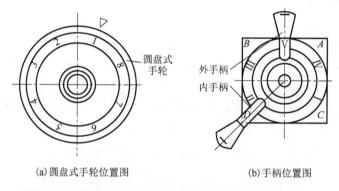

(a)圆盘式手轮位置图　　　　　　　(b)手柄位置图

图 3-113　CA6140 型卧式车床进给箱外手轮、手柄位置图

#### 1)产生乱牙的原因

当丝杠转一周时，工件未转过整数周是产生乱牙的主要原因。车螺纹和蜗杆时，工件和丝杠都在旋转，如果提起开合螺母之后，至少要等丝杠转过一周，才能重新按下。当丝杠转过一周时，工件转了整数周，车刀就能进入前一次进给车出的螺旋槽内，不会产生乱牙。如果丝杠转过一周后，工件没有转过整数周，就要产生乱牙。

**例**　在丝杠螺距为 6mm 的车床上，车削螺距为 3mm 和 12mm 的两种单线螺纹，试问是否会乱牙？

**解**　根据公式 $\dfrac{nP_工}{P_丝} = \dfrac{n_丝}{n_工}$。

(1)车削 $P_工$ =3mm 的螺纹时，有

$$\frac{nP_工}{P_丝} = \frac{3}{6} = \frac{1}{2} = \frac{n_丝}{n_工}$$

即丝杠转一周时，工件转两周，不会产生乱牙。

(2)车削 $P_工$ =12mm 的螺纹时，有

$$\frac{nP_工}{P_丝} = \frac{12}{6} = \frac{1}{0.5} = \frac{n_丝}{n_工}$$

即丝杠转一周时，工件转了 1/2 周，刀尖有可能切入两槽之间，因此可能会产生乱牙。

车英制螺纹和蜗杆时，由于米制单位与英制单位的换算，车床丝杠螺距不可能是英制螺纹的螺距和蜗杆导程的整数倍，所以都可能产生乱牙。

**2）预防乱牙的方法**

常用预防乱牙的方法是开倒顺车，即在一次行程结束时，不提起开合螺母，把车刀沿径向退出后，将主轴反转，使螺纹车刀沿纵向退回，再进行第二次车削。这样的往复车削过程中，因主轴、丝杠和刀架之间的传动没有分离，车刀刀尖始终在原来的螺旋槽中，所以不会产生乱牙。采用倒顺车时，主轴换向不能过快，否则车床传动部分受到瞬时冲击，易使传动机件损坏。

### 3.5.3 车三角形螺纹

普通螺纹、英制螺纹和管螺纹的牙型都是三角形，所以统称为三角形螺纹。

**1. 三角形螺纹的尺寸计算**

**1）普通螺纹**

普通螺纹是应用最广泛的一种三角形螺纹，它分为粗牙普通螺纹和细牙普通螺纹两种。当公称直径相同时，细牙普通螺纹比粗牙普通螺纹的螺距小。粗牙普通螺纹的螺距不是直接标注的。

普通螺纹的牙型如图 3-114 所示，牙型角为 60°。其基本要素的计算公式见表 3-16。

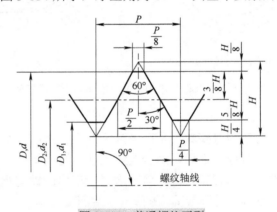

图 3-114 普通螺纹牙型

表 3-16 普通螺纹基本要素的计算公式

| 基本参数 | 外螺纹 | 内螺纹 | 计算公式 |
|---|---|---|---|
| 牙型角 | $\alpha$ | | $\alpha=60°$ |
| 螺纹大径（公称直径）/mm | $d$ | $D$ | $d=D$ |
| 螺纹中径/mm | $d_2$ | $D_2$ | $d_2=D_2=d-0.6495P$ |
| 牙型高度/mm | $h_1$ | | $h_1=0.5413P$ |
| 螺纹小径/mm | $d_1$ | $D_1$ | $d_1=D_1=d-1.0825P$ |

**2）英制螺纹**

我国设计新产品时不使用英制螺纹，只有在某些进口设备中和维修旧设备时应用。英制螺纹的牙型如图 3-115 所示，它的牙型角为 55°（美制螺纹为 60°），公称直径是指内螺纹的大径，用 in 表示。螺距 $P$ 以 1 in（25.4mm）中的牙数 $n$ 表示，如 1 in 有 12 牙，则螺距为 1/12 in。英制螺距与米制螺距的换算如下：

$$P = \frac{1\,\text{in}}{n} = \frac{25.4}{n}\,\text{mm}$$

英制螺纹 1 in 内的牙数及各基本要素的尺寸可从有关手册中查出。

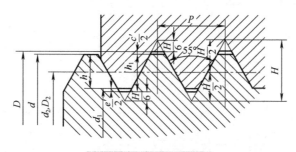

图 3-115　英制螺纹牙型

### 3）管螺纹

管螺纹是在管子上加工的特殊的细牙螺纹，其使用范围仅次于普通螺纹，牙型角有 55°和 60° 两种。

常见的管螺纹有 55° 非密封管螺纹、55° 密封管螺纹、60° 密封管螺纹、米制锥螺纹四种，其中 55° 非密封管螺纹用得较多。管螺纹的牙型和应用见表 3-17。虽然米制锥螺纹在性能上不比其他管螺纹差，但是由于继承性的关系，米制锥螺纹的使用还不普遍。

表 3-17　管螺纹

| 管螺纹 | 管螺纹的牙型 | 牙型角 | 锥度及适应的压力 | 用途 |
|---|---|---|---|---|
| 55° 非密封管螺纹（GB/T 7307—2001） | | 55° | 无锥度，适应较低的压力 | 适用于管接头、旋塞、阀门及其配件 |
| 55° 密封管螺纹（GB/T 7306.1—2000/7306.2—2000） | | 55° | 1∶16 的锥度可以使管螺纹连接时越旋越紧，适应较高的压力 | 适用于管子、管接头、旋塞、阀门及其附件 |

续表

| 管螺纹 | 管螺纹的牙型 | 牙型角 | 锥度及适应的压力 | 用途 |
|---|---|---|---|---|
| 60°密封管螺纹<br>(GB/T 12716—2011) | 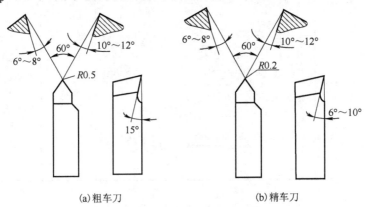 | 60° | | 适用于机床上的油管、水管、气管的连接 |
| 米制锥螺纹<br>(GB/T 1415—2008) | | 60° | | 适用于气体或液体管路系统依靠螺纹密封的连接螺纹 |

## 2. 三角形螺纹车刀

### 1) 刀尖角 $\varepsilon_r$

三角形螺纹车刀的刀尖角 $\varepsilon_r$ 有 60° 和 55°。这两种车刀可以车削的三角形螺纹见表 3-18。

表 3-18　两种刀尖角的螺纹车刀可以车削的三角形螺纹

| 三角形螺纹车刀的刀尖角 $\varepsilon_r$ | 60° | 55° |
|---|---|---|
| 可以车削的螺纹 | 普通螺纹、60°密封管螺纹和米制锥螺纹 | 英制螺纹、55°非密封管螺纹和55°密封管螺纹 |

### 2) 三角形外螺纹车刀

(1) 高速钢三角形外螺纹车刀的几何形状如图 3-116 所示。为了车削顺利，粗车刀应选用较大的背前角（$\gamma_p$=15°）。为了获得较正确的牙型，精车刀应选用较小的背前角（$\gamma_p$=6°～10°）。

(a) 粗车刀　　　　(b) 精车刀

图 3-116　高速钢三角形外螺纹车刀

（2）硬质合金三角形外螺纹车刀的几何形状如图 3-117 所示。在车削较大螺距（$P>2$ mm）以及材料硬度较高的螺纹时，在车刀两侧切削刃上磨出宽度为 $b_{\gamma 1}$=0.2～0.4 mm 的倒棱。

### 3）三角形内螺纹车刀

高速钢三角形内螺纹车刀的几何形状如图 3-118 所示；硬质合金三角形内螺纹车刀的几何形状如图 3-119 所示。内螺纹车刀除其刀刃几何形状应具有外螺纹车刀的几何形状特点外，还应具有内孔车刀的特点。

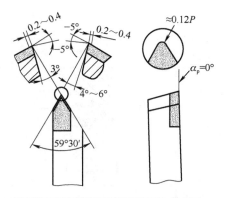

图 3-117　硬质合金三角形外螺纹车刀

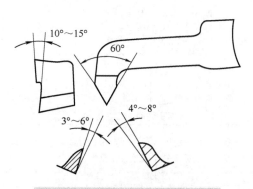

图 3-118　高速钢三角形内螺纹车刀

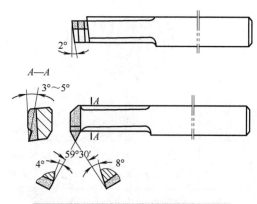

图 3-119　硬质合金三角形内螺纹车刀

### 3. 三角形螺纹的车削方法

三角形螺纹的车削方法有低速车削和高速车削两种。

### 1）低速车削

低速车削时，使用高速钢螺纹车刀，并分别用粗车刀和精车刀对螺纹进行粗车和精车。低速车削螺纹的精度高、表面粗糙度小，但效率低。低速车削螺纹时应注意根据车床和工件的刚度、螺距选择不同的进刀方法，见表 3-19。

### 2）高速车削

用硬质合金车刀高速车削三角形螺纹时，切削速度可比低速车削螺纹提高 15～20 倍，而且行程次数可以减少 2/3 以上，如低速车削螺距 $P$=2 mm 的中碳钢材料的螺纹时，一般 12 个行程左右；而高速车削螺纹仅需 3～4 个行程即可。因此，可以明显提高生产率，在工厂中已得到广泛采用。

高速车削螺纹时，为了防止切屑使牙侧起毛刺，不宜采用斜进法和左右切削法，只能用直进法车削。高速切削三角形外螺纹时，车刀挤压后会使外螺纹大径尺寸变大。因此，车削螺纹前的外圆直径应比螺纹大径小些。当螺距为 1.5～3.5mm 时，车削螺纹前的外径一般可以减小 0.2～0.4mm。

表 3-19　　低速车削三角形螺纹的进刀方法

| 进刀方法 | 直进法 | 斜进法 | 左右切削法 |
|---|---|---|---|
| 图示 |  |  |  |
| 方法 | 车削时只用中滑板横向进给 | 在每次往复行程后,除中滑板横向进给外,小滑板只向一个方向做微量进给 | 除中滑板做横向进给外,同时用小滑板将车刀向左或向右做微量进给 |
| 加工性质 | 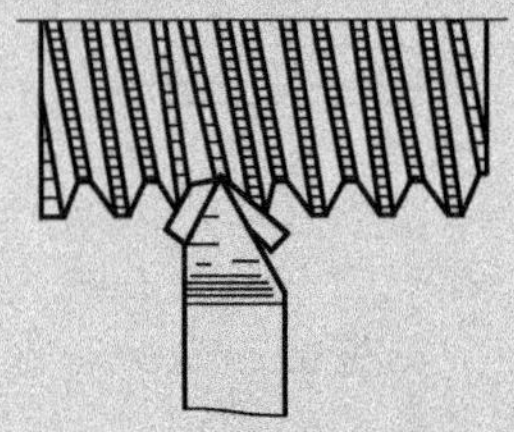 双面切削 | 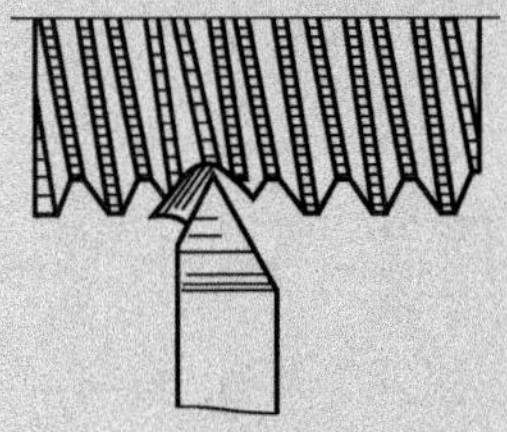 单面切削 | |
| 加工特点 | 容易产生扎刀现象,但是能够获得正确的牙型角 | 不易产生扎刀现象,用斜进法粗车螺纹后,必须用左右切削法精车 | 不易产生扎刀现象,但小滑板的左右移动量不宜太大 |
| 适用场合 | 车削螺距较小($P<2.5$mm)的螺纹 | 车削螺距较大($P>2.5$mm)的螺纹 | 车削螺距较大($P>2.5$mm)的螺纹 |

### 4. 车内螺纹前孔径的确定

车三角形内螺纹时,因车刀切削时的热压作用,内孔直径(螺纹小径)会缩小,在车削塑性金属时尤为明显,所以车削内螺纹前的孔径 $D_{孔}$ 应比内螺纹小径 $D_1$ 的公称尺寸略大些。车削普通内螺纹前的孔径可用下列近似公式计算。

车削塑性金属的内螺纹时,

$$D_{孔} \approx D - P$$

车削脆性金属的内螺纹时,

$$D_{孔} \approx D - 1.05P$$

式中,$D_{孔}$ 为车内螺纹前的孔径;$D$ 为内螺纹大径,mm;$P$ 为螺距,mm。

### 5. 车削三角形螺纹时切削用量的选择

#### 1)车削三角形螺纹时的切削用量

车削三角形螺纹时切削用量的推荐值见表 3-20。

#### 2)车削三角形螺纹时切削用量的选择原则

(1)工件材料。加工塑性金属时,切削用量应相应增大;加工脆性金属时,切削用量应相应减小。

(2)加工性质。粗车螺纹时,切削用量可选得较大;精车时,切削用量宜选小些。

(3)螺纹车刀的刚度。车外螺纹时，切削用量可选得较大；车内螺纹时，刀柄刚度较低，切削用量宜取小些。

(4)进刀方式。直进法车削时，切削用量可取小些；斜进法和左右切削法车削时，切削用量可取大些。

表 3-20　车削三角形螺纹时的切削用量

| 工件材料 | 刀具材料 | 螺距/mm | 切削速度 $v_c$/(m/min) | 背吃刀量 $a_p$/mm |
|---|---|---|---|---|
| 45 钢 | P10 | 2 | 60~90 | 余量 2~3 次完成 |
| 45 钢 | W18Cr4V | 1.5 | 粗车：15~30<br>精车：5~7 | 粗车：0.15~0.30<br>精车：0.05~0.08 |
| 铸铁 | K20 | 2 | 粗车：15~30<br>精车：15~25 | 粗车：0.2~0.40<br>精车：0.05~0.10 |

# 数 控 铣 削

# 第 4 章　普通铣床加工的基础知识

## 4.1　认识普通铣床

### 4.1.1　认识 X6132 型铣床

#### 1. X6132 型铣床各部分的名称与功能

X6132 型卧式万能升降台铣床如图 4-1 所示，简称 X6132 型铣床。

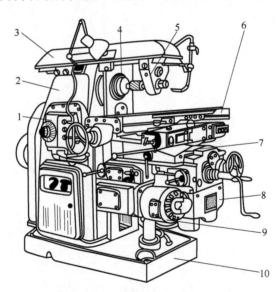

图 4-1　X6132 型卧式万能升降台铣床

1-主轴变速机构；2-床身；3-横梁；4-主轴；5-挂架；6-纵向工作台；
7-横向溜板；8-升降台；9-进给变速机构；10-底座

(1)底座和床身。底座支撑所有的部件。升降台丝杠的螺母座安装在底座上，底座的空腔用来承装切削液。床身是机床的主体，大部分部件都安装在床身上。床身的前壁有燕尾形的垂直导轨，升降台可沿导轨上、下移动。床身的上面有水平导轨，横梁可在导轨上面水平移动。

(2)横梁与挂架。横梁的一端装有挂架，挂架上面有与主轴同轴线的支撑孔，用来支撑刀杆的外端，以增强刀杆的刚性。横梁向外伸出的长度可在一定范围内调整，以满足不同长度刀杆的需要。

(3)主轴。主轴是一根空心轴，前段有锥度为 7 : 24 的圆锥孔，铣刀刀杆就安装在锥孔中。主轴前端有两个凸键，起传递扭矩作用，主轴通过刀杆带动铣刀做旋转运动。

(4)主轴变速机构。由主轴传动电动机通过主轴变速机构带动主轴旋转，操纵床身侧面的手柄和转盘，经主轴变速机构可使主轴获得 18 种转速。

(5)纵向工作台。纵向工作台用来安装工件或夹具，并带动工件纵向移动。工作台上面有 3 条 T 形槽，用来安放 T 形螺钉以固定夹具和工件。工作台前侧面有一条 T 形槽，用来固定自动挡铁，控制铣削长度。

(6)横向溜板。横向溜板带动纵向工作台横向移动，横向溜板和纵向工作台之间有一回转盘，纵向工作台可做 ±45° 的水平调整，以满足加工的需要。

(7)升降台。升降台用来支撑工作台，并带动工作台上、下移动，铣床进给系统中的电动机和变速机构等就安装在升降台内。

(8)进给变速机构。进给电动机是通过进给变速机构带动工作台移动的，操纵相应的手柄和转盘，就可获得需要的进给量。

**2．X6132 型铣床的性能**

X6132 型铣床功率大，转速高，变速范围宽，刚性好，操作方便、灵活，通用性强。它可以安装万能立铣头，使铣刀偏转任意角度，完成立式铣床的工作。该铣床加工范围广，能加工中小型平面、特型表面、各种沟槽、齿轮、螺旋槽和小型箱体上的孔等。

**3．X6132 型铣床的结构特点**

(1)机床工作台的机动进给操纵手柄操纵时所指示的方向，就是工作台进给运动的方向，操作时不易产生错误。

(2)机床的前面和左侧各有一组按钮和手柄的复式操作装置，便于操作者在不同位置上进行操作。

(3)机床采用速度预选机构来改变主轴转速和工作台的进给速度，使操作简便、明确。

(4)机床工作台的纵向传动丝杠上有双螺母间隙调整机构，所以机床在工艺条件允许下进行逆铣，还可以进行顺铣。

(5)机床工作台可以在水平面内 ±45° 偏转，再配用分度头，因而可进行各种螺旋槽的铣削。

(6)机床采用转速控制继电器(或电磁离合器)进行制动，能使主轴迅速停止回转。

(7)机床工作台有快速进给运动装置，用按钮操纵，方便、省时。

## 4.1.2　认识其他铣床

**1．X5032 型铣床**

X5032 型立式升降台铣床(简称 X5032 型铣床)的外形如图 4-2 所示。

X5032 型铣床的规格、操纵机构传动变速情形等与 X6132 型铣床基本相同。主要不同点如下。

(1)X5032 型铣床的主轴位置与工作台面垂直，安装在可以垂直偏摆的铣头壳体内。

（2）X5032 型铣床的工作台与横向溜板连接处没有回转盘，所以工作台在水平面内不能扳转角度。

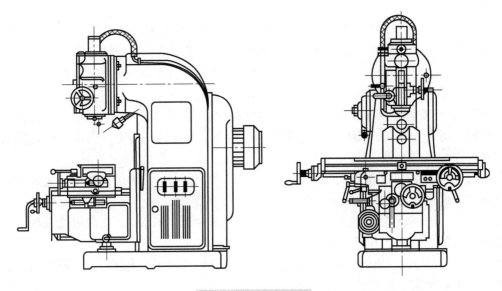

图 4-2　X5032 型铣床

**2. X8126 型铣床**

X8126 型万能工具铣床（简称 X8126 型铣床）的外形如图 4-3 所示。

该机床特别适合各种夹具、刀具、工具、模具和小型复杂工件，具有以下特点。

（1）具有水平主轴和垂直主轴，垂直主轴能在平行于纵向的垂直平面内偏转 ±45° 的任意所需角度位置。

（2）在垂直台面上可安装水平工作台，此时机床相当于普通的升降台铣床，工作台可做纵向和垂直方向的进给运动，横向进给运动则由主轴体完成。

（3）安装圆工作台后，机床可实现圆周进给运动和在水平面内做简单等分，用以加工圆弧轮廓面等曲面。

（4）安装万能角度工作台后，工作台可在空间绕纵向、横向、垂直方向三个相互垂直的坐标轴回转角度，以适应各种倾斜面和复杂工件。

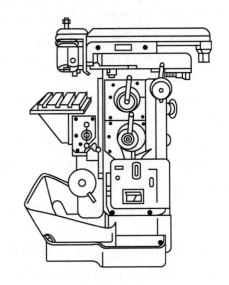

图 4-3　X8126 型铣床

（5）机床不能用挂轮法加工等距螺旋槽和旋转面。

### 4.1.3　铣床的加工范围

铣床加工范围很广，可以铣平面、铣台阶、铣直角槽、铣键槽、切断等（图 4-4）。

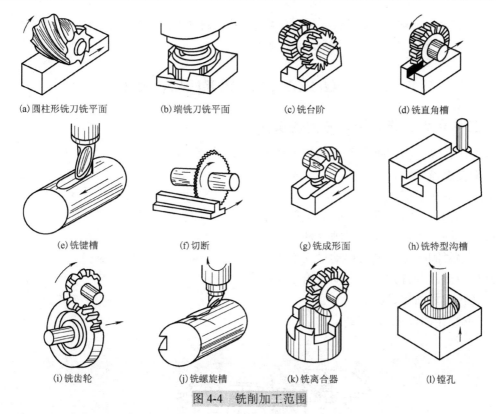

(a)圆柱形铣刀铣平面　　(b)端铣刀铣平面　　(c)铣台阶　　(d)铣直角槽

(e)铣键槽　　(f)切断　　(g)铣成形面　　(h)铣特型沟槽

(i)铣齿轮　　(j)铣螺旋槽　　(k)铣离合器　　(l)镗孔

图 4-4　铣削加工范围

## 4.1.4　铣削安全操作规程

（1）生产开始前应对所使用机床做如下检查。

① 各操纵手柄的原始位置是否正常。

② 手摇各进给操作手柄，检查进给运动和进给方向是否正常。

③ 各进给方向自动进给停止挡铁是否在限位柱范围内，是否紧固。

④ 进行机床主轴和进给系统的变速检查，使主轴和工作台进给由低速到高速运动，检查运动是否正常。

⑤ 开动机床使主轴回转，检查齿轮是否甩油。

上述各项检查完毕，若未发现异常，对机床各部分注油润滑。

（2）不准戴手套操作机床、测量工件、更换刀具和擦拭机床。

（3）装夹工件、刀具要停车进行，工件和刀具必须要牢靠，防止工件和刀具从夹具脱落，飞出伤人。

（4）机床运动时，不得离开工作岗位，机床运转不正常时，应立即停止检查，报告指导教师，突然停电时，应立即切断电源或其他启动机构，把刀具推出工件部位。

（5）禁止将工具或工件放在机床上，尤其不得放到机床运动件上。

（6）开机床前，必须检查润滑系统是否通畅。

（7）操作中手和身体不能靠近机床铣削部分，应保持一定的距离。

（8）运动中禁止变速，变速时必须停车后待惯性消失再扳动换挡手柄。

（9）测量工件要停车进行。

（10）切削时产生切屑，应使用刷子及时清除，严禁用手清除。

（11）使用设备后都应把刀具、工具、量具、材料整理好，做好设备清洁和日常设备维护工作。

(12) 要保持工作环境的清洁，必须每天做好防火、防盗工作，检查设备和照明开关是否关好。

(13) 各传动手柄放于空挡位置，关闭总电源。

# 4.2　X6132 型铣床的基本操作

## 4.2.1　工作台纵、横、垂直方向的操作

(1) 工作台纵、横、垂直方向的手动进给手柄。

(2) 主轴变速手柄。

(3) 进给变速手柄。

(4) 工作台纵、横、垂直方向的机动进给手柄。

(5) 纵、横、垂直方向的紧固手柄。

(6) 横梁紧固螺母和横梁移动里立铣头。

(7) 纵、横、垂直方向的自动进给停止挡铁。

(8) 回转盘紧固螺钉。

上述各操作部位见图 4-5。

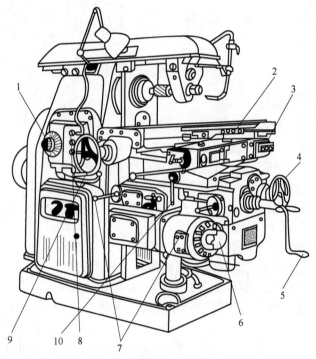

图 4-5　X6132 型铣床变速手柄

1-主轴变速手柄；2-纵向机动进给手柄；3、8-启动、停止、快速按钮；4-横向手动进给手柄；5-垂直方向手动进给手柄；
6-进给变速手柄；7-横向、垂直方向机动进给手柄；9-纵向手动进给手柄；10-横向工作台锁紧手柄

## 4.2.2　X6132 型铣床纵、横、垂直方向的尺寸

### 1. 纵向尺寸定义

由于纵向传动丝杠螺距为 6mm，刻度盘圆周等分为 120 等份。因此，纵向手柄旋转一周为 6mm，每一小格均为 0.05mm。

## 2. 横向尺寸定义

横向传动丝杠螺距与纵向传动丝杠螺距同为 6mm，圆周等分也为 120 等份。因此，横向手柄旋转一周也为 6mm，每一小格均为 0.05mm。

## 3. 垂直方向尺寸定义

垂直方向传动丝杠螺距为 2mm，刻度盘圆周等分为 40 等份。因此，垂直方向旋转一周为 2mm，每一小格均为 0.05mm，见图 4-6。

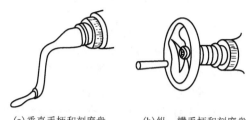

(a) 垂直手柄和刻度盘　　(b) 纵、横手柄和刻度盘

图 4-6　纵、横、垂直手柄和刻度盘

## 4.2.3　主轴变速、进给变速的操作

### 1. 主轴变速手柄

X6132 型铣床主轴的转速有 30r/min、37.5r/min、47.5r/min、60r/min、75r/min、95r/min、118r/min、150r/min、190r/min、235r/min、300r/min、375r/min、475r/min、600r/min、750r/min、950r/min、1180r/min 及 1500r/min，共计 18 种，刻在菌形主轴变速盘上。主轴变速手柄和主轴变速盘设在床身外部。

调整主轴转速时，可先把主轴变速手柄下压并向左推到一定位置，再旋转主轴变速盘，使其转到需要的转速值，然后将主轴变速手柄扳回原位，见图 4-7。

变速时应注意三点：①停车变速；②变速后手柄位置必须放正确；③当手柄扳不动时不应开车，应把手柄放回原来位置点动一下。

### 2. 进给变速手柄

X6132 型铣床纵向、横向进给量有 23.5mm/min、30mm/min、37.5mm/min、47.5mm/min、60mm/min、75mm/min、95mm/min、118mm/min、150mm/min、190mm/min、235mm/min、300mm/min、375mm/min、475mm/min、600mm/min、750mm/min、950mm/min 及 1180mm/min，共计 18 种。垂直进给量为纵向、横向进给量的 1/3，其变速范围为 8～394mm/min。

调整进给量时，可将进给变速手柄拉出，转动手柄使箭头对准选定进给量的数量，再把转盘推回原位置，见图 4-8。

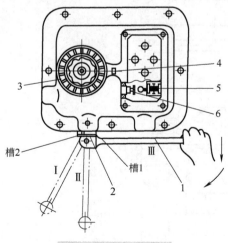

图 4-7　主轴变速操作

1-主轴变速手柄；2-固定环；3-主轴变速盘；
4-指针；5-螺钉；6-开关

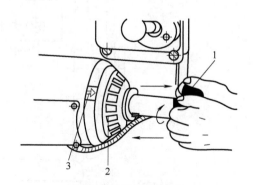

图 4-8　进给变速操作

1-进给变速手柄；2-进给变速盘；3-指针

### 4.2.4　工作台纵、横、垂直方向的机动进给操作

**1. 工作台纵向机动进给手柄**

通过纵向机动进给手柄可改变进给电动机的旋转方向，从而改变工作台的移动方向。将纵向机动进给手柄向左扳动，工作台就向左方移动；将手柄向右扳动，工作台就向右方移动。停止自动进给时，手柄应置于中间位置，见图4-9。

**2. 工作台横向、垂直方向机动进给手柄**

横向、垂直方向机动进给手柄的操纵方向有四个，即上、下、前、后，手柄向哪个方向扳动，工作台就向哪个方向移动。停止自动进给时，手柄应置于中间位置，见图4-10。

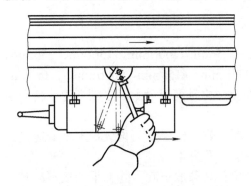 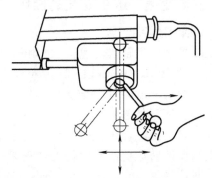

图4-9　工作台纵向机动进给手柄及进给操作　　图4-10　工作台横向、垂直方向机动进给手柄及进给操作

### 4.2.5　铣床的维护保养与合理操作

**1. 铣床的润滑**

常用铣床的润滑点大同小异。如图4-11所示的X6132型铣床的润滑部位，图中明显标出了注油时间和次数，带油标的油池共有四处，即主轴变速箱、进给变速箱、手动油泵和挂架

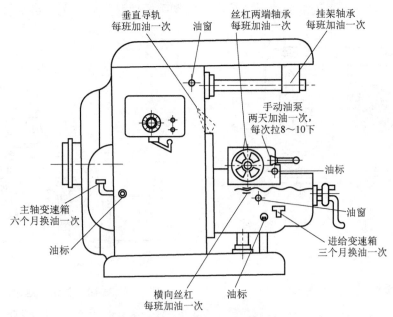

图4-11　X6132型铣床润滑图

上的油池，这是油量观察点。当油量缺少时，油面即低于油标线，这时要尽快补充，使油面达到油标线处。

**2. 切削液的作用**

(1)冷却作用。铣削过程中会产生大量的热量，充分浇注切削液能带走大量热量和降低切削温度，改善切削条件，起到冷却工件和刀具的作用。

(2)润滑作用。铣削时，刀刃与工件发生强烈的摩擦。一方面会使刀刃磨损，另一方面会降低表面质量。切削液可以渗透到工件表面与刀具后面之间及刀具前面与切屑之间的微小间隙中，减小工件、切屑与铣刀之间的摩擦，提高加工表面的质量和减慢刀齿的磨损。

(3)冲洗作用。在浇注切削液时，因切削液有一定的能量，能把铣刀齿槽中和工件上的切屑冲去，起到冲洗作用。

(4)防锈作用。切削液中一般添加防锈剂，可保护工件、铣刀、铣床免受腐蚀，起到防锈作用。

**3. 切削液的种类**

切削液根据其性质不同分成水基切削液和油基切削液两大类。水基切削液是以冷却为主、润滑为辅的切削液，包括合成切削液(水溶液)和乳化液两类。铣削中常用的是乳化液。油基切削液是以润滑为主、冷却为辅的切削液，包括切削油和极压油两类。铣削中常用的是切削油。

(1)乳化液。乳化液是由乳化油用水稀释而成的乳白色的液体。其流动性好，比热容大，黏度小，冷却作用良好，并具有一定的润滑性能。乳化液主要用于钢、铸铁和有色金属的切削加工。

(2)切削油。切削油主要是矿物油，还有动植物油和复合油(以矿物油为基础，添加混合植物油 5%～30%)等。切削油有良好的润滑性能，但流动性和比热容较小，散热效果较差。常用切削油有全损耗系统用油、煤油和柴油等。

**4. 切削液的选用**

切削液应根据工件材料、刀具材料、加工方法综合考虑，合理选用。

(1)粗加工时，切削余量大，产生热量多，温度高，而对加工表面质量的要求不高，所以应采用以冷却为主的切削液。精加工时，加工余量小，产生热量少，对冷却的要求不高，而对工件表面质量的要求较高，并希望铣刀耐用，所以应采用以润滑为主的切削液。

(2)铣削铸铁、黄铜等脆性材料时，一般不用切削液，必要时可用煤油、水基切削液和压缩空气。

(3)使用硬质合金铣刀作高速切削时，一般不用切削液，必要时用水基切削液，并在开始切削之前就连续充分地浇注，以免刀片因骤冷而碎裂。

铣削时切削液的情况见表 4-1。

**表 4-1　铣削时切削液的情况**

| 加工材料 | 铣削种类 | |
| --- | --- | --- |
| | 粗铣 | 精铣 |
| 碳钢 | 乳化液、苏打水 | 乳化液(低速时质量分数 10%～15%，高速时质量分数 5%)、极压乳化液、复合油、硫化油等 |
| 合金钢 | 乳化液、极压乳化液 | 乳化液(低速时质量分数 10%～15%)、极压乳化液、复合油、硫化油等 |

| 加工材料 | 铣削种类 | |
| --- | --- | --- |
| | 粗铣 | 精铣 |
| 不锈钢及耐热钢 | 乳化液、极压切削油、硫化乳化液、极压乳化液 | 氯化煤油、煤油加 25%植物油、煤油加 20%松节油和 20%油酸、极压乳化液、硫化油(柴油加 20%脂肪和 5%硫黄)、极压切削油 |
| 铸钢 | 乳化液、极压乳化液、苏打水 | 乳化液、极压切削油、复合油 |
| 青铜、黄铜 | 一般不用，必要时用乳化液 | 乳化液、含硫极压乳化液 |
| 铝 | 一般不用，必要时用乳化液、复合油 | 柴油、复合油、煤油、松节油 |
| 铸铁 | 一般不用，必要时用压缩空气或乳化液 | 一般不用，必要时用压缩空气或乳化液、极压乳化液 |

**5. 铣床操作的注意事项**

(1)在铣床上安装工件、夹具和附件时，必须清除和擦净台面以及夹具或附件安装面上的铁屑和脏物，以免影响加工精度。

(2)操作时，先使主轴旋转，然后开动进给运动。在铣刀还没有完全离开工件时，不应先停止主轴旋转。

(3)在铣床运转时不要变换主轴转速，必须停车后再扳动主轴变速手柄。变速时应将主轴变速手柄放在正确的位置，不能放在两个速度之间，以免打坏齿轮。

(4)纵向进给时，应将垂直方向和横向的紧固手柄锁紧；横向进给时，则把垂直方向的紧固手柄锁紧，这样可增加切削中的稳定性，有利于提高加工质量。

(5)操作普通铣床时，不要使用快速进给使铣刀与工件接触，一般应在铣刀离工件 30mm 左右时改为正常进给速度，以防止铣刀和工件撞击在一起。

(6)限制铣床工作台行程的挡铁不应随意卸掉，防止进给中工作台超越距离而损坏进给机构。

(7)在铣床的底座上不要放工具等物品，防止下降工作台时被顶住而损坏机件。

(8)工作结束时，应使铣刀脱离工件，将手柄置于空挡位置，并对铣床、铣刀、夹具的工作状态做一般性检查；然后切断电源，清扫机床，并在导轨面上浇以润滑油后再进行交班。

(9)经常认真做好铣床的维护和保养工作。铣床的工作台面和导轨面都是精密的表面，要防止重物冲击和碰撞，遇到重物或粗糙毛坯面放在台面上应垫块木板，且要轻放。

如果发现铣床变速箱内有杂声、主轴轴承发热等异常情况，应立即停车排除故障，切勿勉强继续工作。要按照规定对铣床进行检查和维修。

# 4.3　铣床刀具

## 4.3.1　铣刀的分类

数控刀具的分类如图 4-12 所示。

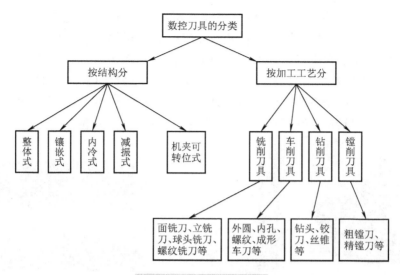

图 4-12  数控刀具的分类

## 1. 面铣刀

面铣刀分为 45° 面铣刀、90° 方肩面铣刀和 R 圆角面铣刀，如图 4-13～图 4-15 所示。面铣刀的主要用途是加工较大面积的平面，特殊情况下也可代替立铣刀或飞刀进行分层开粗。其优点是：生产效率高；刚性好，能采用较大的进给量；能同时多刀齿切削，工作平稳；采用镶齿结构使刀齿刃磨、更换更为便利；刀具的使用寿命较长。

图 4-13  45° 面铣刀                    图 4-14  90° 方肩面铣刀

图 4-15  R 圆角面铣刀

## 2. 立铣刀

立铣刀的圆柱表面和端面上都有切削刃，它们可同时进行切削，也可单独进行切削。立铣刀圆柱表面的切削刃为主切削刃，铣削时为周铣；端面上的切削刃为副切削刃，铣削时为端铣。

立铣刀按结构分有整体立铣刀、镶齿立铣刀、可转位立铣刀，按端部形状有端铣刀、球头铣刀、圆鼻刀、成形刀等，如图 4-16～图 4-19 所示；按刃数分有 2 刃、3 刃、4 刃、5 刃、6 刃等立铣刀。2 刃整体立铣刀也称为键槽刀，可用于加工键槽，由于端部两切削刃横贯中心，可以直接轴向进给扎刀，它也可用于粗加工，但振动较大；而 3～6 刃立铣刀由于刃数多且切削稳定，振动小，多用于精加工；国产 3 刃立铣刀端部中心通常无切削刃，所以不能轴向进给而只能径向进给；4～6 刃立铣刀的端部切削刃通常也是横贯中心，所以也可以轴向进给，但主要用于径向进给加工。可转位立铣刀俗称飞刀，常用于工件的分层开粗，也可用于底面的精加工。

图 4-16　方肩铣刀(可转位立铣刀)

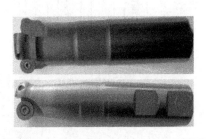

图 4-17　多功能圆刀片铣刀(仿形铣刀)

图 4-18　整体立铣刀

图 4-19　圆鼻刀

### 3．球头铣刀

球头铣刀(简称球刀)分为球头可转位立铣刀和球头整体立铣刀，如图 4-20 和图 4-21 所示，球刀是立铣刀的一种，多用于加工曲面，但无论转速多高，球刀的中心点总是静止的，当该部分与工件接触时不是铣削，而是磨削，这也是球刀的尖端特别容易磨损的原因。相对平坦的区域用球刀加工出来的光洁度较差。

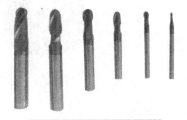

图 4-20　球头可转位立铣刀　　　　　　　　图 4-21　球头整体立铣刀

### 4．螺纹铣刀

传统的螺纹加工方法主要为采用螺纹车刀车削螺纹或采用丝锥、板牙手工攻丝及套扣。随着数控加工技术的发展，尤其是三轴联动数控加工系统的出现，更先进的螺纹加工方式——螺纹的数控铣削得以实现。螺纹铣削加工与传统螺纹加工方式相比，在加工精度、加工效率方面具有极大优势，且加工时不受螺纹结构和螺纹旋向的限制，如一把螺纹铣刀可加工多种旋向的内、外螺纹。对于不允许有过渡扣或退刀槽结构的螺纹，采用传统的车削方法或丝锥、板牙很难加工，但采用数控铣削却十分容易实现。此外，螺纹铣刀的耐用度是丝锥的十多倍甚至数十倍，而且在数控铣削螺纹过程中，对螺纹直径尺寸的调整极为方便，这是采用丝锥、板牙难以做到的。由于螺纹铣削加工具有诸多优势，目前发达国家的大批量螺纹生产已较广泛地采用铣削工艺。螺纹铣刀如图 4-22 所示。

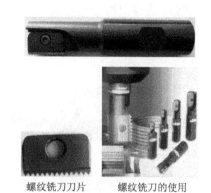

螺纹铣刀刀片　　　　螺纹铣刀的使用

图 4-22　螺纹铣刀

加工原理如下：螺纹铣削是在三轴联动的机床（加工中心）完成的。在 $X$、$Y$ 轴走 G03/G02 一圈时，$Z$ 轴同步移动一个螺距 $P$。

**1）倒角刀**

倒角刀是装配于铣床、钻床、刨床、倒角机等机床上用于加工工件的 60° 或 90° 倒角与锥孔的刀具，属于立铣刀。倒角刀也称倒角器。倒角刀适用范围广，不仅适合普通机械加工件的倒角，更适合于精密难倒角加工件的倒角与去毛刺，如航空、军工、汽车等工业中圆柱体、球体通孔、内壁孔等的加工。

倒角刀按结构分有整体式、可转位式，如图 4-23～图 4-25 所示；按刀刃分有单刃、2 刃、3 刃倒角刀。

图 4-23　单刃可转位倒角刀

图 4-24　3 刃可转位倒角刀

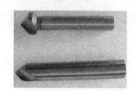

图 4-25　整体倒角刀（锪钻）

**2）铣槽刀**

铣槽刀（图 4-26～图 4-28）可以加工内、外环槽，如螺纹退刀槽、砂轮越程槽等。

图 4-26　单刃可转位铣槽刀

图 4-27　4 刃可转位铣槽刀

图 4-28　整体 T 形铣槽刀

### 3) 镗刀

镗刀是镗削刀具的一种,最常用的场合就是内孔加工、扩孔、仿形等。镗刀有一个或两个切削部分,是专门用于对已有的孔进行粗加工、半精加工或精加工的刀具,如图 4-29 和图 4-30 所示。

图 4-29　粗镗刀

图 4-30　精镗刀

因装夹方式的不同,端部有方柄、莫氏锥柄和 7 : 24 锥柄等多种形式。单刃镗刀切削部分的形状与车刀相似。为了使孔获得高的尺寸精度,精加工用镗刀的尺寸需要准确地调整。微调镗刀可以在机床上精确地调节镗孔尺寸,它有一个精密游标刻线的指示盘,指示盘同装有镗刀头的心杆组成一对精密丝杆螺母副机构。当转动螺母时,装有刀头的心杆即可沿定向键做直线移动,借助游标刻度读数精度可达 0.001mm。镗刀的尺寸也可在机床外用对刀仪预调。双刃镗刀有两个分布在中心两侧同时切削的刀齿,由于切削时产生的径向力互相平衡,可加大切削用量,生产效率高。双刃镗刀按刀片在镗杆上浮动与否分为浮动镗刀和定装镗刀。浮动镗刀适用于孔的精加工,它实际上相当于铰刀,能镗削出尺寸精度高和表面光洁的孔,但不能修正孔的直线性偏差。为了提高重磨次数,浮动镗刀常制成可调结构。

为了适应各种孔径和孔深的需要并减少镗刀的品种规格,人们将镗杆和刀头设计成系列化的基本件——模块。使用时可根据工件的要求选用适当的模块,拼合成各种镗刀,从而简化刀具的设计和制造。

### 4) 中心钻

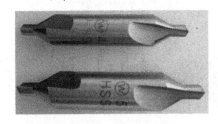

图 4-31　中心钻

中心钻用于轴类等零件端面上的中心孔加工,是孔加工的预制精确定位,引导麻花钻进行孔加工,减少误差,如图 4-31 所示。

中心钻切削轻快、排屑好。中心钻有两种形式:A 型,不带护锥的中心钻;B 型,带护锥的中心钻。加工直径 $d=1\sim10$mm 的中心孔时,通常采用不带护锥的中心钻(A 型);对于工序较长、精度要求较高的工件,为了避免 60° 定心锥被损坏,一般采用带护锥的中心钻(B 型)。

### 5) 麻花钻

麻花钻是在实体材料上钻削出通孔或盲孔,并能对已有的孔扩孔的刀具,因其容屑槽呈螺旋状而形似麻花得名。螺旋槽有 2 槽、3 槽或更多槽之分,但以 2 槽最为常见。钻头有硬质合金钢钻头和高速工具钢钻头,有直柄钻头和锥柄钻头,有普通钻头和涂层钻头等,如图 4-32 和图 4-33 所示。麻花钻可被夹持在手动、电动的手持式钻孔工具或钻床、铣床、车床及加工中心上使用。

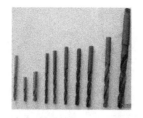

图 4-32　硬质合金钢钻头、高速工具钢钻头、锥柄钻头、直柄钻头　　　　图 4-33　涂层硬质合金钻头

标准麻花钻由柄部、颈部和工作部分组成。工作部分的切削部分由两个主切削刃和副切削刃、两个前面和后面、两个刃带和一个横刃组成，担负全部切削工作。工作部分的导向部分起导向和备磨作用，容屑槽做成螺旋形以利于导屑。

**6）铰刀**

铰刀是具有一个或多个刀齿、用以切除已加工孔表面薄层金属的旋转刀具，是具有直刃或螺旋刃的旋转精加工刀具，用于扩孔或修孔，如图 4-34 和图 4-35 所示。用铰刀加工后的孔可以获得精确的尺寸和形状。

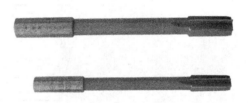

图 4-34　硬质合金螺旋铰刀　　　　　　　　　　图 4-35　高速钢直机铰刀

**7）丝锥**

丝锥为一种加工内螺纹的刀具，沿轴向开有沟槽，也称螺丝攻，如图 4-36 所示。丝锥根据其形状分为直槽丝锥、螺旋槽丝锥和螺尖丝锥；按照使用环境可以分为手用丝锥和机用丝锥；按照规格可以分为公制丝锥、美制丝锥和英制丝锥；按照产地可以分为进口丝锥和国产丝锥。直槽丝锥加工容易，精度略低，产量较大，一般用于普通车床、钻床及攻丝机的螺纹加工，切削速度较慢。螺旋槽丝锥多用于数控加工中心钻盲孔，加工速度较快，精度高，排屑较好，对中性好。螺尖丝锥前部有容屑槽，用于通孔的加工。现在的工具厂提供的丝锥大多是涂层丝锥（图 4-37），较未涂层丝锥的使用寿命更长，切削性能也有很大的提高。不等径设计的丝锥切削负荷分配合理，加工质量高，但制造成本也高。梯形螺纹丝锥常采用不等径设计。丝锥是目前制造业操作者加工螺纹的主要工具。

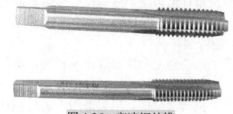

图 4-36　高速钢丝锥　　　　　　　　　　图 4-37　涂层螺旋丝锥

## 4.3.2　铣刀的要求与特点

数控刀具的要求及其自身特点如下：要有高的切削效率；要有高的精度和重复定位精度；

要有高的可靠性和耐用度；实现刀具尺寸的预调和快速换刀；具有完善的模块式工具系统；建立完备的刀具管理系统；要有在线监控及尺寸补偿系统。

### 4.3.3　铣刀的材料

数控刀具的材料如图 4-38 所示。

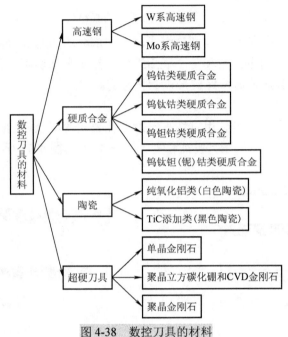

图 4-38　数控刀具的材料

#### 1. 高速钢

高速钢(HSS)刀具过去曾经是切削工具的主流，随着数控机床等现代制造设备的广泛应用，大力开发了各种涂层和未涂层的高性能、高效率的高速钢刀具。高速钢凭借其在强度、韧性、热硬性及工艺性等方面优良的综合性能，在切削某些难加工材料以及在复杂刀具，特别是切齿刀具、拉刀和立铣刀制造中仍有较大的比例。但经过市场探索，一些高端产品已逐步被硬质合金刀具代替。

#### 2. 硬质合金

常用的硬质合金以 WC 为主要成分，根据是否加入其他碳化物而分为以下几类。

(1)钨钴类(WC+Co)硬质合金(YG)。它由 WC 和 Co 组成，具有较高的抗弯强度和韧性，导热性好，但耐热性和耐磨性较差，主要用于加工铸铁和有色金属。细晶粒的钨钴类硬质合金(如 YG3X、YG6X)，在含钴量相同时，其硬度和耐磨性比 YG3、YG6 高，强度和韧性稍差，适用于加工硬铸铁、奥氏体不锈钢、耐热合金、硬青铜等。

(2)钨钛钴类(WC+TiC+Co)硬质合金(YT)。由于 TiC 的硬度和熔点均比 WC 高，所以和钨钴类硬质合金相比，其硬度、耐磨性、红硬性增大，黏结温度高，抗氧化能力强，而且在高温下会生成 $TiO_2$，可减少黏结。但它导热性能较差，抗弯强度低，所以适用于加工钢材等韧性材料。

(3)钨钽钴类(WC+TaC+Co)硬质合金(YA)。在钨钴类硬质合金的基础上添加 TaC(NbC)，提高了高温硬度与强度、抗热冲击性和耐磨性，可用于加工铸铁和不锈钢。

(4)钨钛钽钴类(WC+TiC+TaC+Co)硬质合金(YW)。在钨钛钴类硬质合金的基础上添加 TaC(NbC)，提高了抗弯强度、冲击韧性、高温硬度、抗氧化能力和耐磨性。该类硬质合金既可以加工钢，又可加工铸铁及有色金属，因此常称为通用硬质合金(又称为万能硬质合金)。目前主要用于加工耐热钢、高锰钢、不锈钢等难加工材料。

### 3. 陶瓷(也称金属陶瓷)

TiC(N)基硬质合金，其性能介于陶瓷和硬质合金之间，陶瓷刀具不仅能对高硬度材料进行粗、精加工，也可进行铣削、刨削、断续切削和毛坯拔荒粗车等冲击力很大的加工；可加工传统刀具难以加工或根本不能加工的高硬材料；刀具耐用度比传统刀具高几倍甚至几十倍，减少了加工中的换刀次数；可进行高速切削或实现"以车、铣代磨"，切削效率比传统刀具高 3~10 倍。

### 4. 超硬刀具

超硬刀具是指比陶瓷材料更硬的刀具材料，包括单晶金刚石、聚晶金刚石(PCD)、聚晶立方氮化硼(PCBN)和 CVD 金刚石等。超硬刀具主要是以金刚石和立方氮化硼为材料制作的刀具，其中以人造金刚石复合片(PCD)刀具及立方氮化硼复合片(PCBN)刀具为主导。许多切削加工概念，如绿色加工、以车代磨、以铣代磨、硬态加工、高速切削、干式切削等都因超硬刀具的应用而产生，故超硬刀具已成为切削加工中不可缺少的重要刀具。

### 5. 其他

硬质合金刀具的材料除上述普通硬质合金外还有新型硬质合金。

(1)超细晶粒硬质合金。晶粒直径在 1μm 以下，这种材料具有硬度高、韧性好、切削刀可靠性高等优异性能。

(2)涂层硬质合金。保持了普通硬质合金机体的强度和韧性，又使刀具表面有很高的硬度和耐磨性。

## 4.3.4　硬质合金刀具的分类和标志

切削刀具用硬质合金根据国际标准 ISO 分类，把所有牌号分成用颜色标志的 3 大类，分别用 P、M、K 表示。每一种中的各个牌号分别以一个数字范围表示从最高硬度到最大韧性，如图 4-39 所示。

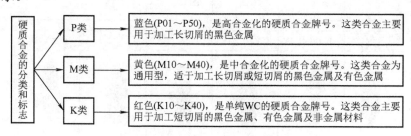

图 4-39　硬质合金的分类和标志

# 4.4　工具系统分类

## 4.4.1　镗铣类整体式工具系统

镗铣类整体式工具系统(TSG)的刀柄直接夹住刀具，刚性好，但需针对不同的刀具分别配备，其规格、品种繁多，给管理和生产带来不便。图 4-40 为 TSG82 工具系统配置图。

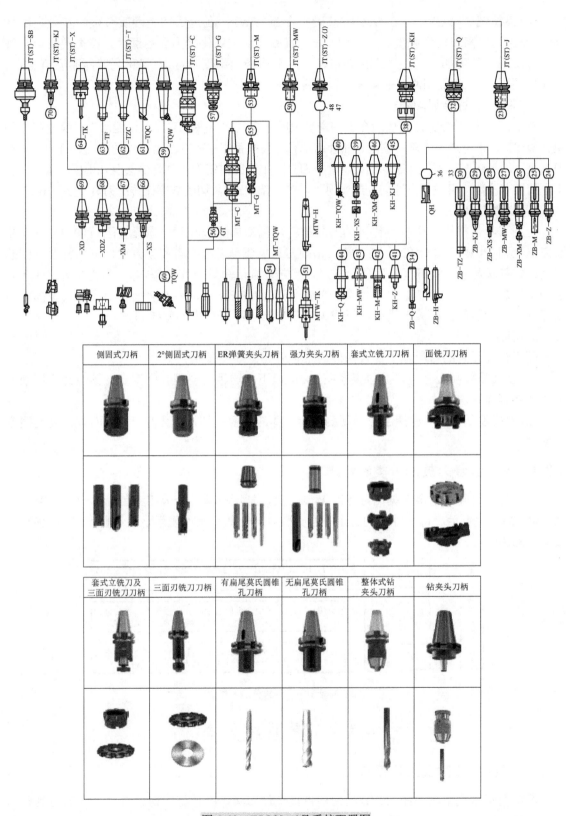

图 4-40　TSG82 工具系统配置图

## 4.4.2　镗铣类模块式工具系统

　　镗铣类模块式工具系统(TMG)刀柄比整体式多出中间连接部分，装配不同刀具时更换连接部分即可，克服了整体式刀柄的缺点，但对连接精度、刚性、强度等都有很高的要求。图 4-41 为 TMG21 工具系统配置图。

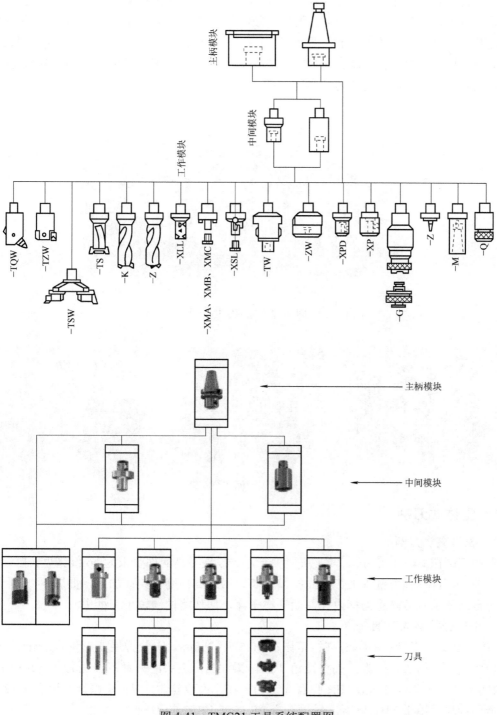

图 4-41　TMG21 工具系统配置图

# 4.5　常用刀柄

数控机床刀具刀柄的结构形式总体上分为整体式与模块式两种。整体式刀柄其装夹刀具的工作部分与它在机床上安装定位用的柄部是一体的,这种刀柄对机床与零件的变换适应能力较差。为适应零件与机床的变换,用户必须储备各种规格的刀柄,因此刀柄的利用率较低。模块式刀具系统是一种较先进的刀具系统,其每把刀柄都可通过各种系列化的模块组装而成。针对不同的加工零件和使用机床采取不同的组装方案,可获得多种刀柄系列,从而提高刀柄的适应能力和利用率。常用的刀柄实物如图 4-42 和图 4-43 所示。

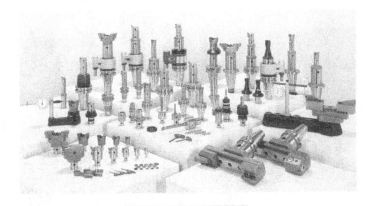

图 4-42　刀柄实物(一)

图 4-43　刀柄实物(二)

## 4.5.1　整体式刀柄

### 1. 强力夹头刀柄

夹持范围在 $\phi 4 \sim \phi 32$mm,筒夹夹紧变形小,被夹刀具柄部要求为 h6 级精度,自锁性好,夹紧力大,可进行强力铣削加工,夹持精度高,用于高精度铣铰孔加工,如图 4-44 所示。

注意:使用时务必将刀柄内孔及筒夹擦干净,切勿将油渍留于刀柄中。

### 2. ER 弹簧夹头刀柄

ER 弹簧夹头刀柄(图 4-45)夹持范围在 $\phi 0.5 \sim \phi 26$mm,卡簧弹性变形量为 1mm,主要夹持小规格铣刀、钻头、丝锥。夹头锥角 16°,柔性高,夹头的夹紧范围是名义值到-1mm(对于 ER08 与 ER11 为-0.5mm),ER 弹簧夹头刀柄在刚性攻丝时,钢和铸铁推荐用于 M12 以下,铝合金刚性攻丝用于 M18 以下。尽量选择 ER25 或 ER32 的刀柄。

图 4-44　强力夹头刀柄

筒夹

图 4-45　ER 弹簧夹头刀柄

关于 ER 卡簧的装夹建议：卡簧必须总是插在螺母里；在把刀具放入卡簧之前，螺母必须拧在刀柄上；装入时，通过在 A 处施加轻的压力，把卡簧装到螺母里；取出时，在 B 处施加径向压力，如图 4-46 所示。

注意：刀具没有放入时绝不能锁紧螺母。

### 3. 侧固式刀柄

侧固式刀柄(图 4-47)是最佳的夹持铣刀的刀柄，尤其是粗加工铣刀，在美国等发达国家的使用量与 ER 弹簧夹头刀柄接近；在中国受刀具制造厂产品的限制，使用量偏小；刀柄孔公差按 H5 控制，径向跳动为 0.003～0.005mm。

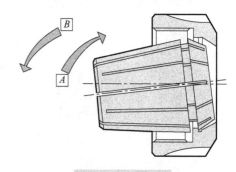

图 4-46　卡簧安装

标准 ISO 3338-2:1985
GB/T 6131.2—2006

图 4-47　侧固式刀柄

### 4. 有扁尾莫氏圆锥孔刀柄

有扁尾莫氏圆锥孔刀柄主要用于带扁尾锥度钻头的夹持与加工，如图 4-48 所示。该刀柄使用方便，但易出现因冷焊而难以卸下的情况。

### 5. 无扁尾莫氏圆锥孔刀柄

无扁尾莫氏圆锥孔刀柄主要用于无扁尾锥度铣刀的夹持与加工，如图 4-49 所示。该刀柄使用方便，但易出现因冷焊而难以卸下的现象。

图 4-48　有扁尾莫氏圆锥孔刀柄

图 4-49　无扁尾莫氏圆锥孔刀柄

由于使用时刀具和刀柄之间的冷焊现象导致刀具卸下困难，目前主要采用侧固式刀柄，莫氏圆锥孔刀柄的刀具使用正在大幅度减少。

**6. 套式立铣刀刀柄**

套式立铣刀刀柄通过心轴定心，两个对称方键定位，内六角螺栓安装连接，如图 4-50 所示。该刀柄适合中等直径面铣刀使用。

**7. 面铣刀刀柄**

在刀具标准中，如图 4-51 所示的面铣刀刀柄作为 C 类面铣刀装夹使用，它通过心轴定位，法兰盘安装连接。该刀柄适合大直径面铣刀使用。

图 4-50　套式立铣刀刀柄　　　　　　图 4-51　面铣刀刀柄

**8. 三面刃铣刀刀柄**

三面刃铣刀刀柄主要用来夹持三面刃铣刀，用于加工平面、沟槽、齿条、齿轮等，如图 4-52 所示。该刀柄用心轴定心，用键定位，用螺栓安装连接，夹持刀具的部分比其他种类的刀柄长，方便加工。

**9. 整体式钻夹头刀柄**

整体式钻夹头刀柄也称为快换夹头，如图 4-53 所示。其柄身和夹头是一体的，可避免出现钻头夹具脱落的危险；同时具有高精密度和安全性，适用于 CNC 钻床、铣床机械；操作方便，对于小直径刀具用手就可以夹紧，如果用勾扳手直接转紧，更有夹持力；多层安全性设计，能提供给综合切削中心机使用。整体式钻夹头刀柄通常用于一般钻孔加工、小径螺牙的刚性攻丝加工。

图 4-52　三面刃铣刀刀柄　　　　　　图 4-53　整体式钻夹头刀柄

## 4.5.2　模块式刀柄

**1. 镗刀刀柄**

镗刀刀柄(图 4-54 和图 4-55)装卸刀具方便，连接刚性好，重复定位精度高。模块结构适应范围广，是很好的基础刀柄。

图 4-54　镗刀刀柄

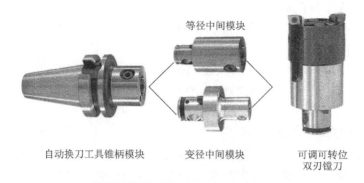

等径中间模块

自动换刀工具锥柄模块　　　变径中间模块　　　可调可转位
双刃镗刀

图 4-55　可调可转位双刃镗刀模块

**2. 钻夹头刀柄**

钻夹头刀柄(图 4-56)可以方便地更换夹头，克服了整体式工具的不足之处，刀柄夹头切换工具快捷、灵活、经济。该刀柄既可以用在加工中心和数控镗铣床，又适用于柔性加工系统(FMS 和 FMC)。

**3. 快换式丝锥刀柄**

快换式丝锥刀柄(图 4-57)可以方便地更换不同规格范围的丝锥夹头，以适应夹持不同直径的丝锥，有些还配有保护装置，以防止攻丝过程中因扭力过大而损坏丝锥。

图 4-56　钻夹头刀柄　　　　　　　　　　　图 4-57　快换式丝锥刀柄

# 4.6　刀柄的应用知识

加工中心的主轴锥孔通常分为两大类，即锥度为 7∶24 的通用刀柄和 1∶10 的 HSK 空心刀柄。

## 4.6.1　7∶24 锥度的通用刀柄

锥度为 7∶24 的通用刀柄通常有 5 种标准和规格，即 NT 型(传统型)、DIN 69871 型(德国标准)、ISO 7388/1 型(国际标准)、MAS BT 型(日本标准)以及 ANSI/ASME 型(美国标准)。NT 型刀柄的德国标准为 DIN 2080，是在传统型机床上通过拉杆将刀柄拉紧，国内也称为 ST 型刀柄；其他 4 种刀柄均是在加工中心上通过刀柄尾部的拉钉将刀柄拉紧。

目前国内使用最多的是 DIN 69871 型和 MAS BT 型两种刀柄。DIN 69871 型刀柄可以安装在 DIN 69871 型和 ANSI/ASME 型主轴锥孔的机床上，ISO 7388/1 型刀柄可以安装在 DIN 69871 型、ISO 7388/1 型和 ANSI/ASME 型主轴锥孔的机床上，所以就通用性而言，ISO 7388/1 型刀柄是最好的。

### 1. DIN 2080（简称 NT 或 ST）型

DIN 2080 型是德国标准，即国际标准 ISO 2583 型，是通常所说 NT 型刀柄，不能用机床的机械手装刀而需手动装刀。

### 2. DIN 69871（简称 JT、DIN、DAT 或 DV）型

DIN 69871 型分两种，即 DIN 69871 A/AD 型和 DIN 69871 B 型，前者是中心内冷，后者是法兰盘内冷，其他尺寸相同。

### 3. ISO 7388/1（简称 IV 或 IT）型

其刀柄安装尺寸与 DIN 69871 型没有区别，但由于 ISO 7388/1 型刀柄的 $D_4$ 值小于 DIN 69871 型刀柄的 $D_4$ 值，所以将 ISO 7388/1 型刀柄安装在 DIN 69871 型主轴锥孔的机床上是没有问题的，但将 DIN 69871 型刀柄安装在 ISO 7388/1 型主轴锥孔的机床上则有可能会发生干涉。

### 4. MAS BT（简称 BT）型

BT 型是日本标准，安装尺寸与 DIN 69871 型、ISO 7388/1 型及 ANSI 型完全不同，不能换用。BT 型刀柄的对称性结构使它比以上 3 种刀柄的高速稳定性要好。

### 5. ANSI B5.50（简称 CAT）型

ANSI B5.50 型是美国标准，安装尺寸与 DIN 69871 型、ISO 7388/1 型类似，但由于少一个楔缺口，所以 ANSI B5.50 型刀柄不能安装在 DIN 69871 型和 ISO 7388/1 型机床上，但 DIN 69871 和 ISO 7388/1 型刀柄可以安装在 ANSI B5.50 型机床上。

## 4.6.2　1∶10 锥度的 HSK 空心刀柄

锥度为 1∶10 的 HSK 空心刀柄（简称 HSK 刀柄）是一种新型的高速锥型刀柄，其接口采用锥面和端面两面同时定位的方式，刀柄为中空，锥体较短，有利于实现换刀轻型化及高速化。加工中心由于采用端面定位，完全消除了轴向定位误差，使高速、高精度加工成为可能。这种刀柄在高速加工中心上应用很普遍，被誉为"21 世纪的刀柄"。

### 1. HSK 刀柄的工作原理和性能特点

德国刀具协会与阿亨工业大学等开发的 HSK 双面定位型空心刀柄是一种典型的 1∶10 短锥面刀具系统。HSK 刀柄由锥面（径向）和法兰端面（轴向）共同实现与主轴的连接刚性，由锥面实现刀具与主轴之间的同轴度，锥柄的锥度为 1∶10。

这种结构的优点主要有以下几点。

(1)采用锥面、端面过定位的结合形式，能有效地提高结合刚度。

(2)因锥部短以及采用空心结构后较轻，故自动换刀动作快，车床可以缩短移动时间，加快刀具移动速度，有利于实现 ATC 的高速化。

(3)采用 1∶10 的锥度，与 7∶24 锥度相比锥部较短，楔形效果较好，故加工中心有较强的抗扭能力，且能抑制因振动产生的微量位移。

(4)有比较高的重复安装精度。

(5)刀柄与主轴间由扩张爪锁紧，转速越高，扩张爪的离心力（扩张力）越大，锁紧力越大，故这种刀柄具有良好的高速性能，即在高速转动产生的离心力作用下，车床刀柄能牢固锁紧。

这种结构的缺点主要有以下几点。

(1)它与现在的主轴端面结构及刀柄不兼容。

(2)由于过定位安装，必须严格控制锥面基准线与法兰端面的轴向位置精度，与之相应的主轴也必须控制这一轴向精度，使其制造工艺难度较大。

(3)柄部为空心状态，装夹刀具的结构必须设置在外部，增加了整个刀具的悬伸长度，影响刀具的刚性。

(4)从保养的角度来看，HSK 刀柄锥度较小，加工中心锥柄近于直柄，加上锥面、法兰端面要求同时接触，使刀柄的修复重磨很困难，经济性欠佳。

(5)成本较高，刀柄的价格是普通标准 7∶24 刀柄的 1.5～2 倍。

(6)锥度配合过盈量较小(是 KM 结构的 1/5～1/2)，数据分析表明，按 DIN 公差制造的 HSK 刀柄在 8000～20000r/min 运转时，由于主轴锥孔的离心扩张，会出现径向间隙。

(7)极限转速比 KM 刀柄低，且由于 HSK 的法兰也是定位面，加工中心一旦污染，会影响定位精度，所以采用 HSK 刀柄时必须有附加清洁措施。

**2．HSK 刀柄的主要类型及其特点**

按 DIN 的规定，HSK 刀柄分为 6 种形式。其中，A、B 型为自动换刀刀柄；加工中心 C、D 型为手动换刀刀柄；E、F 型为无键连接、对称结构，适用于超高速的刀柄。

HSK 刀柄的德国标准是 DIN 69873，有 6 种标准和规格，即 HSK-A、HSK-B、HSK-C、HSK-D、HSK-E 和 HSK-F，常用的有 3 种：HSK-A(带内冷自动换刀)、HSK-C(带内冷手动换刀)和 HSK-E(带内冷自动换刀，高速型)。7∶24 的通用刀柄是靠刀柄的 7∶24 锥面与机床主轴孔的 7∶24 锥面接触定位连接的，在高速加工、连接刚性和重合精度 3 方面有局限性。HSK 刀柄靠刀柄的弹性变形，不但使刀柄的 1∶10 锥面与机床主轴孔的 1∶10 锥面接触，而且使刀柄的法兰盘面与主轴面紧密接触，这种双面接触系统在高速加工、连接刚性和重合精度上均优于 7∶24 的通用刀柄。HSK 刀柄有 A 型、B 型、C 型、D 型、E 型、F 型等多种规格，其中常用于加工中心(自动换刀)上的有 A 型、E 型和 F 型。

A 型和 E 型的最大区别如下。

(1)A 型有传动槽而 E 型没有，所以相对来说 A 型传递扭矩较大，可进行一些重切削；而 E 型传递的扭矩就比较小，只能进行一些轻切削。

(2)A 型刀柄上除有传动槽之外，还有手动固定孔、方向槽等，所以相对来说平衡性较差；而 E 型没有，更适合于高速加工。

E 型和 F 型的机构完全一致，它们的区别如下。

同样的 E 型和 F 型刀柄(如 E63 和 F63)，F 型刀柄的锥部要小一号。例如，E63 和 F63 的法兰直径都是 $\phi$63mm，但 F63 的锥部尺寸只和 E50 的尺寸一样，和 E63 相比，F63 的转速会更快(主轴轴承小)。

# 4.7　拉　　钉

拉钉是带螺纹的零件，常固定在各种工具柄的尾端。机床主轴内的拉紧机构借助它把刀柄(常见的柄部标准有 CAT 或 BT 标准)拉紧在主轴锥孔中。拉紧力的保持靠一组弹簧，拉紧后足以防止 10～20kg 的刀柄及刀具从主轴中滑出。拉钉有不同的国家标准，常见的标准如图 4-58 所示。

(a) 日本标准MAS拉钉(配用BT型刀柄)　　(b) 德国标准DIN拉钉(配用JT型刀柄)

(c) ISO标准A型拉钉(配用JT型刀柄)　　(d) ISO标准B型拉钉(配用JT型刀柄)

图 4-58　拉钉

# 第5章 铣削加工

## 5.1 工件的安装

### 5.1.1 工件安装的内容

工件安装的内容框图如图 5-1 所示。

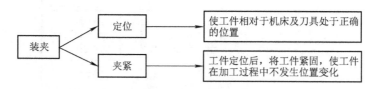

图 5-1 工件安装的内容

在机械加工过程中，为了保证加工精度，在加工前应确定工件在机床上的位置并固定好，以接受加工或检测。将工件在机床上或夹具中定位、夹紧的过程称为装夹。

工件的安装包含定位和夹紧两个方面的内容：确定工件在机床上或夹具中正确位置的过程称为定位；工件定位后将其固定，使其在加工中保持定位位置不变的操作称为夹紧。

### 5.1.2 工件安装的方法

工件安装的方法包括找正安装和专用夹具安装。

**1. 找正安装**

**1) 直接找正安装**

定义：用划针、百分表等工具直接找正工件位置并加以夹紧的方法。

特点：生产率低，精度取决于工人的技术水平和测量工具的精度。

**2) 划线找正安装**

定义：靠专用夹具保证工件相对于刀具及机床所需的位置并使其夹紧。

特点：生产率低，对操作工人的技术水平要求较高。

**2. 专用夹具安装**

定义：将工件直接安装在夹具的定位元件上的方法。

特点：

(1) 工件在夹具中的正确定位是通过工件上的定位基准面与夹具上的定位元件相接触而实现的。因此，不再需要找正便可将工件夹紧。

(2) 由于夹具预先在机床上已调整好位置，工件通过夹具相对于机床也就有了准确的定位。

(3) 夹具上的对刀装置保证了工件加工表面相对于刀具的正确位置。

# 5.2  机 床 夹 具

机床夹具是在机床上用以装夹工件的一种装置，其作用是使工件相对于机床或刀具有一个正确的位置，并在加工过程中保持这个位置不变。在机械制造中，为完成需要的加工工序、装配工序及检验工序等，会使用大量的夹具。

## 5.2.1  夹具的分类

夹具的分类如图 5-2 所示。

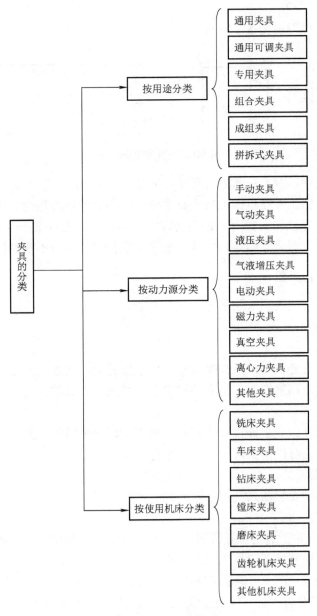

图 5-2  夹具的分类

### 5.2.2 夹具的选用

#### 1. 通用夹具

通用夹具是指已经标准化、无须调整或稍加调整就可以用来装夹不同工件的夹具，如三爪卡盘、四爪卡盘、虎钳和万能分度头等。这类夹具主要用于单件小批量生产。

#### 1）虎钳

虎钳是一种夹持工件的工具，如图 5-3 所示。它的夹持原理是利用螺杆或某机构使两钳口做相对移动而夹紧工件。平口钳分固定侧与活动侧，固定侧与底面作为定位面，活动侧用于夹紧。虎钳分为钳工虎钳和机用虎钳。钳工虎钳呈拱形，钳口较高，钳身可在底座上任意转动并紧固。钳工虎钳安装在钳工工作台上，可夹持工件进行锯、锉等工作。机用虎钳是一种机床附件，它的钳口宽而低，夹紧力大，常采用液压、气动或偏心凸轮来驱动快速夹紧，精度要求高。机用虎钳也称平口钳，它可分为普通型和精密型。机用虎钳大多安装在钻床、牛头刨床、铣床和平面磨床等机床的工作台上使用。其中精密型机用虎钳主要用在镗床、平面磨床等精加工机床上。机用虎钳按结构可分为不带底座的固定式、带底座的回转式和可倾斜式等。

图 5-3　虎钳

#### 2）正弦平口钳

正弦平口钳通过钳身上的孔及滑槽来改变角度，可用于斜面零件的装夹，如图 5-4 所示。如果配以各种附件，可以明显扩展其装夹范围，提高其利用率，图 5-5 为各种正弦平口钳附件。

图 5-4　正弦平口钳

图 5-5　正弦平口钳可选附件

#### 3）三爪自定心卡盘

三爪自定心卡盘适合夹紧圆形零件，夹紧后自动定心，用于回转工件的自动装卡，如图 5-6 所示。

#### 4）四爪单动卡盘

四爪单动卡盘用于方形、异形及非回转体或偏心件的装卡，可以方便地调整中心，如图 5-7 所示。

(a) 普通卡盘　　　　　(b) 液压卡盘

图 5-6　三爪自定心卡盘

(a) 普通卡盘　　　　　(b) 液压卡盘

图 5-7　四爪单动卡盘

### 2. 专用夹具

专用夹具指专为某一工件的某一加工工序而设计制造的夹具。专用夹具结构紧凑，操作方便，主要用于固定产品的大批量生产，如连杆加工专用夹具，如图 5-8 所示。该夹具靠工作台 T 形槽和夹具体上定位键确定其在数控铣床上的位置，并用 T 形螺栓紧固。

### 3. 组合夹具

#### 1) 孔系组合夹具

孔系组合夹具的结构组成如图 5-9 所示，其生产应用实例如图 5-10 所示。

图 5-8　连杆加工专用夹具

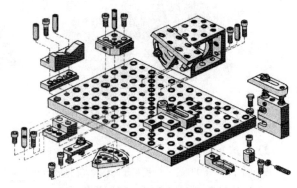

图 5-9　孔系组合夹具的结构组成

图 5-10　孔系组合夹具生产的应用实例

#### 2) 蓝系组合夹具

蓝系组合夹具在操作平台上集成通用夹具、专用夹具、组合夹具的夹持特性；满足三爪卡盘、台钳、弯板、正弦台、分度头、回转盘、回转分度盘的夹具结构要求，还增添五轴机床才能加工完成的空间复合角度功能，成为在车、铣、刨、磨、镗、钻、加工中心都能使用的柔性夹具系统。其典型结构有平面回转铣削单元、垂直回转铣削单元、角度回转铣削单元、平面定位车削单元、垂直定位车削单元、角度定位车削单元、平面钻削单元、角度钻削单元、复合角度钻削单元，如图 5-11～图 5-14 所示。

图 5-11　虎钳回转铣削单元

图 5-12　三爪卡盘回转铣削单元

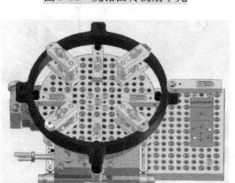

图 5-13　角度钻削单元

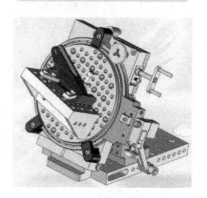

图 5-14　复合角度钻削单元

## 5.2.3　机床夹具的组成

机床夹具的组成如图 5-15 所示。

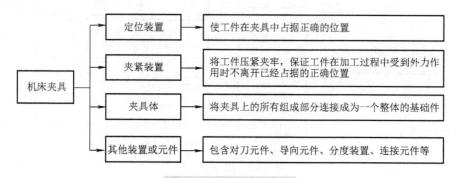

图 5-15　机床夹具的组成

## 5.2.4　机床夹具的作用

（1）保证加工精度。用机床夹具装夹工件，能确定工件与刀具、机床之间的相对位置关系，可以保证加工精度。

(2) 提高生产效率。机床夹具能快速地将工件定位和夹紧，可以缩短辅助时间，提高生产效率。

(3) 减轻劳动强度。机床夹具采用机械、气动、液动夹紧装置，可以减轻工人的劳动强度。

(4) 扩大机床的工艺范围。利用机床夹具，能扩大机床的加工范围，例如，在车床或钻床上使用镗模可以代替镗床镗孔，使车床、钻床具有镗床的功能。

### 5.2.5　工件在夹具中的定位

在机械加工中，要求加工出来的表面对加工件的其他表面保持规定的位置尺寸。因为加工表面是由切削刀具和机床的综合运动所产生的，所以在加工时，必须使加工件上的规定表面(线、点)对刀具和机床保持正确的位置才能加工出合格的产品。

#### 1. 工件定位基本原理

任何一个自由刚体在空间均有 6 个自由度，即沿空间坐标轴 $X$、$Y$、$Z$ 3 个方向的移动和绕此 3 个坐标轴的转动。工件定位的实质就是限制工件的自由度。

#### 2. 六点定位原则

工件定位时，用合理分布的 6 个支撑点与工件的定位基准相接触来限制工件的 6 个自由度，使工件的位置完全确定，称为六点定位原则。六点定位原则是工件定位的基本法则，在实际生产时，起支撑作用的是一定形状的几何体，这些用来限制工件自由度的几何体就是定位元件，如图 5-16 所示。

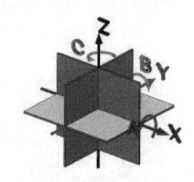

图 5-16　工件在夹具中的定位

### 5.2.6　在夹具中限制工件自由度

在夹具中限制工件自由度的方式如图 5-17 所示。

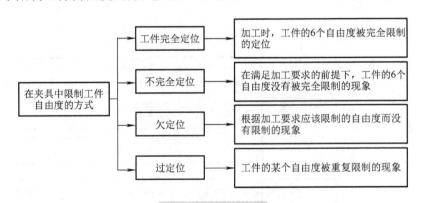

图 5-17　定位的分类

# 5.3　铣　削　平　面

在立式铣床和卧式铣床上用端铣刀铣平面的示意图分别见图 5-18～图 5-20。

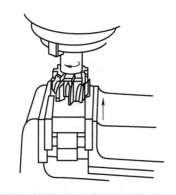

图 5-18　在立式铣床上用端铣刀铣平面

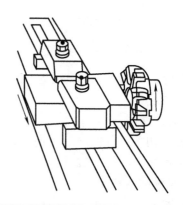

图 5-19　在卧式铣床上用端铣刀铣平面

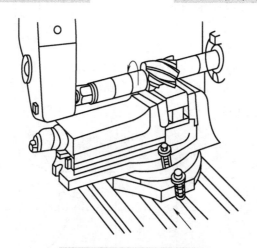

图 5-20　用圆柱铣刀铣平面

## 5.3.1　圆周铣时的顺铣与逆铣

　　铣刀旋转方向和工件进给方向相反时称为逆铣；相同时称为顺铣，如图 5-21 所示。

　　顺铣的优点是：铣刀刀刃切入工件时的切削厚度最大，并逐渐减小到零。刀刃切入容易，且铣刀后面与工件已加工表面的挤压、摩擦小，故刀刃磨损慢，加工出的工件表面质量较高。

　　顺铣的缺点是：铣刀刀刃从工件的外表切入工件，因此当工件是有硬皮和杂质的毛坯件时，容易磨损和损坏刀具。

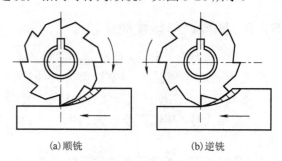

(a) 顺铣　　　　　　　(b) 逆铣

图 5-21　顺铣、逆铣图示

　　逆铣的优点是：铣刀中心进入工件端面后，刀刃沿已加工表面切入工件，铣削表面是有硬皮和杂质的毛坯件时，对铣刀刀刃损坏影响小，与工件进给方向相反，铣削时不会拉动工作台。

　　逆铣的缺点是：铣刀中心进入工件端面后，铣刀切入工件时的切屑厚度为零，并逐渐增到最大，因此切入的铣刀后面与工件表面的挤压、摩擦严重，加速刀齿磨损，影响铣刀寿命和工件已加工表面的质量。

在铣床上进行圆周铣时一般采用逆铣，铣削时不易夹牢和薄而细长的工件可选用顺铣。

## 5.3.2　端铣时的顺铣与逆铣

端铣时，根据铣刀与工件之间的相对位置不同，分为对称铣削与非对称铣削两种。端铣也有顺铣和逆铣。

### 1. 对称铣削

铣刀先切入工件的一边为逆铣，铣刀切出工件的一边为顺铣，如图 5-22 所示。

### 2. 非对称顺铣

铣削时其方向与进给方向相同，使工件和工作台发生窜动。因此，端铣时一般不采用非对称顺铣，见图 5-23（a）。

### 3. 非对称逆铣

铣削时其方向与进给方向相反，不会拉动工作台，且刀刃与工件冲击较小，振动较小。因此，端铣时应采取非对称逆铣，见图 5-23（b）。

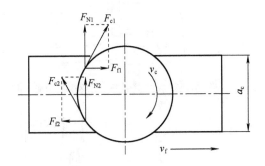

图 5-22　端铣对称铣削

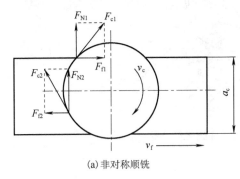

(a) 非对称顺铣

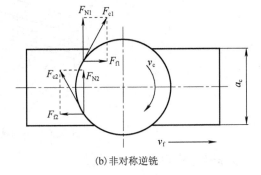

(b) 非对称逆铣

图 5-23　端铣非对称铣削

## 5.3.3　圆周铣与端铣的比较

（1）端铣刀的刀杆短，刚性好，且同时参与切削的刀齿数较多，因此振动小，铣削较平稳。

（2）端铣刀的直径可以制造得很大（能达 500mm），能一次铣出较宽的工件表面而无须接刀。圆周铣时，工作加工表面受圆柱形铣刀宽度的限制不能太宽。

（3）端铣时，端铣刀每个刀齿所切下的切屑厚度变化较小，因此，铣削过程中铣削力变化小。

（4）端铣刀的刃磨不像圆柱形铣刀要求严格，刀刃和刀尖在径向上下的尺寸不一致在轴向高低不齐整，对加工平面的平面度误差没有影响，只是影响被加工平面的表面粗糙度，而圆柱形铣刀若刀磨质量差（圆柱度误差大），则直接影响加工平面的平面度误差。

（5）端铣可采用较高的铣削速度和较大的进给量。圆周铣则能一次切除较大的铣削层深度（即铣削宽度 $a_e$）。

（6）在相同的铣削层宽度、铣削层深度和每齿进给量的条件下，端铣刀若不采用修光刃和高速铣削等措施情况下进行铣削，圆周铣加工出的表面比端铣加工出的表面粗糙度要小。

由于用端铣方法加工平面有较多的优点，目前加工平面，尤其是加工大平面，一般都用端铣刀铣削。

## 5.3.4 铣平面的工作步骤

### 1. 确定铣削方法，选择铣刀

(1) 在卧式铣床上用圆柱形铣刀周铣平面时，圆柱形铣刀的宽度应大于工件加工面的宽度。粗铣时，铣刀的直径按工件铣削层深度而定，铣削层深度大，铣刀的直径也相应地选得大些；精铣时一般取较大的铣刀直径，这样铣刀杆直径相应较大，刚性较好，铣削时平稳，工件表面质量较好。关于铣刀的齿数，在粗铣时选用粗齿铣刀，精铣时选用细齿铣刀。

(2) 用端铣刀铣平面时，端铣刀的直径应大于工件加工面的宽度，一般为它的 1.2～1.5 倍。

### 2. 装夹工件

铣削中小型工件时，一般采用平口钳装夹；铣削形状、尺寸较大或不方便用平口钳装夹的工件时，可采用压板装夹。装夹应按相应要求和注意事项进行。

### 3. 确定铣削用量

(1) 圆周铣时的铣削深度 $a_p$、端铣时的铣削宽度 $a_e$ 一般等于工件加工面的宽度。

(2) 圆周铣时的铣削宽度 $a_e$、端铣时的铣削深度 $a_p$，粗铣时，若加工余量不多，则可一次切除，即等于余量层深度；精铣时，一般为 0.5～1mm。

(3) 每齿进给量一般取 $f_z$=0.02～0.3mm/z，粗铣时可取得大些；精铣时，则应取较小的进给量。

(4) 铣削速度 $v_e$。用高速钢铣刀铣削时，一般取 $v_e$=80～120m/min。

### 4. 铣削工件

在卧式或立式升降台上铣削，都是由工作台带着工件向铣刀方向移动来完成工件与铣刀的相对运动实现铣削运动。移动工作台的方法有手动和机动两种。铣削位置的调整和工件趋近铣刀的运动一般多用手动完成；连续进给实现铣削则多用机动方式。

在调整工件铣削深度时，如果不慎将手柄摇过头，此时，应将手柄倒转 1/2～1 圈后，重新摇动手柄，仔细地转到规定的位置上，以消除丝杠螺母副的间隙，防止尺寸出现错误。

## 5.3.5 平面铣削加工操作实例

### 1. 工作任务

实训项目如图 5-24 所示。

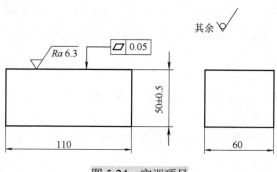

图 5-24 实训项目

## 2. 任务准备

(1)工件：毛坯 110mm×60mm×53mm。

(2)机床：X5032 型铣床。

(3)量具：0～150mm 游标卡尺。

(4)刀具：$\phi$125mm 端铣刀盘。

(5)刀具材料：YT15。

(6)铣削用量：取 $n$=375r/min，$v_f$=190mm/min，$a_p$=1～3mm，其中，$n$ 为主轴转数，$v_f$ 为进给量，$a_p$ 为吃刀深度。

(7)工具：平口钳、手锤。

## 3. 知识学习

### 1)工件装夹与校正

工件在装夹时，应选择一个较平整的毛坯面靠向平口钳的固定钳口。在钳口和毛坯面间垫上铜皮。工件装夹后，用划针盘校正毛坯的上平面，保证毛坯的上平面与工作台基本平行。为保证工件能与固定钳口很好地贴合，可在活动钳口和工作间放置一圆棒，其高度在钳口高度的中间，或者稍微偏上一点，同时用手移动平行垫铁，使垫铁不松动。敲击工件时，用力要适当，不可连续用力猛敲，且应注意垫铁和钳身作用力对工件的影响。

### 2)平口钳的安装和工件装夹的注意事项

(1)安装平口钳时，应擦净工作台面和钳底平面，安装牢靠。安装工件时，应擦净钳口、钳体导轨面和工件表面。

(2)工件在平口钳上安装后，铣去的余量层应高出钳口的上平面，高出的尺寸以铣刀不接触钳口的上平面为宜。

(3)工件在平口钳上装夹时，放置的位置应适当。

(4)用平行垫铁装夹工件时，所选垫铁的平面度和平行度均应符合要求，且垫铁表面应具有一定的硬度。

## 4. 技能训练

(1)分析图纸，确定加工部位。

(2)检查毛坯尺寸，确定加工余量。

(3)把工件装夹在平口钳中，夹紧敲实。

(4)调整主轴转速和进给量，启动机床，使铣刀旋转。手动进给使工件处于旋转的铣刀下面，再上升工作台，使铣刀轻轻划着工件(对刀)，记好升降台刻度环刻度。降下工作台，退出工件。调整好切削深度，上升工作台，将横向工作台紧固。扳动纵向手动进给手柄使工件接近铣刀，再扳动纵向机动进给手柄，铣去工件加工余量。降下工作台退刀，主轴停止旋转，卸下工件。

## 5. 加工过程总结

平面加工工序过程为：毛坯检查—安装平口钳—装夹工件—安装铣刀—粗铣—精铣。

## 6. 检验检测

(1)平面的表面粗糙度检验。用标准的表面粗糙度样块对比检验，或凭经验用眼观察得出结论。

(2)平面的平面度检测。用刀口尺检验平面的平面度。检测时，移动尺子，分别在工件的纵向、横向、对角线方向进行检测，最后测出整个平面的平面度误差。工件尺寸可用游标卡尺测量。

**7. 容易产生的问题及原因**

铣出的工件尺寸不符合图纸要求，可能有以下原因。

(1) 调整切削深度时，看错刻度盘刻度，或手柄摇过头，或丝杠螺母间隙没有调整好。

(2) 看错图纸尺寸或检测错误。

(3) 工件和垫铁表面没有擦净，有脏物。

(4) 进给量选择不合理，铣刀变钝。

(5) 铣头零位不准，主轴窜动。

**8. 安全注意事项**

(1) 走刀过程中和刀具停稳之前，不准检测工件，不准用手触摸工件和加工表面。

(2) 高速铣削时，应戴防护眼镜。

(3) 在切屑飞出的方向禁止站人。

(4) 及时修整工件上的毛刺和锐边，以防伤手，但修整时，不要将已加工表面损坏。

(5) 当工作台自动和快速进给时，手动手柄应脱开，以防手柄旋转伤人。

# 5.4　矩形铣削实训

**1. 工作任务**

实训项目如图 5-25 所示。

**2. 任务准备**

(1) 工件：锻坯 110mm×60mm×55mm。

(2) 选用机床：X5032 型铣床，转动铣头角度铣削斜面。

(3) 量具：0～150mm 游标卡尺，80～125mm 精度级塞尺，25～50mm、50～75mm、100～125mm 百分表，表面粗糙度样块。

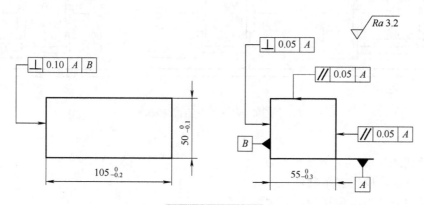

图 5-25　实训项目

(4) 刀具：选用 $\phi$125mm 端铣刀盘。

(5) 刀具材料：YT15。

(6) 夹具：平口钳。

(7) 铣削用量：取 $n$=375r/min，$v_f$=190mm/min，$a_p$=1～3mm，铣削深度分次适量。

(8)工具：垫铁、手锤。

### 3.　知识学习

加工矩形工件时，应该选择一个较大的面或用图纸上设计基准面作为定位基准面，这个面必须是第一个安排加工的表面。加工其余各面时，都要以定位基准面为基准进行加工。加工过程中，始终将定位基准面靠向平口钳的固定钳口或钳体导轨面，以保证各个加工面与定位基准面平行或垂直。

矩形工件的铣削的方向和步骤如图 5-26 所示。

铣面 1：以面 2 为粗基准，靠向固定钳口装夹，铣削面 1，如图 5-26(a)所示。

铣面 2：以面 1 为精基准，靠向固定钳口装夹，铣出垂直面 2(如果此面与定位基准面不垂直，可在固定钳口与定位工件之间垫薄铜皮、在工件与活动钳口间加圆棒进行调整)，如图 5-26(b)所示。

铣面 3：以面 1 为定位基准面，并靠在固定钳口，面 2 放在平口钳导轨上，夹紧敲实工件，加工面 3，如图 5-26(c)所示。

铣面 4：定位基准面 1 靠在平口钳平行导轨上，面 2 靠在固定钳口上，夹紧敲实工件，加工面 4，如图 5-26(d)所示。

铣面 5：将定位基准面 1 靠在固定钳口，用直角尺校正面 2 与平口钳导轨垂直，夹紧敲实工件，加工面 5，如图 5-26(e)所示。

铣面 6：将定位基准面 1 靠向固定钳口，面 5 靠向钳体导轨面，夹紧敲实工件，加工面 6，如图 5-26(f)所示。

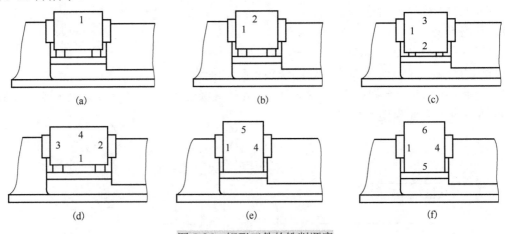

(a)　　　　　　　　　(b)　　　　　　　　　(c)

(d)　　　　　　　　　(e)　　　　　　　　　(f)

图 5-26　矩形工件的铣削顺序

1、2、3、4、5、6-面

### 4.　技能训练

(1)读任务单，确定加工部位。

(2)对照图纸检查毛坯尺寸，确定加工余量。

(3)安装平口钳及铣刀。

(4)进行矩形工件的铣削。

### 5.　加工过程总结

矩形加工工艺过程为：毛坯检验—安装平口钳—安装工件—安装铣刀—粗铣六面—精铣105mm×50mm—基准平面—精铣 50mm 两垂直面—精铣 55mm 平行面—精铣 105mm 两端面。

**6. 检验检测**

(1)平面的表面粗糙度检验。用标准的表面粗糙度样块对比检验，或凭经验用眼观察得出结论。

(2)垂直度用直角尺或与塞尺配合检测，如图 5-27 和图 5-28 所示。

(3)平行度和尺寸精度检测用百分表或游标卡尺测量。

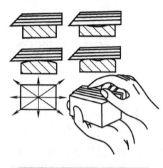

图 5-27 用刀口平尺测量

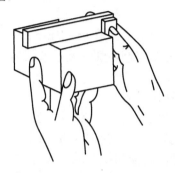

图 5-28 用 90°角尺检查垂直度

**7. 容易产生的问题及原因**

铣出的工件尺寸不符合图纸要求，可能有以下原因。

(1)看错图纸尺寸或检测错误。

(2)工件和垫铁表面没有擦净，有脏物。

(3)铣端面时，工件没有校正好，铣出的端面与定位基准面不垂直。

(4)固定钳口与工作台台面不垂直，铣出的平面与定位基准面不垂直。

(5)进给量选择不合理，铣刀变钝。

**8. 安全注意事项**

(1)走刀过程中和刀具停稳之前，不准检测工件，不准用手触摸工件和加工表面。

(2)高速铣削时，应戴防护眼镜。

(3)在切屑飞出的方向禁止站人。

(4)及时修整工件上的毛刺和锐边，以防伤手，但修整时，不要将已加工表面损坏。

(5)当工作台自动和快速进给时，手动手柄应脱开，以防手柄旋转伤人。

# 5.5 斜面铣削实训

**1. 工作任务**

实训项目如图 5-29 所示。

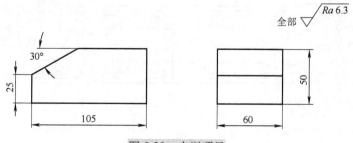

图 5-29 实训项目

## 2．任务准备

工件：毛坯 110mm×100mm×50mm。

机床：X5032 型铣床，转动铣头角度铣削斜面。

(1)安装并校正平口钳与纵向工作台进给平行。

(2)选用 φ125mm 端铣刀盘，刀具材料 YT15。

(3)调转立铣头角度为 30°。

(4)铣削用量：取 $n$=375r/min，$v_f$=190mm/min，$a_p$=1～3mm，铣削深度分次适量。

(5)对刀调整切削深度，紧固纵向进给，用横向进给分次铣出斜面，保证尺寸为 30mm，角度为 30°。

## 3．知识学习

铣削斜面，工件、铣床、铣刀之间的关系必须满足两个条件：一是工件的斜面应平行于铣削时铣床工作台的进给方向；二是工件的斜面应与铣刀的切削位置相吻合，即用圆周刃铣刀铣削时，斜面与铣刀的外圆柱面相切；用端铣刀铣削时，斜面与铣刀的断面相重合。斜面是指与工件定位基准面呈一定倾斜角度的平面。在铣床上铣斜面的方法有以下三种。

(1)工件按所需角度倾斜装夹铣斜面。在卧式铣床上或者立铣头不能转动角度的立式铣床上铣斜面时，可将工件安装成所要求的角度倾斜装夹，铣削斜面。常用的方法如下。

① 按划线装夹工件铣斜面。单件生产时，可先在工件划出加工线，用平口钳装夹工件，用划针盘校正工件所划加工线与工作台面平行，用端铣刀铣出斜面，如图 5-30 和图 5-31 所示。

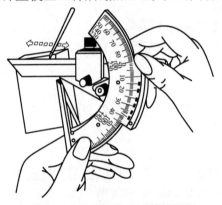
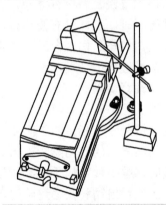

图 5-30　按划线装夹工件铣斜面　　　图 5-31　按划线找正工件铣斜面

② 用平口钳装夹工件铣斜面。安装平口钳，先校正固定钳口与卧式铣床主轴轴线垂直或平行(在立式铣床上安装固定钳口与工作台纵向进给方向平行或垂直)后，再通过平口钳底座上的刻线将钳体调转到所需角度要求的位置，装夹工件，铣出要求的斜面，如图 5-32 所示。

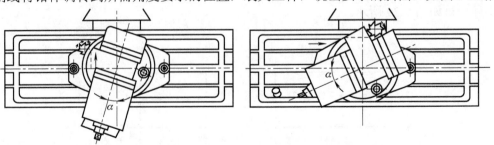

(a)斜面与横向进给方向平行　　　(b)斜面与纵向进给方向平行

图 5-32　调转钳体角度装夹工件铣斜面

③ 用斜垫铁装夹工件铣斜面。批量生产时，为了提高工作效率，可通过倾斜的垫铁装夹工件铣斜面。所选择的垫铁宽度应小于工件宽度，如图 5-33 所示。

(2) 把铣刀倾斜所需角度后铣斜面。在立铣头可扳转的立式铣床上，用平口钳或压板装夹工件，安装在经扳转角度后的立铣头主轴上的立铣刀或端铣刀，可以铣削要求的斜面。常用的方法如图 5-34 和图 5-35 所示（β 为工件斜面倾斜角）。

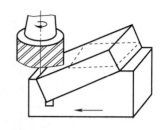

图 5-33　用斜垫铁装夹工件铣斜面

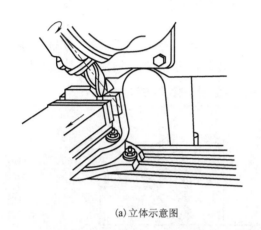

(a) 立体示意图

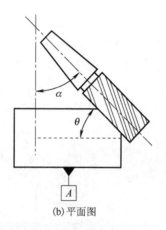

(b) 平面图

图 5-34　工件定位基准面与工作台台面垂直安装用立铣刀圆周刃铣斜面

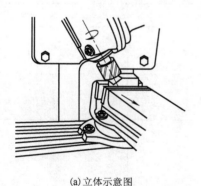

(a) 立体示意图

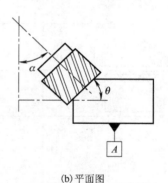

(b) 平面图

图 5-35　工件定位基准面与工作台台面垂直安装用端铣刀铣斜面

(3) 用角度铣刀铣斜面。用角度铣刀铣斜面，适用于较窄的斜面（图 5-36）。铣刀的角度应根据工件斜面的角度选择。所铣斜面的宽度应小于角度铣刀的刀刃宽度。铣双斜面时，应选择两把直径和角度相同的铣刀，两把铣刀的刀齿应错开安装，以减小振动。由于角度铣刀的刀齿强度较弱，排屑较困难，使用角度铣刀时，切削用量应比其他高速钢铣刀低 20% 左右。

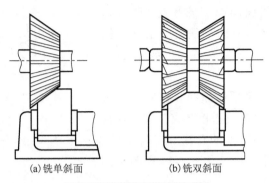

(a)铣单斜面　　　　　　(b)铣双斜面

图 5-36　用角度铣刀铣斜面

(4)调整立铣头倾斜角和安装铣刀。

① 铣削斜面见表 5-1。立铣头转过的角度等于斜面夹角，即 $\alpha=\theta$，立铣头倾斜角调整的操作方法见图 5-37，调整立铣头倾斜角后，安装套式面铣刀，具体方法与铣平面时相同。

表 5-1　调整主轴角度铣削斜面的方法

| 工件角度标注形式 | 立铣头转动角度$\alpha$ | |
|---|---|---|
| | 用立铣刀周边铣削 | 端铣刀铣削 |
| （图） | $\alpha=90°-\theta$ | $\alpha=\theta$ |
| （图） | $\alpha=90°-\theta$ | $\alpha=\theta$ |
| （图） | $\alpha=\theta$ | $\alpha=90°-\theta$ |
| （图） | $\alpha=\theta$ | $\alpha=90°-\theta$ |
| （图） | $\alpha=\theta-90°$ | $\alpha=180°-\theta$ |
| （图） | $\alpha=180°-\theta$ | $\alpha=\theta-90°$ |

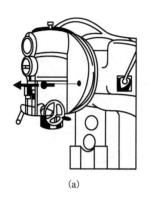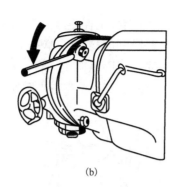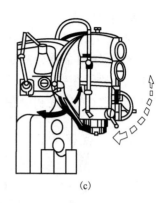

(a)　　　　　　　　　(b)　　　　　　　　　(c)

图 5-37　立铣头倾斜角调整的操作

② 铣削斜面时，立铣头逆时针方向转过的角度 $\alpha=90°-\theta=90°-70°=20°$。

### 4．技能训练

(1)读图纸，确认加工部位。

(2)检查毛坯尺寸，确认加工余量。

(3)进行斜面铣削。

选用 X5032 型铣床，转动铣头角度铣削斜面。

(1)安装并校正平口钳与纵向工作台进给平行。

(2)选用 $\phi$125mm 端铣刀盘并安装铣刀。

(3)调转立铣头角度为 30°。

(4)调整铣削用量，用 $n$=375r/min、$v_f$=mm/min、$a_p$=1～3mm，铣削深度分次适量。

(5)装夹并敲实夹紧工件。

(6)对刀调整切削深度，紧固纵向进给，用横向进给分次铣出斜面。保证尺寸为 25mm，角度为 30°。

端铣斜面采用逆铣方法。

(1)对刀时，调整工作台，目测，使铣刀轴线处于斜面的中间，紧固纵向工作台，垂直对刀使铣刀端面刃恰好擦到工件尖角最高点，见图 5-38(a)。

(2)按斜面 1 的铣除余量分三次调整铣削层深度，第一次、第二次粗铣，第三次铣至尺寸，采用横向机动进给粗铣斜面 1，见图 5-38(b)。

(3)垂向上升剩余的加工余量，精铣斜面 1，使斜面与侧面的交线位置与原交线重合，见图 5-38(c)。

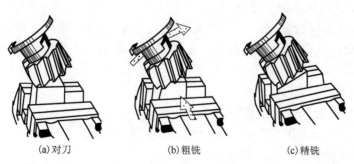

(a)对刀　　　　　(b)粗铣　　　　　(c)精铣

图 5-38　端铣刀倾斜角度铣斜面

周铣斜面采用逆铣方法。

(1)纵向对刀，使立铣刀圆周刃恰好擦到工件交线，见图5-39(a)。

(2)按斜面铣出余量分三次纵向调整铣削层深度。第一次、第二次粗铣，第三次铣至尺寸，采用横向机动进给粗铣斜面，铣削时注意紧固纵向工作台，见图5-39(b)。

(3)根据交线的位置和余量，纵向移动0.5mm左右，精铣斜面，见图5-39(c)。

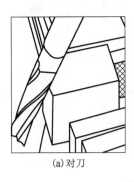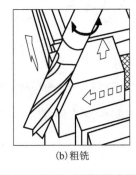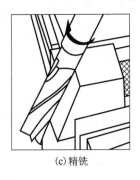

(a)对刀　　　　　　　　　(b)粗铣　　　　　　　　　(c)精铣

图5-39　立铣头倾斜角度铣斜面

### 5. 加工过程总结

工件加工过程为：毛坯检查—安装、校正平口钳—装夹工件—安装端铣刀—调整立铣头角度—粗、精铣斜面。

### 6. 检验检测

主要检测斜面角度、斜面尺寸和表面粗糙度，使用万能角度尺检测工作斜面时，通过调整角尺、直尺、扇形板，可以检测不同的角度。检测时，将万能角度尺基尺紧贴工件的定位基准位，然后调整角度尺，使直尺或扇形板贴紧工件的斜面，锁紧，读出角度值，如图5-40所示。

图5-40　万能角度尺测量斜面

### 7. 容易产生的问题、原因及注意事项

(1)斜面角度不符合图纸的要求，其原因可能是立铣头转动的角度不正确；工件装夹时没擦净钳口、钳体导轨面及工件平面。

(2)斜面尺寸不符合图纸要求，其原因可能是进刀时看错刻度或摇错手柄转数；测量尺寸时测量值不正确；工件铣削中位置移动。

(3)表面粗糙度不符合要求，其原因可能是进给量过快，铣刀变钝，铣出的表面粗糙度差；铣削中振动，铣出的斜面有振纹；铣削中中途停止工作台进给或主轴旋转，使表面啃伤。

斜面铣削的注意事项如下。

(1)铣削时，应注意铣刀的旋转方向是否正确。

(2)开车前，应检查刀齿是否和工件相撞，以免损坏铣刀。

(3)应注意顺铣和逆铣以及走刀方向。

(4)铣削工件时，不使用的进给机构应紧固，工作完毕后再松开。

(5)装夹工件时，不要夹伤已加工表面，应注意做好首件检测。

## 8．安全注意事项

(1)走刀过程中和刀具停稳之前，不准检测工件，不准用手触摸工件和加工表面。

(2)高速铣削时，应戴防护眼镜。

(3)在切屑飞出的方向禁止站人。

(4)及时修整工件上的毛刺和锐边，以防伤手，但修整时，不要将已加工表面损坏。

(5)当工作台自动和快速进给时，手动手柄应脱开，以防手柄旋转伤人。

# 5.6  台阶面铣削实训

## 1．工作任务

实训项目如图 5-41 所示。

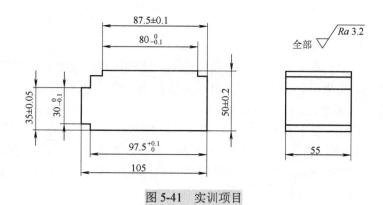

图 5-41  实训项目

## 2．任务准备

工件：105mm×55mm×50mm。

机床：X5032 型铣床，X6132 型铣床。

量具：0～150mm 游标卡尺，25～50mm、50～75mm 千分尺。

刀具：$\phi$110mm×18mm 镶齿三面刃铣刀，$\phi$20mm 立铣刀。

刀具材料：高速钢。

工具：扳手、平行垫铁、紫铜锤。

夹具：平口钳。

铣削用量：取 $n$=95r/min，$v_f$=60mm/min。

铣削速度：高速钢刀具一般为 20mm/min 左右。铣削钢件时，应加切削液。

## 3．知识学习

阶台工件根据其结构尺寸不同，通常可在卧式铣床上用三面刃铣刀或在立式铣床上用立铣刀加工。三面刃铣刀有直齿和错齿两种，如图 5-42 所示。

### 1)用一把三面刃铣刀铣阶台

在卧式铣床上用一把三面刃铣刀铣阶台如图 5-43 所示。

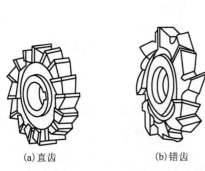

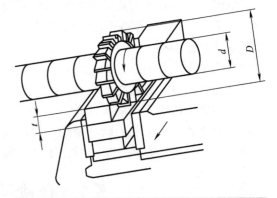

(a)直齿　　　　(b)错齿

图 5-42　三面刃铣刀　　　　　　　图 5-43　在卧式铣床上用一把三面刃铣刀铣阶台

（1）铣刀的选择。主要选择三面刃铣刀的宽度和直径。选用的三面刃铣刀的宽度应尽量大于所铣台阶面的宽度，以便在一次进给中铣出阶台。直径的选择是使阶台的上平面能够在旋转的铣刀下通过，铣刀的直径按下式确定：

$$D > d + 2t$$

式中，$D$ 为铣刀直径，mm。

一般情况下可用平口钳装夹工件，对尺寸较大的工件可用压板装夹，形状较复杂的工件可用专用夹具装夹。采用平口钳装夹工件时，应校正平口钳固定钳口与纵向工作台平行。装夹工件时，应使工件侧面靠向固定钳口。

（2）阶台的铣削方法。工件装夹校正后，移动工作台使旋转中的铣刀端刃划着工件的一侧。当阶台较深时，可将阶台侧面留有 0.5～1mm 余量，分次铣出阶台深度，最后一刀铣削时，可将阶台底面和侧面同时精铣；当阶台较宽时，可将深度留有 0.5～1mm 余量，分次粗铣宽度，最后精铣，如图 5-44 所示。

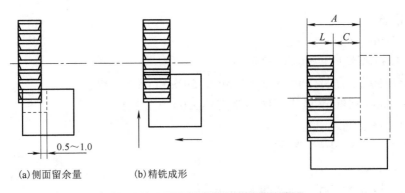

0.5～1.0

(a)侧面留余量　　　　(b)精铣成形

图 5-44　用一把三面刃铣刀铣双面阶台

### 2）用组合铣刀铣阶台

成批加工阶台工件时，可用两把三面刃铣刀组合加工，如图 5-45 所示。铣削阶台时，选择两把直径相同的三面刃铣刀，用垫圈调整两把三面刃铣刀之间的距离，使其等于凸台宽度尺寸。装刀时，两把铣刀应错开半齿，以减少铣削中的振动。试铣，检查尺寸，符合图样要求后，才可对工件加工。

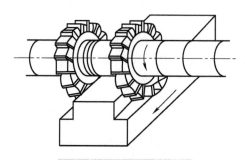

图 5-45　组合铣刀铣阶台

**3）用立铣刀铣阶台**

较深的阶台应选用立铣刀加工，如图 5-46 所示。用立铣刀铣阶台时，可分数次铣出阶台宽度，再将阶台的宽度和深度精铣成。由于立铣刀强度较弱，切削用量应比三面刃铣刀低些。否则容易产生让刀或折断铣刀。

**4）用端铣刀铣阶台**

较宽且较浅的阶台常使用端铣刀在立式铣床上铣削，如图 5-47 所示。端铣刀刀杆刚度大，铣削时切屑的厚度变化小，切削平稳，加工质量好，生产效率高。铣削时，所选用端铣刀的直径应大于阶台宽度，一般可按 $D=(1.4 \sim 1.6)B$ 选取。

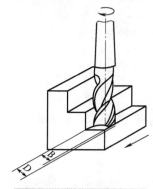

图 5-46　用立铣刀铣阶台

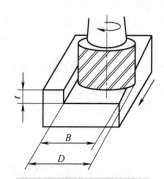

图 5-47　用端铣刀铣阶台

**4．技能训练**

（1）读图纸，确定加工部位。

（2）对照图纸检查毛坯尺寸，确定加工余量。

（3）铣削，其方法及步骤如下。

工件选择在卧式铣床上加工，步骤如下。

（1）安装 $\phi$110mm×18mm 镶齿三面刃铣刀。

（2）安装并校正使平口钳固定钳口与铣床纵向工作台进给方向平行。

（3）装夹并敲实工件。

（4）调整铣刀的铣削位置。移动各个进给手柄对刀，按图纸要求铣出各部阶台，并保证尺寸要求。

**5．加工过程总结**

工件加工过程为：检验毛坯件—安装、找正平口钳—装夹和找正工件—安装铣刀—对刀，调整台阶铣削位置—粗铣—预检—精铣—检测。

### 6. 检验检测

阶台的宽度和深度可用游标卡尺或深度游标卡尺检测。阶台精度要求较高的可用百分表检测。阶台较浅的用百分表检测，不便时，可用界限量规检测，如图 5-48 所示。

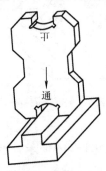

图 5-48　界限量规

### 7. 容易产生的问题及原因

(1) 台阶的侧面与工件定位基准面不平行，其原因是固定钳口未校正。

(2) 台阶的侧面与工件底面不平行，其原因是选择的垫铁不平行或工件和垫铁没擦净。

(3) 用三面刃铣刀铣台阶时，铣床台阶侧面不平，出现凹面，原因是工作台零位不准。

(4) 铣刀端面与工作台进给方向不平行。

(5) 铣出的阶台表面粗糙度不符合图纸要求，其原因是进给量过大，吃刀量变大或刀具变钝。

(6) 铣削钢件时，应注意使用切削液。

### 8. 安全注意事项

走刀过程中和刀具停稳之前，不准检测工件，不准用手触摸工件和加工表面。

# 钳　工

## 第6章　钳工基础实训

## 6.1　钳工基础知识

### 6.1.1　安全认知

#### 1. 安全文明生产知识

(1)不准擅自使用不熟悉的机床、工具、量具。

(2)主要设备的布局要合理、适当，钳台要放在便于工作和光线适宜的地方，若面对面使用钳台，中间要安装安全防护网；钻床和砂轮机一般应安装在场地的边沿，以保证安全。

(3)使用的机床、工具要经常检查，发现损坏或故障要及时报修，未修好不得使用。

使用电器设备时，必须使用防护用具(如防护眼镜、胶皮手套及防护胶鞋等)，若发现防护用具失效，应及时修补、更换。使用手砂轮时，要戴好防护眼镜。在钳台上进行錾削时要有防护网，清除切屑时要用刷子，不得直接用手或棉纱清除，更不能用嘴吹，以免切屑飞进眼里造成不必要的伤害。

(4)毛坯和已加工零件应放置在规定位置，排列整齐、平稳。要保证安全，便于取放，并避免碰伤已加工过的工件表面。

(5)安放工具、量具时应满足的要求如下。

① 在钳台上工作时，工具、量具应按次序摆放整齐。一般为了取用方便，右手取用的工具放在台虎钳的右侧，左手取用的工具放在左侧，量具放在台虎钳的右前方。也可以根据加工情况把常用的工具放在台虎钳的右侧，其余的放在左侧。但不管如何放置，工具、量具不能超出钳台的边缘，防止被活动钳身的手柄旋转时碰到，从而发生事故。

② 量具在使用时不能与工具或工件混放在一起，应放在量具盒上或放在专用的板架上。

③ 工具在使用时要摆放整齐，以方便取用，不能乱放，更不能叠放。

④ 工具、量具要整齐放在工具箱内，并有固定的位置，不得任意堆放，以防损坏和取用不便。

⑤ 量具每天使用完毕后应擦拭干净，并做一定的保养后放在专用的盒内。

⑥ 工作场地应保持整洁。工作完毕后，使用过的设备和工具都要按要求进行清理与涂油，工作场地要清扫干净，切屑、坯料、垃圾等要分别倒在指定的位置。

**2. 车间安全标识**

在车间工作时，要熟悉常见的安全标识(图 6-1)，做好相应的预防措施，防止危险的发生。

图 6-1　常见的安全标识

## 6.1.2　钳工常用设备及量具认知

### 1. 钳工的常用设备

**1)钳工工作台**

钳工工作台简称为钳台，如图 6-2 所示，上面装有台虎钳和存放钳工常用工具、夹具、量具等。钳台是钳工工作的主要设备，采用木料或钢材制成，高度为 800~900mm，长度和宽度根据场地与工作情况而定，其上设有抽屉，用来收放工具、量具等。

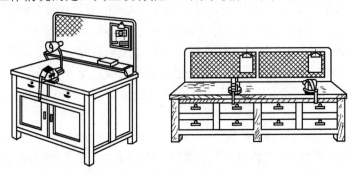

图 6-2　钳台

## 2) 台虎钳

台虎钳安装在钳台上，用来夹持工件，分固定式和回转式两种，如图 6-3 所示。其规格以钳口的宽度表示，有 100mm（4in）、125mm（5in）、150mm（6in）等。

台虎钳的正确使用和维护方法如下。

（1）台虎钳安装在钳台上时，必须使固定钳身的钳口工作面处于钳台边缘之外，以保证夹持长条形工件时，工件的下端不受钳台边缘的阻碍。

（2）台虎钳必须牢固地固定在钳台上，两个紧固螺钉必须扳紧，使工作时钳身没有松动现象，否则容易损坏台虎钳，影响工作质量。

（3）夹紧工件时只允许依靠手的力量来扳动手柄，绝不能用手锤敲击手柄或随意套上长管子来扳手柄，以免丝杠、螺母或钳身损坏。

（4）在进行强力作业时，应尽量使力量朝向固定钳身，否则将额外增加丝杠和螺母的受力，甚至造成螺纹的损坏。

（5）不要在活动钳身的光滑平面上进行敲击工作，以免降低它与固定钳身的配合性能。

（6）丝杠、螺母和其他活动表面上都要经常加油并保持清洁，以利于润滑和防止生锈。

## 3) 砂轮机

砂轮机主要用来刃磨錾子、钻头、刮刀等刀具或样冲、划针等工具，也可以用于磨去工件或材料上的毛刺、锐边等。它主要由砂轮、电动机和机体组成，如图 6-4 所示。

图 6-3  台虎钳

图 6-4  砂轮机

砂轮的质地较脆，而且转速较高，因此使用砂轮机时应遵守安全操作规程，严防产生砂轮碎裂和人身事故。工作时一般应注意以下几点。

（1）砂轮的旋转方向应正确，使磨屑向下方飞离砂轮。

（2）启动后，待砂轮转速达到正常后再进行磨削。

（3）磨削时要防止刀具或工件对砂轮发生剧烈的撞击或施加过大的压力。砂轮表面跳动严重时，应及时用修整器修整。

（4）砂轮机的搁架与砂轮间的距离一般应保持在 3mm 以内，否则容易使被磨削件轧入，造成事故。

（5）工作者尽量不要站立在砂轮的对面，而应站在砂轮的侧面或斜侧位置。

（6）禁止戴手套磨削，磨削时应戴防护眼镜。

## 4) 钻床

（1）台式钻床。台式钻床简称台钻，是一种小型钻床，一般安装在工作台上或铸铁方箱上，如图 6-5 所示,用来钻直径 13mm 以下的孔。钻床的规格是指钻孔的最大直径,常用的有 6mm、12mm 等几种规格。由于台钻的最低转速较高(一般不低于 400r/min),不适于锪孔、铰孔。

使用台钻时应注意以下几点。

① 严禁戴手套操作钻床,女同志需戴工作帽。

② 使用过程中,工作台面必须保持清洁。

③ 钻通孔时必须使钻头能通过工作台面上的让刀孔,或在工件下垫上垫铁,以免钻坏工作台面。

④ 钻孔时,要将工件固定牢固,以免加工时刀具旋转将工件甩出。

⑤ 使用完钻床必须将机床外露滑动面及工作台面擦净,并对各滑动面及注油孔加注润滑油。

(2)立式钻床。立式钻床简称立钻,一般用来钻、扩、锪、铰中小型工件上的孔,其最大钻孔直径规格有 25mm、35mm、40mm、50mm 等几种。立钻的基本结构如图 6-6 所示,它主要由主轴、变速箱、进给箱、工作台、立柱、底座等组成。

使用立钻时应注意以下几点。

① 使用立钻前必须先空转试车,待机床各机构能正常工作时方可操作。

② 工作中不采用机动进给时,必须将三星手柄端盖向里推,断开机动进给传动。

③ 变换主轴转速或机动进给量时,必须在停车后进行。

④ 经常检查润滑系统的供油情况。

图 6-5　台式钻床

图 6-6　立式钻床

### 2. 钳工的常用量具

#### 1) 游标卡尺

游标卡尺是利用游标原理对两测量面相对移动分隔的距离进行读数的测量器具,可用于测量工件的长度、厚度、外径、内径、孔深和中心距等尺寸,是使用最为广泛的量具。普通游标卡尺的精度分为 0.1mm、0.05mm 和 0.02mm 3 种。

(1)基本结构。游标卡尺由外测量爪、内测量爪、制动螺钉、游标尺、尺身和深度尺等组成,其结构如图 6-7 所示。

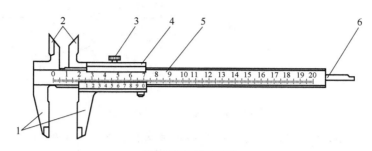

图 6-7　游标卡尺

1-外测量爪；2-内测量爪；3-制动螺钉；4-游标尺；5-尺身；6-深度尺

(2)读数方法。使用普通游标卡尺进行测量时，应按照以下方法读数。

① 看游标尺零线的左边，读出尺身上最靠近的一条刻线的整毫米数。

② 看游标尺零线的右边，从游标尺上找到与尺身刻线对齐的刻线，其刻线数与精度的乘积就是不足 1mm 的小数部分。

③ 将读出的整毫米数与小数部分相加，得出卡尺的测得尺寸。

图 6-8(a)为精度 0.02mm 的游标卡尺，该卡尺的读数为 60mm+0.48mm=60.48mm；图 6-8(b)为精度 0.05mm 的游标卡尺，该卡尺的读数为 54mm+0.35mm=54.35mm。

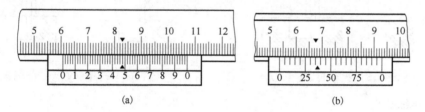

(a)　　　　　　　　　　　　(b)

图 6-8　游标卡尺的读数方法

(3)使用方法。普通游标卡尺在使用过程中应注意以下问题。

① 测量前，应先将测量爪的测量面擦拭干净，然后合并测量爪，检查游标零线与尺身零线是否对齐。若两者未对齐，应根据原始误差修正测量读数。

② 测量时，应先将工件擦净。卡尺测量爪的测量面必须与零件的表面平行或垂直。测量爪与零件表面不垂直或在测量时用力过大，会造成量爪的变形或磨损，从而影响到测量的精度。

③ 工件外尺寸的测量如图 6-9 所示，具体步骤如下。

a)将尺框向右拉，使外测量爪张开到比被测尺寸稍大的位置。

b)将卡尺的固定测量爪靠在工件的被测表面上，然后慢慢推动尺框，使活动测量爪轻轻地接触到工件的被测表面。

c)慢慢游动活动测量爪，找出尺寸最小的部位。

d)拧紧制动螺钉，读出读数。

e)读数之后，要先松开制动螺钉，把活动测量爪移开，再从被测工件上取下卡尺。在活动测量爪松开之前，不允许从工件上猛力拉下卡尺。

在测量时，最好使用靠近尺身的平测量面，尽量避免使用测量爪头部的刀口形测量面。

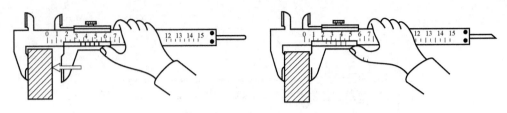

图 6-9　用游标卡尺测量外尺寸

④ 在测量工件的深度尺寸时，应先将尺身的下端面靠紧被测工件的上表面，然后用拇指拨动深度尺，使其端部轻轻接触到被测表面，读出数值，如图 6-10 所示。

测量深度的另一种方式是将深度尺的端部靠紧被测工件的被测表面，然后将尺身的下端面推至与被测工件上表面刚好接触的位置，读出数值，如图 6-11 所示。

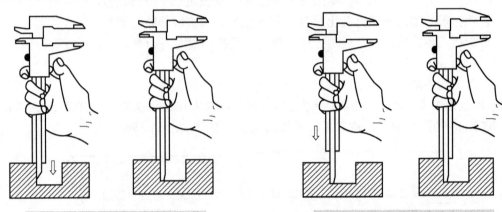

图 6-10　测量深度尺寸的方法(一)　　　　图 6-11　测量深度尺寸的方法(二)

**2)深度游标卡尺**

深度游标卡尺是利用游标原理对尺框测量面和尺身测量面相对移动分隔的距离进行读数的测量器具，可用于测量阶梯孔、不通孔和槽的深度、台阶高度以及轴肩长度等。

(1)基本结构。深度游标卡尺由尺身、制动螺钉及尺架等部分组成，其结构如图 6-12 所示。

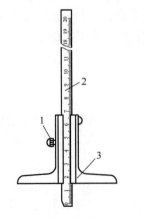

图 6-12　深度游标卡尺的结构

1-制动螺钉；2-尺身；3-尺架

(2)使用方法。深度游标卡尺的操作和读数方法与游标卡尺大致相同，但应注意以下几点。

① 深度游标卡尺尺框的测量面比较大。在使用前，应检查该部位是否有毛刺、锈蚀等缺陷；要擦干净测量面和被测量面上的油污、灰尘和切屑等。

② 深度游标卡尺的使用如图6-13所示，具体操作步骤如下。

a)松开制动螺钉，将尺框测量面紧贴在被测工件的顶面上。

b)左手稍加压力，不要倾斜，右手向下轻推尺身，直到尺身下端面与被测底面接触。

c)直接读出测量尺寸或用制动螺钉把尺身固定好，再取出深度游标卡尺进行读数。

③ 深度游标卡尺使用完毕后，要把尺身退回原位，用制动螺钉固定住，以免脱落。

**3) 高度游标卡尺**

高度游标卡尺是利用游标原理进行零件高度测量或精密划线的测量器具。

(1) 基本结构。高度游标卡尺由底座、尺身、制动螺钉、尺框、微动装置、划线爪及测量爪等部分组成，其结构如图 6-14 所示。在进行划线或测量前，需首先换上所需要的测量爪。

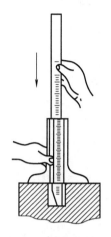

图 6-13　深度游标卡尺的使用

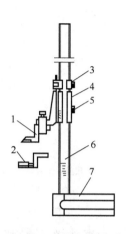

图 6-14　高度游标卡尺

1-划线爪；2-测量爪；3-微动装置；
4-尺框；5-制动螺钉；6-尺身；7-底座

(2) 使用方法。

① 先将高度游标卡尺的底座贴合在平板上，测量时装上测高量爪，移动尺框使其测高量爪端部与平板接触，检查高度游标卡尺的零位是否正确。

② 在零位正确的基础上，将尺框的测高量爪提高到略大于被测工件的尺寸，拧紧微动装置的制动螺钉，把尺框固定住，然后旋动微动螺母，使量爪端部与工件表面接触，紧固尺框上的制动螺钉，即可读得被测高度。

**4) 千分尺**

千分尺是最常用的精密量具之一，测量精度为 0.01mm。根据用途的不同，千分尺可分为外径千分尺、内径千分尺、深度千分尺、内测千分尺和螺纹千分尺等种类，较为常用的外径千分尺如图 6-15 所示。

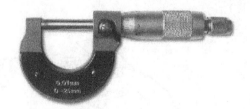

图 6-15　外径千分尺

(1) 基本结构。普通外径千分尺由尺架、砧座、测微螺杆、锁紧手柄、螺纹套、固定套管、微分筒、螺母、接头、测力装置、弹簧、棘轮爪、棘轮等部分组成，测量范围包括 0～25mm、25～50mm、50～75mm、75～100mm 等多种规格，其结构如图 6-16 所示。

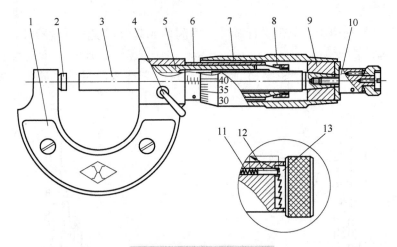

图 6-16　外径千分尺的结构

1-尺架；2-砧座；3-测微螺杆；4-锁紧手柄；5-螺纹套；6-固定套管；7-微分筒；
8-螺母；9-接头；10-测力装置；11-弹簧；12-棘轮爪；13-棘轮

(2)读数方法。在千分尺上读数的方法可分三步。

① 读出微分筒边缘在固定套管主尺的毫米数和半毫米数。

② 看微分筒上哪一格与固定套管上基准线对齐，读出不足半毫米的数。

③ 把两个读数加起来就是测得的实际尺寸。

(3)使用方法。使用千分尺时，应注意以下问题。

① 测量前，应先将砧座和测微螺杆的测量面擦干净，校准千分尺的零位。若零位不准，应记录误差值，以便测量时修正读数。

② 测量时，应首先擦净零件。在测量过程中，既可以单手操作，也可以双手操作，如图 6-17 所示。

③ 在测微螺杆接触被测零件前，可直接转动活动套筒移动测微螺杆，当测微螺杆端面将要接触到零件时，不要继续转动活动套筒，而应改为转动手柄棘轮。当测微螺杆端面与工件接触后，棘轮打滑，发出"嗒嗒"声，此时，测微螺杆应停止前进。

④ 不管采用哪种方法进行测量，旋转力都应适当。在旋转棘轮时，要适当控制测量力，以免因测微螺杆把零件压得过紧而引起测微差。

⑤ 读数时，眼睛要正对刻度线，否则读出的数值不够准确。

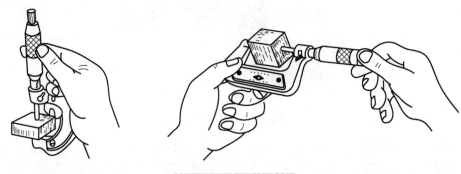

图 6-17　千分尺的使用

### 5) 百分表

百分表是一种测量精度较高的比较量具，主要用于测量零件的形状误差和位置误差，也可用于工件在机床上的精密找正。百分表只能测出相对数值，不能测出绝对数值，其测量精度为 0.01mm。

(1) 基本结构。百分表由测量杆、大指针、小指针等部分组成，具体结构如图 6-18 所示。

(2) 读数方法。旋转表盘，让大指针对准零位。测量时测量杆移动的距离等于小指针读数（整毫米）加上长指针转过的读数（小数部分），即测量尺寸。

(3) 使用方法。百分表在使用时，需固定位置并安装在表架上，如图 6-19 所示。

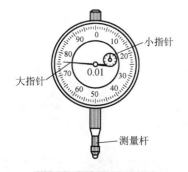

图 6-18  百分表的结构

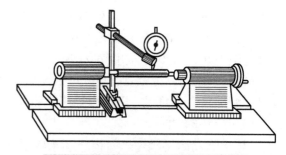

图 6-19  用百分表检查零件的轴向跳动

① 百分表使用前，应进行以下检查。

a) 检查测量杆活动的灵活性。轻轻推动测量杆时，测量杆在套筒内的移动要灵活，没有轧卡现象；指针与表盘应无摩擦，表盘无晃动，测量杆、指针无卡阻或跳动。

b) 检查测头。测头应为光洁的圆弧面。

c) 检查稳定性。轻轻推动测头，松开后，指针应回到原来的刻度位置。

② 使用前，必须把百分表稳定可靠地固定在表座或表架上。常用表架包括万能表架、磁性表架和普通表架等，如图 6-20 所示。不可随便将百分表夹在不稳固的地方，以防造成测量结果不准确或摔坏百分表；也不能施加过大的夹紧力，以免使套筒变形，卡住测量杆。

③ 为方便读数，在测量前，一般应将百分表调至零位。

a) 当测头与基准面接触后，下压测头，使大指针的旋转多于一圈。

b) 转动刻度盘，使零线与大指针对齐。

c) 将测量杆上端提起 1~2mm，然后放手，使其落下。如此反复 2~3 次后，检查指针是否仍与零线对齐。若未对齐，应重新调整。

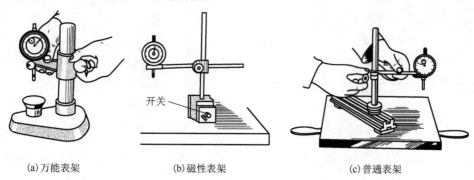

(a) 万能表架        (b) 磁性表架        (c) 普通表架

图 6-20  百分表表架

④ 测量时，应用手轻轻抬起测量杆，将工件放入测头下进行测量。

⑤ 测量平面时，百分表的测量杆要与平面垂直；测量圆柱形工件时，测量杆要与工件的中心线垂直。否则，将使测量杆活动不灵敏或造成测量结果不准确。

⑥ 不要使测头及测量杆做过多无效运动，否则会加快零件磨损，使百分表失去应有的精度。

⑦ 当测量杆的移动发生阻滞现象或百分表示值不准时，须由专业计量人员处理。

⑧ 不使用时，应使测量杆处于自由状态，避免表内弹簧因长期受力而失效。

### 6) 游标万能角度尺

游标万能角度尺简称万能角度尺，是利用游标原理读数，对工件进行内、外角度测量的一种角度测量工具。游标万能角度尺的测量精度有 2′ 和 5′ 两种，测量范围为 0°～320°，如图 6-21 所示。

（1）基本结构。游标万能角度尺由尺身、扇形板、基尺、游标尺、直角尺、直尺和卡块等部分组成，具体结构如图 6-22 所示。

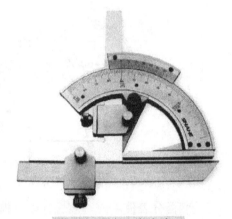

（2）读数方法。先读出游标尺零刻线前面的整度数；再看游标尺第几条刻线和尺身刻线对齐，读出角度 "′" 的数值；最后两者相加就是测量角度的数值。

（3）使用方法。

图 6-21　游标万能角度尺

① 测量前，应先将游标万能角度尺的基尺、直角尺、直尺、扇形板擦拭干净，校准游标万能角度尺的零位。

② 测量时，应首先擦净零件。在测量过程中，将游标万能角度尺的基尺紧贴工件的基准面，然后调整游标万能角度尺，使直尺、直角尺或扇形板的测量面紧贴在零件的被测面上，锁紧卡块，读出角度值，如图 6-23～图 6-25 所示。

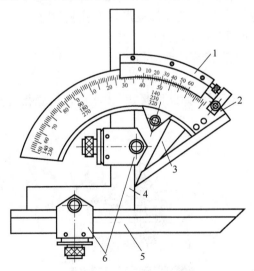

图 6-22　游标万能角度尺的结构

1-游标尺；2-尺身；3-基尺；4-直角尺；5-直尺；6-卡块

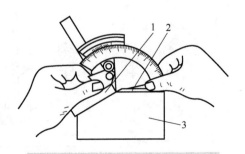

图 6-23　用直角尺配合基尺测量零件

1-直角尺；2-基尺；3-零件

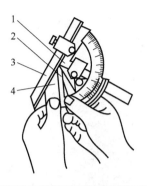

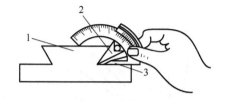

图 6-24　用直角尺、直尺配合基尺测量零件

1-直角尺；2-基尺；3-直尺；4-零件

图 6-25　用扇形板配合基尺测量零件

1-零件；2-扇形板；3-基尺

③　使用游标万能角度尺测量各种角度的方法如图 6-26 所示。

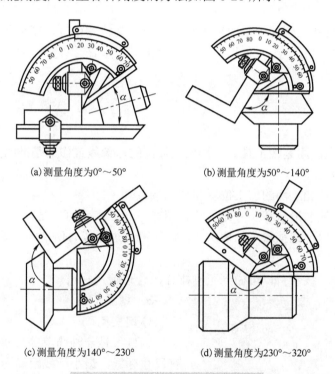

(a) 测量角度为0°～50°　　　(b) 测量角度为50°～140°

(c) 测量角度为140°～230°　　(d) 测量角度为230°～320°

图 6-26　用游标万能角度尺测量零件

④　读数时，眼睛要正对刻度线，否则读出的数值不够准确。

**7）塞尺**

塞尺是用来检验结合面之间间隙的片状量规。它有两个平行的测量平面，有若干个不同厚度的片，如图 6-27 所示。其长度有 50mm、100mm、200mm 等多种。可叠合起来装在夹板里。

使用时，应根据间隙选择塞尺的片数和厚度。要防止塞尺弯曲和折断，插入时不宜用力太大。用后应将塞尺擦拭干净，并及时合到夹板中。

### 8) 直角尺

直角尺可作为划垂直线及平行线的导向工具，还可找正工件在划线平板的垂直位置，并可检测两垂直面的垂直度或单个平面的平面度，如图 6-28 所示。

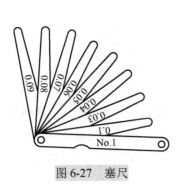

图 6-27　塞尺

图 6-28　直角尺

测量前应把量具和工件的测量面擦干净，以免影响检测精度，减少量具磨损；使用时不要和其他工具、量具放在一起；使用完毕，及时擦净、涂油，以防生锈；发现精密量具不正常时，应交送专业部门检修。

## 6.1.3　划线常识

### 1. 划线的定义

在毛坯或工件上，用划线工具划出待加工部位的轮廓线或作为基准的点和线称为划线。

### 2. 划线的作用

(1) 确定工件上各加工面的加工位置和加工余量。

(2) 全面检查毛坯的形状和尺寸是否符合图样，是否满足加工要求。

(3) 当在坯料上出现某些缺陷的情况下，往往可通过划线时所谓的"借料"方法来进行一定程度的补救。

(4) 在板料上按划线下料，可做到正确排样，合理使用材料。

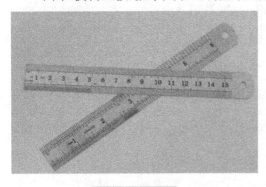

图 6-29　钢直尺

### 3. 划线工具

#### 1) 钢直尺

钢直尺是一种简单的尺寸量具，在尺面上刻有尺寸标线，最小标线距离为 0.5mm，它的长度规格有 150mm、300mm、500mm、1000mm 等多种，如图 6-29 所示。钢直尺主要用来量取尺寸，也可以作为划线时的导向工具。

#### 2) 划线平台

划线平台如图 6-30 所示，又称划线平板，它由铸铁制成，表面经过精刨或刮削加工。

一般用木架搁置，平台处于水平状态。

注意要点：平台表面应保持清洁，工件和工具要轻拿轻放，不可损伤其工作面，用后要擦拭干净，并涂上润滑油防锈。

图 6-30 划线平台

**3) 划针**

划针如图 6-31 所示。它用来在工件上划线条，由弹簧钢或高速钢制成，直径一般为 $\phi3\sim\phi5mm$，尖端磨成 $15°\sim20°$ 的尖角。有的在尖端焊有硬质合金，耐磨性更好。使用划针划线的方法如图 6-32 所示。

注意：如图 6-32 所示，划线时针尖要紧靠导向工具的边缘，上部向外侧倾斜 $15°\sim20°$，向划线移动方向倾斜 $45°\sim75°$；针尖要保持尖锐，划线要尽量一次划成，使划出的线条既清晰又准确；不用时，划针不能插在衣袋中，最好套上塑料管，不使针尖外露。

图 6-31 划针

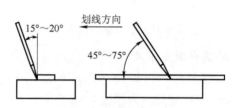

图 6-32 划针划线方法

**4) 划规**

划规是用中碳钢或工具钢制成的，在划线中主要用来划圆和圆弧，等分线段、角度及量取尺寸等。钳工常用的划规如图 6-33 所示，图 6-33(a)和(b)分别为普通划规和扇形划规，这种划规结构简单，制造方便；图 6-33(c)为弹簧划规，使用时，旋转调节螺母，调节尺寸方便，但该划规结构刚度低，一般用于在光滑表面上划线；图 6-33(d)为大尺寸划规，也称为滑杆划规，用来划大尺寸的圆。

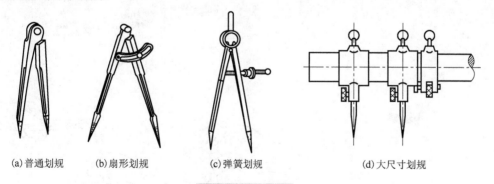

(a)普通划规    (b)扇形划规    (c)弹簧划规    (d)大尺寸划规

图 6-33 划规类型

注意要点：划规的两脚的长短要稍有不同，合拢时脚尖能靠紧，才可划出小圆弧。脚尖应保持尖锐，才能划出清晰线条；划圆时作为旋转中心的一脚应加以较大的压力，另一脚以较轻的压力在工件表面上划出圆或圆弧，以免中心滑动，如图 6-34 所示。

**5) 划针盘**

划针盘如图 6-35 所示，用来在划线平台上对工件进行划线或找正工件在平台上的位置。划针的直头端用来划线，弯头端用于对工件安放位置的找正。

注意要点：划线时应尽量使划针处于水平位置，不要倾斜太大，划针伸出部分应尽量短些，并夹持牢固，以免振动和变动。划线时用手握稳盘座，使划针与工件划线表面之间保持 40°～60° 的夹角，底座平面始终与划线平板表面贴紧并平稳移动，线条应一次划出。在划较长直线时，应采用分段连接法，以便对首尾校对检查。

图 6-34　划规使用方法　　　　　　　　　　图 6-35　划针盘

### 6) 高度游标卡尺

高度游标卡尺如图 6-36 所示，附有划针脚，能直接表示高度尺寸，其分度值一般为 0.02mm，并可以作为精密划线工具。

### 7) 样冲

样冲如图 6-37 所示，用于在工件所划加工线条上打样冲眼（冲点），作为加强界限标志，或为划圆弧、钻孔定中心。一般用工具钢制成，尖端处淬硬，其顶尖角度在用于加强界限标记时约为 40°，用于钻孔定中心时约取 60°。

（1）冲点方法。冲点方法如图 6-38 所示，先将样冲外倾使尖端对准线的中心，再将样冲直立。冲点时先轻打一个印痕，经检查无误后再重新打冲点，以保证冲点在线的正中。

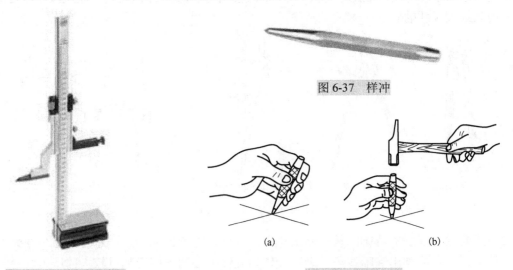

图 6-37　样冲

　　　　　　　　　　　　　　　　　　　　　(a)　　　　　　　　　(b)

图 6-36　高度游标卡尺　　　　　　　　　图 6-38　冲点方法

（2）冲点要求。对冲点位置的要求如图 6-39 所示。直线上的冲点距离可大些，但在短直线上至少要有 3 个冲点；在曲线上冲点的距离要小些，直径小于 20mm 的圆周上应有 4 个冲点，而直径大于 20mm 的圆周上应有 8 个冲点；在线条的相交处和拐角处必须打上冲点。另外，粗糙毛坯表面的冲点应深些，光滑表面或薄壁工件上的冲点应浅些，精加工表面上绝对不可以打上冲点。

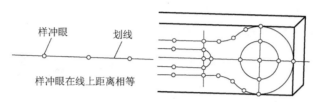

样冲眼　　划线

样冲眼在线上距离相等

图 6-39　冲点位置要求

**8）方箱**

方箱是用于夹持工件的基准工具，由铸铁经磨削或刮削后制成，如图 6-40 所示。方箱的各相邻表面互相垂直，工件可通过夹紧装置固定在方箱上。在使用时，翻转方箱，可以把工件上互相垂直的线条在一次安装中全部划出。

**9）直角铁**

直角铁两平面之间的垂直精度很高，是由铸铁经精刨、磨削或刮削后制成的，如图 6-41 所示。

图 6-40　方箱

图 6-41　直角铁

需划线的工件在完成装夹后，应先用直角尺找正其垂直度，再进行划线。

**10）直角尺**

直角尺可作为划平行线、垂直线的导向工具，可用于找正工件在划线平台上的垂直位置，还可以用于工件两平面之间的垂直度或单个平面的平面度检验，如图 6-42 所示。

**11）游标万能角度尺**

游标万能角度尺用于检测零件上的任意角度和在零件上划出角度线，如图 6-43 所示。

**4. 划线方法**

**1）用钢直尺划线**

用钢直尺划线时，应首先在直线两端的部位做出标记，然后用钢直尺将这两个标记连接起来，再用划针划线，如图 6-44 所示。

**2)用直角尺划线**

(1)划平行线。划平行线时，先将钢直尺靠在直角尺上量出距离，然后用划针沿着直角尺划出线条，如图 6-45 所示。

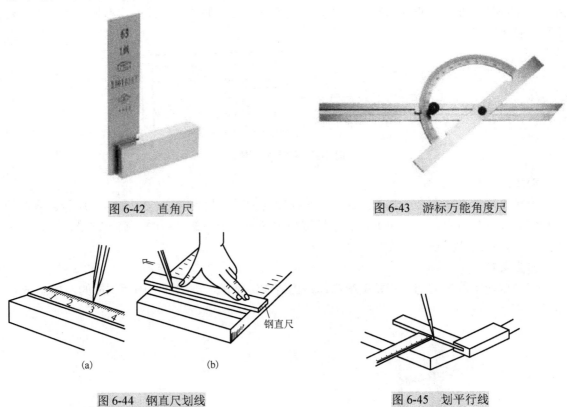

图 6-42　直角尺　　　　　　　　　　　图 6-43　游标万能角度尺

图 6-44　钢直尺划线　　　　　　　　　图 6-45　划平行线

(2)划垂直线。在划精度要求不高的垂直线时，可用直角尺的一边对准基准线，然后沿直角尺的另一边划出垂直线；若需要在工件的侧边上划平面上已划好直线的垂直线，可将直角尺较厚的一面靠在工件的一个边上，然后沿直角尺的另一边划出所需的直线，如图 6-46 所示。

**3)用划规划线**

划圆或圆弧前，应先划出中心线，确定中心点，并在中心点上打样冲眼后，再用划规按照图样要求的半径划出圆或圆弧，如图 6-47 所示。

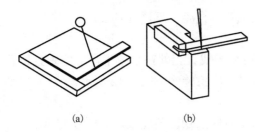

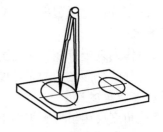

图 6-46　划垂直线　　　　　　　　　　图 6-47　划规划线(一)

若圆或圆弧的中心点处于工件边沿，可在划线时将已打样冲眼的辅助支座和工件一起夹在台虎钳上，然后用划规在工件上划出所需线条，如图 6-48 所示。当需划圆或圆弧的半径很大、中心点在工件以外时，可在延长板上划出中心点，打样冲眼，再用长划规划出圆或圆弧，如图 6-49 所示。

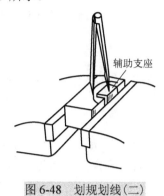

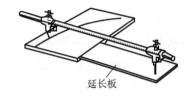

图 6-48　划规划线(二)　　　　　　　　图 6-49　划规划线(三)

### 4)用高度游标卡尺划线

采用高度游标卡尺划线的具体步骤如下。

(1)在划线前，将被测工件、高度游标卡尺地面、划线爪及划线平台的工作表面擦拭干净。

(2)将被测工件及高度游标卡尺放置在划线平台上。搬动高度游标卡尺时，应一手托住底座，另一手扶住尺身。不允许横提或倒提尺身，以免高度游标卡尺跌落或发生尺身变形。

(3)以直角尺为依据进行调整，使工件各有关表面与划线平台的工作表面处于水平或垂直位置。

(4)移动高度游标卡尺尺框，当划线爪接近所需高度尺寸时，拧紧微动装置上的制动螺钉，再旋转微动螺母，使划线爪对准所需尺寸；最后，用制动螺钉把尺框固定好。

(5)划线时，手部对高度游标卡尺底座稍加压力，使其沿着划线平台均匀地滑动，在被测工件上划出所需水平线，如图 6-50 所示。

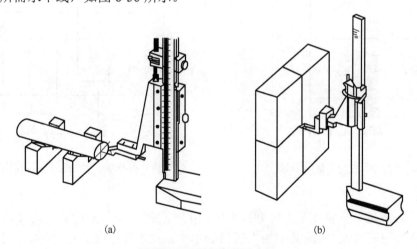

(a)　　　　　　　　　　　　　　　(b)

图 6-50　高度游标卡尺划线

较小工件划线时，可用一只手扶住工件，另一只手握住高度游标卡尺底座；较大工件划线时，可用双手握住高度游标卡尺底座。在划线过程中，手部力量要均匀适当。高度游标卡尺底座要在划线平台的工作表面平稳地滑动，不得发生跳跃或颤动等现象，更不能让高度游标卡尺底座离开划线平台的工作表面。

(6)划线完毕后，卸下划线爪，将高度游标卡尺直立放置。

**5)用万能角度尺划线**

划角度线时，一般是利用量角器直接画出所需的角度，也可用几何法或计算法作出所需的角度。

**5．划线基准的选择**

在划线时，要选择工件上的某个点、线、面作为划线基准，以确定工件各部分的尺寸几何形状及各要素间的相对位置。

划线基准可选择以下三种类型。

(1)以两个互相垂直的平面(或直线)为划线基准。在如图 6-51 所示的零件中，存在相互垂直的两个方向的尺寸。由于各尺寸都是依据工件外缘的平面所确定的，所以可将工件的这两个平面确定为划线基准。

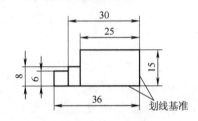

图 6-51　以平面(或直线)为划线基准

(2)以两条相互垂直的中心线为划线基准。在如图 6-52 所示的零件中，存在相互垂直的两个方向的尺寸。由于各尺寸均与中心线对称，所以可将这两条中心线确定为划线基准。

(3)以一个平面(或直线)和一条中心线为划线基准。在如图 6-53 所示的零件中，存在相互垂直的两个方向的尺寸。其中，高度方向的尺寸以工件的底平面为依据确定，宽度方向的尺寸以中心线为对称中心。因此，可将该工件的底平面和中心线分别确定为高度及宽度方向上的划线基准。

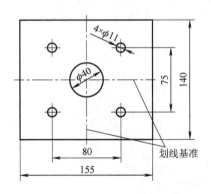

图 6-52　以中心线为划线基准

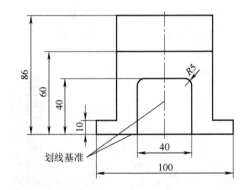

图 6-53　以平面(或直线)和中心线为划线基准

**6．涂料**

为了使线条清楚，一般要在工件划线部位涂上一层薄而均匀的涂料。为此，表面粗糙的铸、锻件毛坯使用石灰水(常在其中加入适量的牛皮胶来增加附着力)；已加工的表面使用酒精色溶液(在酒精中加漆片和紫蓝颜料配成)和硫酸铜溶液。

## 6.1.4　装配常识

按照一定的精度标准和技术要求，将若干个零件组成部件或将若干个零件、部件组合成机构或机器的工艺过程称为装配。

### 1．装配工艺规程的作用

装配工艺规程是指规定装配部件和整个产品的工艺过程，以及该过程中所使用的设备和工具、夹具、量具等的技术文件。

装配工艺规程是生产实践和科学实验的总结，是提高劳动生产率、保证产品质量的必要措施，是组织装配生产的重要依据。只有严格按装配工艺规程生产，才能保证装配工作的顺利进行，降低成本，增加经济效益。但装配工艺规程也应随生产力的发展而不断改进。

### 2．装配工艺过程

装配工艺过程一般由以下四部分组成。

**1）装配前的准备工作**

(1)研究装配图及工艺文件、技术资料，了解产品结构，熟悉各零件、部件的作用、相互关系及连接方法。

(2)确定装配方法，准备所需要的工具。

(3)对装配的零件进行清洗，检查零件加工质量，对有特殊要求的应进行平衡或压力试验。

**2）装配工作**

对比较复杂的产品，其装配工作分为部件装配和总装配。

(1)部件装配：凡是将两个以上零件组合在一起或将零件与几个组件结合在一起，成为一个单元的装配工作，称为部件装配。

(2)总装配：将零件、部件结合成一台完整产品的装配工作，称为总装配。

**3）调整、检验和试车**

(1)调整：调节零件或机构的相互位置、配合间隙、结合面松紧等，以便机构或机器工作协调。

(2)检验：检验机构或机器的几何精度和工作精度。

(3)试车：试验机构或机器运转的灵活性、振动情况、工作温度、噪声、转速、功率等性能参数是否达到要求。

**4）喷漆、涂油、装箱**

### 3．装配的组织形式

装配的组织形式随生产类型及产品复杂程度和技术要求不同而不同。机器制造中的生产类型及装配的组织形式如下。

(1)单件生产时的装配组织形式。单件生产时，产品几乎不重复，装配工作常在固定地点由一个工人或一组工人完成。这种装配组织形式对工人的技术要求较高，装配周期较长，生产效率较低。

(2)成批生产时的装配组织形式。成批生产时，装配工作通常分为部件装配和总装配。每个部件装配由一个工人或一组工人在固定地点完成，然后进行总装配。

(3)大量生产时的装配组织形式。大量生产时，把产品的装配过程划分为部件、组件装配。每一个工序只由一个工人或一组工人来完成，只有当所有工人都按顺序完成自己负责的工序后，才能装配出产品。在大量生产中，其装配过程是有顺序地由一个或一组工人转移给另一个或一组工人。这种转移可以是装配对象的移动，也可以是工人的移动，通常把这种装配的组织形式称为流水装配法。流水装配法广泛采用互换性原则，使装配工作工序化，因此装配质量好，生产效率高，是一种先进的装配组织形式。

#### 4. 尺寸链

##### 1) 尺寸链与尺寸链简图

在零件加工或机器装配中由相互关联的尺寸形成的封闭尺寸组称为尺寸链。将尺寸链中各尺寸彼此按顺序连接所构成的封闭图形称为尺寸链简图。图 6-54(a)中轴与孔的配合间隙 $A_\Delta$ 与孔径 $A_1$ 及轴颈 $A_2$ 有关,并可画成图 6-55(a)中的装配尺寸链简图。图 6-54(b)中齿轮端面和箱体内壁凸台端面配合间隙 $B_\Delta$ 与箱体内壁距离 $B_1$、齿轮宽度 $B_2$ 及垫圈厚度 $B_3$ 有关,也可画成图 6-55(b)中的装配尺寸链简图。

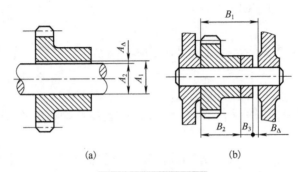

图 6-54　装配尺寸链

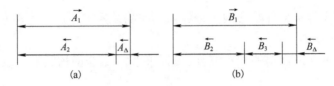

图 6-55　装配尺寸链简图

绘尺寸链简图时,不必绘出装配部分的具体结构,也无须按严格的比例,而是由有装配技术要求的尺寸首先画起,然后依次绘出与该项要求有关的尺寸,排列成封闭的外形即可。

##### 2) 尺寸链的组成

构成尺寸链的每一个尺寸都称为尺寸链的环,每个尺寸链至少应有三个环。

(1)封闭环:在零件加工和机器装配中最后形成(间接获得)的尺寸称为封闭环。一个尺寸链中只有一个封闭环,见图 6-54 中的 $A_\Delta$、$B_\Delta$。在装配尺寸链中,封闭环即装配的技术要求。

(2)组成环:尺寸链中除封闭环外的其余尺寸称为组成环,图 6-54 中 $A_1$、$A_2$、$B_1$、$B_2$、$B_3$ 等都是组成环。

(3)增环:在其他组成环不变的条件下,当某一组成环的尺寸增大时,封闭环也随之增大,则该组成环称为增环,见图 6-55 中的 $A_1$、$B_1$。增环用符号 $\vec{A}_1$、$\vec{B}_1$ 表示。

(4)减环:在其他组成环不变的条件下,当某一组成环增大时,封闭环随之减小,则该组成环称为减环,见图 6-55 中的 $A_2$、$B_2$、$B_3$。减环用符号 $\overleftarrow{A}_2$、$\overleftarrow{B}_2$、$\overleftarrow{B}_3$ 表示。

增环和减环也可以用简单方法判断,在尺寸链简图中,由尺寸链任一环的基面出发,绕其轮廓线顺时针(或逆时针)方向旋转一周,回到这个基面。按旋转方向给每一个环标出箭头,凡箭头方向与封闭环箭头相反的为增环;与封闭环箭头方向相同的为减环(图 6-55)。

**3）封闭环的极限尺寸及公差**

（1）封闭环的公称尺寸。由尺寸链简图可以看出，封闭环尺寸等于所有增环公称尺寸之和减去所有减环公称尺寸之和，即

$$A_0 = \sum_{i=1}^{m} \vec{A}_i - \sum_{i=1}^{n} \overleftarrow{A}_i$$

式中，$A_0$ 为封闭环公称尺寸，mm；$m$ 为增环的数目；$n$ 为减环的数目；$\vec{A}_i$ 为增环公称尺寸，mm；$\overleftarrow{A}_i$ 为减环公称尺寸，mm。

在解尺寸链方程时，还可以把增环作为正值，而把减环作为负值，由此可得出封闭环的公称尺寸，实际上就是各组成环公称尺寸的代数和。

（2）封闭环的上极限尺寸。当所有增环都为上极限尺寸，而所有减环都为下极限尺寸时，封闭环为上极限尺寸，可用下式表示：

$$A_{0\max} = \sum_{i=1}^{m} \vec{A}_{i\max} - \sum_{i=1}^{n} \overleftarrow{A}_{i\min}$$

式中，$A_{0\max}$ 为封闭环上极限尺寸，mm；$\vec{A}_{i\max}$ 为各增环上极限尺寸，mm；$\overleftarrow{A}_{i\min}$ 为各减环下极限尺寸，mm。

（3）封闭环的下极限尺寸。当所有增环都为下极限尺寸，而所有减环都为上极限尺寸时，则封闭环为下极限尺寸，可用下式表示：

$$A_{0\min} = \sum_{i=1}^{m} \vec{A}_{i\min} - \sum_{i=1}^{n} \overleftarrow{A}_{i\max}$$

式中，$A_{0\min}$ 为封闭环下极限尺寸，mm；$\vec{A}_{i\min}$ 为各增环下极限尺寸，mm；$\overleftarrow{A}_{i\max}$ 为各减环上极限尺寸，mm。

（4）封闭环公差。封闭环公差等于封闭环上极限尺寸与封闭环下极限尺寸之差，也就是将以上两公式相减即得封闭环公差为

$$T_0 = \sum_{1}^{m+n} T_i$$

式中，$T_0$ 为封闭环公差，mm；$T_i$ 为各组成环公差，mm。

由此可知封闭环公差等于各组成环公差之和。

**例**　如图 6-54（a）所示齿轮轴装配中，要求配合后齿轮端面和箱体凸台端面之间具有 0.2～0.5mm 的轴向间隙。已知 $B_1 = 80^{+0.1}_{0}$ mm，$B_2 = 60^{0}_{-0.06}$ mm，试问 $B_3$ 尺寸控制在什么范围内才能满足装配要求？

**解**　（1）根据题意画出装配尺寸链简图，见图 6-55（b）。

（2）确定封闭环、增环、减环分别为 $\vec{B}_0$、$\vec{B}_1$、$\overleftarrow{B}_2$、$\overleftarrow{B}_3$。

（3）列尺寸链方程式计算 $B_3$。

$$B_0 = B_1 - (B_2 + B_3)$$

$$B_3 = B_1 - B_2 - B_0 = 80 - 60 - 0 = 20(\text{mm})$$

(4) 确定 $B_3$ 的极限尺寸。

$$B_{0max}=B_{1max}-(B_{2min}+B_{3min})$$

$$B_{3min}=B_{1max}-B_{2min}-B_{0max}=80.1-59.94-0.5=19.66(mm)$$

$$B_{0min}=B_{1min}-(B_{2max}+B_{3max})$$

$$B_{3max}=B_{1min}-B_{2max}-B_{0min}=80-60-0.2=19.8(mm)$$

所以，$B_3=20_{-0.34}^{-0.20}$ mm。

# 6.2　羊角锤加工实例

本项目主要学习划线、锉削、钻孔等钳工基本加工方法，熟悉钳工常用工具、量具的使用方法，练习划线、锯削、锉削、钻孔等操作技能。通过本项目的学习和训练，能够完成如图 6-56 所示的零件。

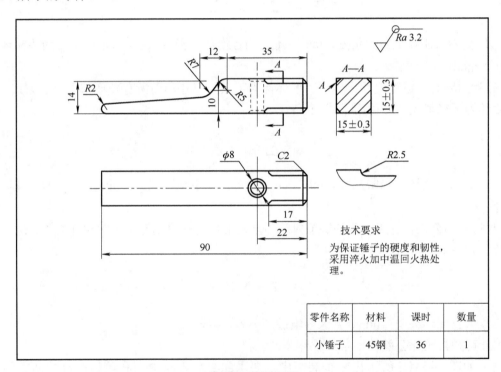

图 6-56　小锤子

## 6.2.1　锯、锉长方体

### 1. 零件图（图 6-57）

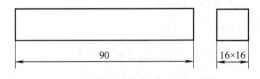

图 6-57　锯、锉长方体零件示例

## 2．学习目标

(1)练习划线、锯削、锉削和基本测量技能。

(2)练习游标卡尺、千分尺、刀口形直尺、直角尺和塞尺等量具的测量方法。

(3)通过本项目的学习和训练，能够完成如图 6-57 所示的零件。

## 3．知识学习

### 1)毛坯材料

毛坯为 $\phi30$mm×90mm 的圆钢(两端面为车削面，无须加工)。

材料为 45 钢，这是一种常见的优质碳素结构钢。钢中所含杂质较少，常用来制造比较重要的机械零部件，一般需要经过热处理改善性能。

优质碳素结构钢的牌号用两位数字表示，此数字表示钢的平均含碳量(质量分数)的万分数。例如，45 钢表示平均含碳量(质量分数)为 0.45%的优质碳素结构钢。

### 2)锯削工具

锯削是用手锯对工件或材料进行分割的一种切削加工方法，是钳工的主要操作方法之一。

锯削的工具是手锯，手锯由锯弓和锯条组成。锯弓用于安装锯条，锯条用来直接锯削材料或工件。

### 3)锉削工具

锉削是用锉刀对工件表面进行切削加工，使工件达到零件图样所要求的形状尺寸和表面粗糙度的加工方法，是钳工的主要操作方法之一。

锉削的主要工具是各种锉刀，如图 6-58 所示。

## 4．技能训练

### 1)工艺分析

(1)毛坯。尺寸为 $\phi30$mm×90mm，两端面为车削表面。

(2)工艺步骤。因两端面为车削表面，无须加工，只考虑加工四个侧面。四个侧面的加工顺序如图 6-59 所示。

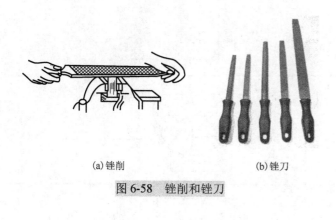

(a)锉削　　　　(b)锉刀

图 6-58　锉削和锉刀

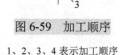

图 6-59　加工顺序

1、2、3、4 表示加工顺序

**注意**：在本书的加工示意图中，使用双点画线表示将要加工出的形状，用细实线强调划线。工艺步骤见表 6-1。

表 6-1　锯、锉长方体工艺步骤

| 步骤 | 加工内容 | 图示 |
|---|---|---|
| 1 | 毛坯放置在 V 形铁上,用高度游标卡尺划第一加工面的加工线,并打样冲眼 | 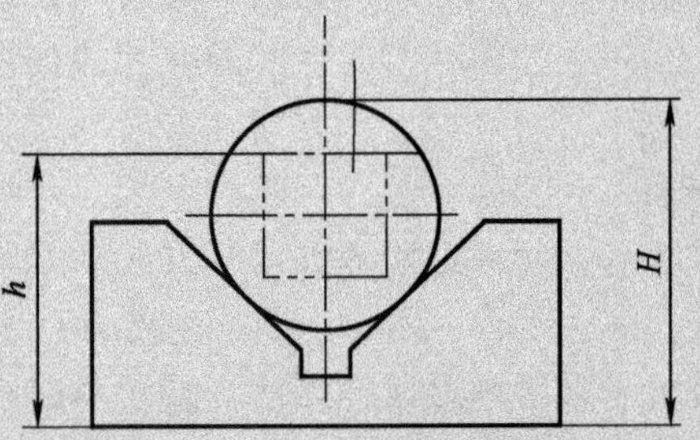 |
| 2 | 锯削第一个平面 | 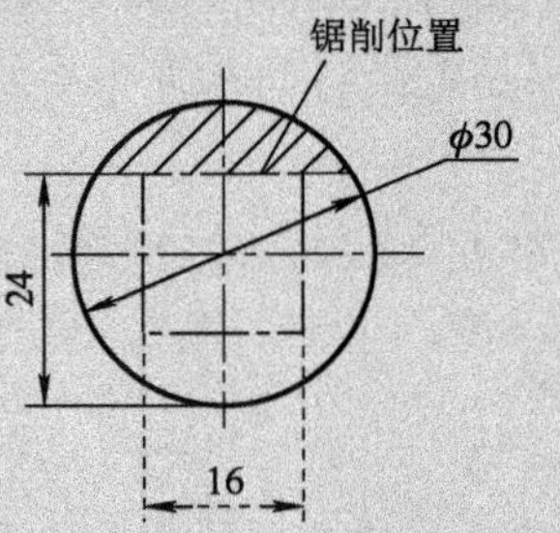 |
| 3 | 锉削第一个平面 | 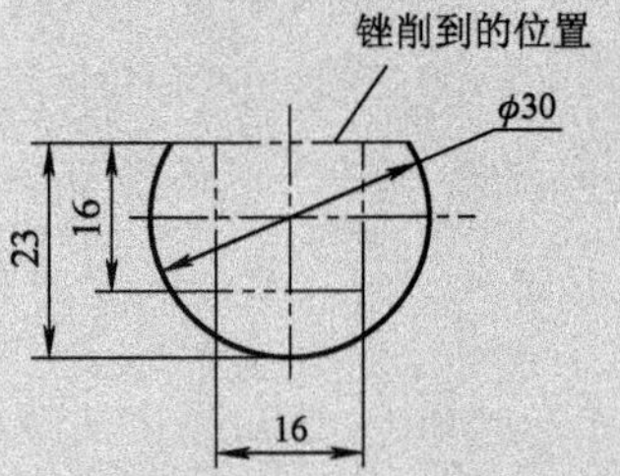 |
| 4 | 工件放置在划线平台上,以第一面靠住 V 形铁,用高度游标卡尺划第二加工面的加工线,并打样冲眼 | 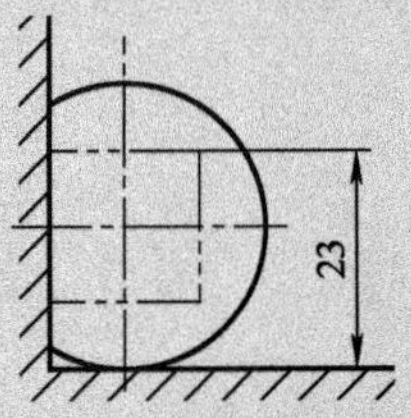 |
| 5 | 锯削第二个平面 | 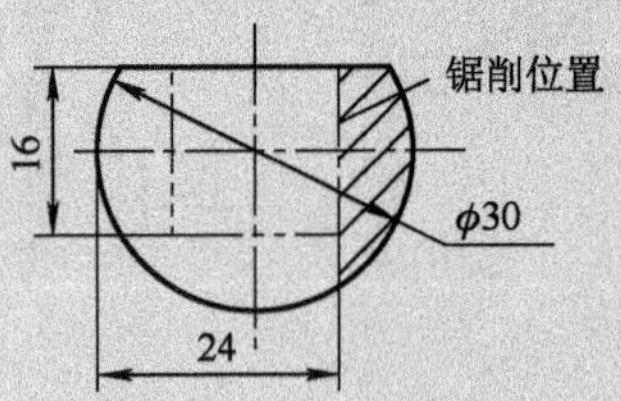 |
| 6 | 锉削第二个平面 | 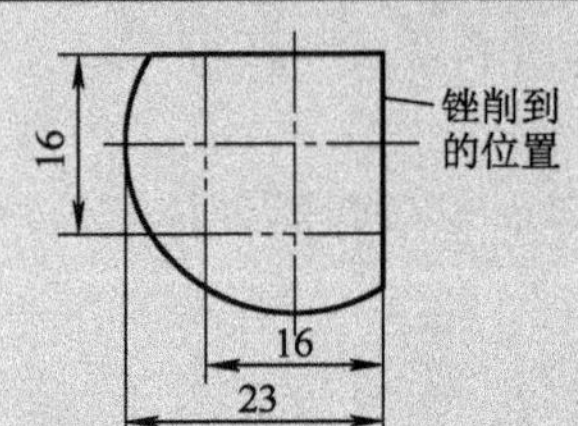 |

续表

| 步骤 | 加工内容 | 图示 |
|---|---|---|
| 7 | 工件放置在平板上，用高度游标卡尺划第三、第四加工面的加工线，并打样冲眼 | 16<br>16 |
| 8 | 锯削第三个平面，锉削第三个平面 | 16<br>16　锯削位置 ／ 16<br>16　锉削到的位置 |
| 9 | 锯削第四个平面，锉削第四个平面 | 锯削位置　16<br>16 ／ 锉削到的位置　16<br>16 |

　　每一个面的加工都应按照先划线，再锯削，最后锉削的步骤。多个面加工时一定要注意锯与锉的顺序关系，在精度要求较高时，一般不能先把几个面都锯好再一次性锉削。本项目加工精度较低，暂不做多面加工工艺的详细分析，但应养成良好的加工习惯，仍要求按以上工艺步骤操作。

**2) 操作要求**

（1）步骤 1 及步骤 4 中高度游标卡尺划线高度的计算方法如下。

① 步骤 1：根据图 6-60，由数学知识可得

$$h = H - x, \quad x = D/2 - L/2, \quad D = 30\text{mm}, \quad L = 16\text{mm}$$

所以

$$h = H - \left(\frac{30}{2} - \frac{16}{2}\right)\text{mm} = H - 7\text{mm}$$

式中，$H$ 为游标卡尺测得工件最高点的高度。

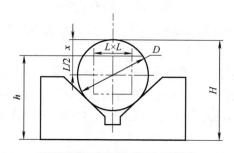

图 6-60　划线高度的计算(一)

② 步骤 4 ：根据图 6-61，由数学知识可得

$$h = D/2 + L/2, \qquad D = 30\text{mm}, \qquad L = 16\text{mm}$$

所以

$$h = \frac{30}{2}\text{mm} + \frac{16}{2}\text{mm} = 23\text{mm}$$

(2) 锯削操作。

① 工件的夹持如图 6-62 所示。

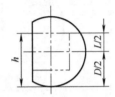 

图 6-61　划线高度的计算(二)　　　　　　图 6-62　锯削时工件的装夹

a) 工件一般应夹在台虎钳的左面，以便操作。

b) 工件伸出钳口不应过长，应使锯缝离开钳口侧面 20mm 左右，以防止工件在锯削时产生振动。

c) 锯缝线要与钳口侧面保持平行，便于控制锯缝不偏离划线线条。

d) 夹紧要牢靠，同时要避免将工件夹变形和夹坏已加工面。

② 锯条的安装。

a) 锯条安装应使齿尖的方向向前(图 6-63(a))，如果装反(图 6-63(b))则不能正常锯削。

b) 锯条松紧应适宜，太松或太紧都会使锯条易折断。其松紧程度可用手扳动锯条，感觉硬实即可。

c) 锯条安装后，要保证锯条平面与锯弓中心平面平行，不得倾斜和扭曲，否则锯削时锯缝容易歪斜。

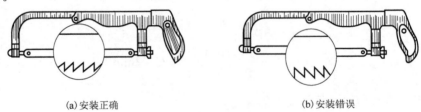

(a) 安装正确　　　　　　　　　　　　(b) 安装错误

图 6-63　锯条的安装

③ 起锯方法。起锯质量直接影响锯削质量，因此起锯非常重要。起锯有远起锯和近起锯两种。

起锯时，左手拇指靠住锯条，使锯条能正确地锯在所需要的位置上，行程要短，压力要小，速度要慢。起锯角约在 15°。如果起锯角太大，则起锯易不稳，尤其是近起锯时锯齿会被工件棱边卡住引起崩裂。但起锯角也不宜太小，否则不易切入材料。

(3) 锉削操作。

较大锉刀的握法如下：用右手握锉刀柄，柄端顶住掌心，大拇指放在柄的上部，其余手指满握锉刀柄，如图 6-64 所示。左手在锉削时起扶稳锉刀、辅助锉削加工的作用。

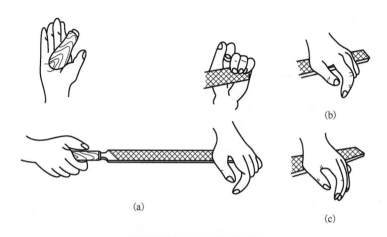

图 6-64　较大锉刀的握法

推进锉刀时，两手加在锉刀上的压力应保持锉刀平稳，而不得上下摆动，这样才能锉出平整的平面。锉刀的推力主要由右手控制，而压力是由两手同时控制的。锉削速度应控制在30～60 次/min。

(4) 控制尺寸。

第一面除了要求锉平，还应控制好平面的位置，尽量接近所划线的位置。锉削第二面时，除了第一面的要求，应经常测量对第一面的垂直度。加工第三、第四面时，除了第一面的要求，应保证第一、第三面及第二、第四面间的尺寸均为 16mm±0.3mm。

(5) 经常检测。

除了不断练习，提高锯、锉的质量，还要养成经常测量的习惯，才能逐渐提高加工质量。

**3) 注意事项**

(1) 步骤 1 中高度游标卡尺在 V 形铁上划线时，理论上有两个位置可以满足划线要求，如图 6-65 所示，但考虑到划线操作的方便性，只适合于在较高处划线。

(2) 如图 6-66 所示，高度游标卡尺划线时应尽可能划成封闭的一周，这样有利于保证锯削的准确性。

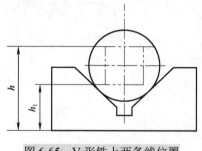

图 6-65　V 形铁上两条线位置

图 6-66　划线一周

(3) 锯削时应留有一定的锉削余量，同时为了避免因锯缝歪斜导致工件报废，锯缝应在所划线外。对初学者而言，一般可控制锉削余量 1～2mm。

(4) 初学者往往为了"提高"速度，在锯削和锉削时加大往复运动的速度。但这样的结果是：加工质量下降，锯条和锉刀磨损加剧，容易疲劳，效率下降，技术水平无法提高。

## 6.2.2 精锉长方体

### 1. 零件图（图 6-67）

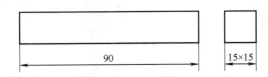

图 6-67　精锉长方体零件示例

### 2. 学习目标

(1)学习基准面、锉刀和锉削方法的选择。

(2)练习游标卡尺、千分尺、刀口形直尺、塞尺的使用。

(3)能够完成如图 6-67 所示的零件。

### 3. 知识学习

#### 1)基准面的选择

先选出表面平整、外观最好的一个表面作为基准面，检查其平面度，如果不合格，还需要修整。

该基准面是测量相邻两面垂直度的依据，也是测量对面平行度的依据。

#### 2)平面的锉削方法

采用顺向锉法时，锉刀的运动方向与工件夹持方向始终一致；采用交叉锉法时，锉刀运动方向与工件夹持方向约为35°；当锉削狭长平面或采用顺向锉削时，可采用推锉法，如图 6-68 所示。采用顺向锉法，表面粗糙度最小；采用交叉锉法，平面度最易保证；采用推锉法，能保证平面度和表面粗糙度，但效率低。应根据具体情况选择合适的方法。

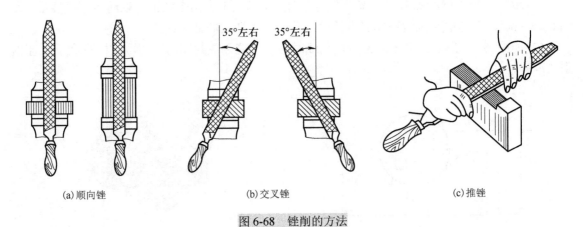

(a)顺向锉　　　　　　　　(b)交叉锉　　　　　　　　(c)推锉

图 6-68　锉削的方法

#### 3)锉刀的选用

(1)锉齿的选用。一般根据工件的加工余量、尺寸精度、表面粗糙度和工件的材质来选择挫齿。材质软则选锉齿粗的锉刀；反之则选锉齿细的锉刀。

锉齿的粗细用锉纹号来表示，锉齿越粗，锉纹号越小。锉齿的选用见表 6-2。

表 6-2　锉齿的选用

| 锉纹号 | 锉齿 | 适应场合 | | | |
|---|---|---|---|---|---|
| | | 加工余量/mm | 尺寸精度/mm | 表面粗糙度 $Ra$/μm | 适用对象 |
| 1 | 粗 | 0.5～1 | 0.2～0.5 | 100～25 | 粗加工或加工软金属<br>（旧称有色金属） |
| 2 | 中 | 0.2～0.5 | 0.05～0.2 | 12.5～6.3 | 半精加工 |
| 3 | 细 | 0.05～0.2 | 0.01～0.05 | 6.3～3.2 | 精加工或加工硬金属 |
| 4 | 油光 | 0.025～0.05 | 0.005～0.01 | 3.2～1.6 | 精加工时修光表面 |

(2)锉刀规格的选择。根据待加工表面的面积来选用不同规格的锉刀。一般待加工面积大和有较大加工余量的表面宜选用长的锉刀；反之则选用短的锉刀。

**4．技能训练**

**1)工艺分析**

(1)毛坯。6.2.1 节完成后的工件(图 6-57)。

(2)工艺步骤。基准面选择后，有必要时需精修。

加工工序为：基准面—相邻侧面 1(注意垂直度)—相邻侧面 2(注意垂直度)—平行面(基准面的相对表面)，如图 6-69 所示。

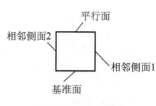

图 6-69　加工工序

**2)操作要求**

锉削尺寸精度达到 0.3mm，平面度公差为 0.2mm。

(1)保证锉削质量的方法。

锉削姿势如图 6-70 所示。

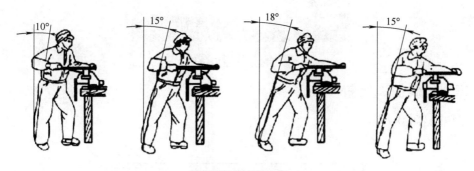

图 6-70　锉削姿势

锉削平面时，为保证锉刀运动平稳，两手的用力情况是不断变化的(图 6-71)：起锉时，左手下压力较大，右手下压力较小；随即左手下压力逐渐减小，而右手下压力逐渐增大；行程即将结束时，左手下压力较小，右手下压力较大；收回锉刀时，两手没有下压力。

(2)检测平面度。量具采用刀口形直尺或刀口形角尺，测量时应置于平面的不同位置。对着光源观察，当不能透光或透过的光线均匀一致时，平面质量较好，如图 6-72 所示。

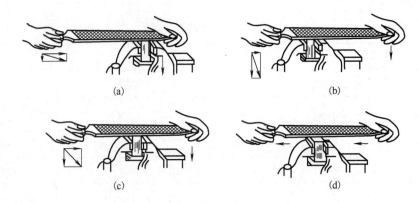

图 6-71　双手用力情况

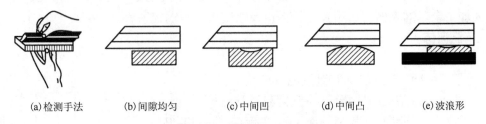

(a)检测手法　　(b)间隙均匀　　(c)中间凹　　(d)中间凸　　(e)波浪形

图 6-72　用刀口形直尺检测平面度

### 3) 注意事项

采用软钳口(铜皮或铝皮制成)保护工件的已加工表面，软钳口位置如图 6-73 所示。

图 6-73　软钳口位置

## 6.2.3　锯、锉斜面、倒角

### 1. 零件图(图 6-74)

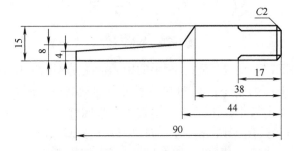

图 6-74　锯、锉斜面、倒角零件示例

## 2．学习目标

(1)学习通过计算坐标划线的方法。

(2)进一步练习划线、锯削、锉削技能。

(3)完成如图 6-74 所示的零件。

## 3．知识学习

### 1)尺寸的确定

由于圆弧间的尺寸计算比较复杂，一般不用数学方法求得，可以采用计算机辅助设计 (CAD)软件查找所需坐标值，这里采用图示法求近似值。

如图 6-75 所示，通过尺寸 4mm、8mm 与 44mm 及 38mm 确定三个点，并保证：

(1)斜面位置的唯一性。

(2)为 6.2.4 节锉削圆弧留有一定余量。

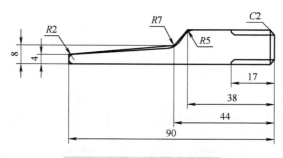

图 6-75　求确定斜面点的坐标

### 2)所用划线工具

(1)钢直尺。钢直尺是一种简单的测量工具和划直线的导向工具。

(2)划针。划针是直接在工件上划线的工具，划线时应使划针向外倾斜 15°～20°，同时向前进方向倾斜 45°～75°，如图 6-76 所示。

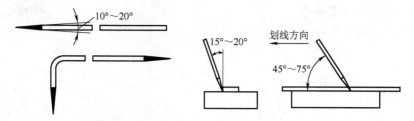

图 6-76　划针的用法

(3)划线涂料。本节的毛坯为钢件，表面已加工，呈银白色，划线痕迹不明显，为保证划线清晰，可在工件表面上使用涂料。常见的划线涂料有红丹、石灰水、蓝油和硫酸铜溶液等。

① 红丹又称红丹粉，粉末状四氧化三铅，一般以全损耗系统用油(俗称机油)调配使用，常用于已加工表面。

② 石灰水常用于大中型件和铸件毛坯上。

③ 蓝油由品紫加漆片和酒精混合而成，常用于已加工表面。

④ 硫酸铜溶液常用于形状复杂的零件或已加工表面。

图 6-77　倒角

**3)倒角**

如图 6-77 所示，倒角处标注"*C*2"，含义为：①倾斜角度为 45°；②直角边长度 2mm。

**4. 技能训练**

**1)工艺分析**

(1)毛坯。6.2.2 节完成后的工件(图 6-67)。

(2)工艺步骤。

① 划线。根据计算出的坐标值，利用高度游标卡尺划出坐标点，用划针、钢直尺完成划线。

② 锯斜面。留 0.5mm 的余量锉削。

③ 锉斜面。

④ 划倒角线。

⑤ 锉削倒角。

**2)操作要求**

(1)划线操作。

① 去毛刺。

② 擦去工件表面油污。

③ 涂红丹。

除红丹外，也可以涂蓝油。待红丹干燥后，才可以划线。

(2)锯削时工件的装夹。

① 工件一般夹在台虎钳的左面，要稳固。

② 工件伸出钳口不应过长，锯缝距钳口约 20mm。

③ 要求锯缝划线与钳口侧面平行。

因为锯削面倾斜，装夹工件时必须随之倾斜，使锯缝保持垂直位置，便于锯削操作。装夹位置如图 6-78 所示。

(3)锯削操作时的注意事项。

① 锯削姿势如图 6-79 所示。

图 6-78　倾斜装夹

图 6-79　锯削姿势

② 运锯方法有直线往复式和摆动式两种，如图 6-80 所示。

③ 锯削应保证锯缝平直。锯条前推时，向下施加压力以实行切削。锯条退回时，稍向上提起锯条以减少锯条的磨损。

④ 运锯速度一般以 20～40 次/min 为宜。锯削的开始和终了，压力和速度均应减小。

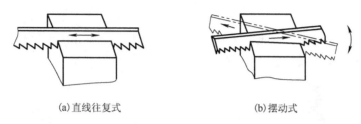

(a) 直线往复式          (b) 摆动式

图 6-80　运锯方法

(4)锯路的影响。

锯条制造时，将全部锯齿按一定规律交叉排列或波浪排列成一定的形状，称为锯路，如图 6-81 所示。

锯路的作用是减小锯缝对锯条的摩擦，使锯条在锯削时不被锯缝夹住或折断。

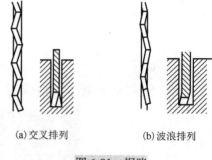

(a) 交叉排列          (b) 波浪排列

图 6-81　锯路

**3)注意事项**

(1)未注倒角的加工。对于未注倒角的位置，只要是锐角或直角，都应倒角，一般可理解为倒角 0.2mm。采用锉刀轻锉锐角或直角处，不扎手即可。

(2)更换锯条。更换新锯条时，由于旧锯条的锯路已磨损，锯缝变窄，卡住新锯条。这时不要急于按下锯条，应先用新锯条把原锯缝加宽，再正常锯削。

## 6.2.4　圆弧锉削

### 1. 零件图（图 6-82）

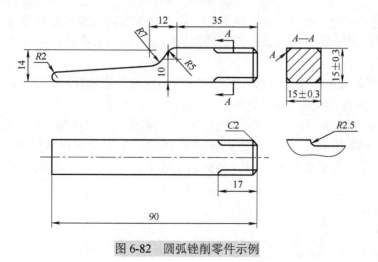

图 6-82　圆弧锉削零件示例

### 2. 学习目标

(1)学习圆弧划线的方法。

(2)练习锉削凹凸圆弧。

(3)完成如图 6-82 所示的零件。

### 3. 知识学习

#### 1)划规

划规是用来划圆和圆弧、量取尺寸的工具。为保证量取尺寸的准确性，应把划规脚尖部放入钢直尺的刻度槽中，如图 6-83 所示。

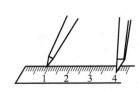

图 6-83　划规及其量取尺寸

#### 2)半径样板

半径样板(俗称 R 规)是用来测量工件半径或圆度的量具，如图 6-84 所示。

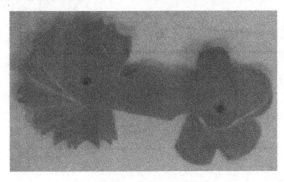

图 6-84　半径样板

半径样板由多个薄片组合而成，薄片制作成不同半径的凹圆弧或凸圆弧。测量时，选择半径合适的薄片，靠在所测圆弧上，根据间隙判断工件圆弧的质量。

#### 3)锉刀

(1)锉刀形状的选择。锉刀形状应根据加工表面的形状来选择。锉内圆弧面选用圆锉或半圆锉；锉内角表面用三角锉；锉内直角表面用扁锉或方锉等。

(2)锉刀粗细的选择。锉齿粗细取决于工件加工余量、尺寸精度和表面粗糙度。

(3)按工件材质选用锉刀。锉削非金属等软材料工件时，应选用单纹锉刀，反之，只能选用粗锉刀。因为用细锉刀去锉软材料，易被切屑堵塞。锉削钢铁等硬质材料时，应选用双齿纹锉刀。

### 4. 技能训练

#### 1)工艺分析

(1)毛坯。6.2.3 节完成后的工件(图 6-74)。

（2）工艺步骤。

① 划线。根据计算出的坐标值，利用高度游标卡尺划出圆心，用划规画圆弧。

② 锉外圆弧。

③ 锉内圆弧。

**2) 操作要求**

（1）三处圆弧的圆心坐标。图 6-85 为各圆心位置。

（2）圆弧 R7mm 的划线方法。R7mm 的圆心不在工件上，划规的针脚无法放置。在这种情况下，可以选择一个等厚度的硬木块夹在工件旁，以完成找圆心及划线工作。

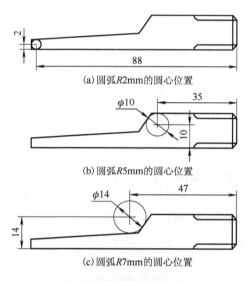

(a) 圆弧 R2mm 的圆心位置

(b) 圆弧 R5mm 的圆心位置

(c) 圆弧 R7mm 的圆心位置

图 6-85　圆心坐标确定

（3）锉削圆弧面的方法。锉削外圆弧面时，锉刀同时完成前进运动和绕圆弧中心的转动；锉削内圆弧面时，锉刀同时完成前进运动、随着圆弧面向左或向右的移动、绕锉刀中心线的转动等，如图 6-86 所示。

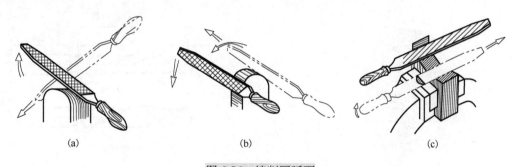

(a)　　　　　　　　　　(b)　　　　　　　　　　(c)

图 6-86　锉削圆弧面

**3) 注意事项**

圆弧锉削的操作难度较大，需要特别控制力度。开始练习时，应用较小的力锉削，把主要注意力放在控制锉刀的多个运动上，使锉刀运动协调，圆弧质量才能得以保证。

## 6.2.5　钻孔

### 1. 零件图（图 6-87）

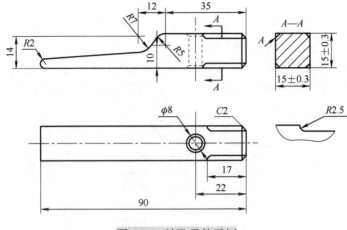

图 6-87　钻孔零件示例

### 2. 学习目标

(1) 学习钻头的选择、钻床的操作方法。

(2) 练习刃磨钻头和钻孔的技能。

(3) 能够完成如图 6-87 所示的零件。

### 3. 知识学习

**1）麻花钻**

如图 6-88 所示，用钻头在工件上加工孔的方法称为钻孔。

麻花钻一般用高速钢制成，其结构由柄部、颈部及工作部分构成，如图 6-89 所示。柄部是钻头夹持部分，用以夹持定心和传递动力，有锥柄和直柄两种。一般直径小于 13mm 的钻头做成直柄，直径大于 13mm 的做成锥柄。钻头的规格、材料和商标等刻印在颈部。麻花钻的工作部分又分为导向部分和切削部分。

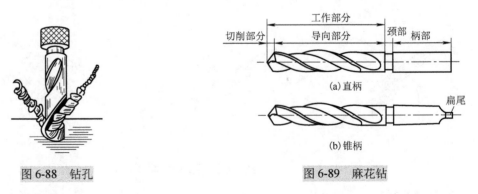

图 6-88　钻孔　　　　　　　　　图 6-89　麻花钻

**2）钻床转速的选择**

用直径较大的钻头钻孔时，主轴转速应较低；用小直径的钻头钻孔时，主轴转速可较高，但进给量要小。高速钢钻头切削速度见表 6-3。

表 6-3　高速钢钻头切削速度

| 工件材料 | 切削速度 $v$/(m/min) |
|---|---|
| 铸铁 | 14~22 |
| 钢 | 16~24 |
| 青铜或黄铜 | 30~60 |

钻床转速公式为

$$n = \frac{1000v}{\pi d}$$

式中，$v$ 为切削速度，m/min；$d$ 为钻头直径，mm。

**例**　用直径为 12mm 的钻头钻钢件，计算钻孔时钻头的转速。

**解**　$n = \dfrac{1000v}{\pi d} = \dfrac{1000 \times 20}{\pi \times 12} = 530(\text{r/min})$

主轴的变速可通过调整带轮组合来实现。

**3) 钻孔时的冷却与润滑**

钻孔时使用切削液可以减少摩擦，降低切削热，消除黏附在钻头和工件表面上的积屑瘤，提高孔表面的加工质量，延长钻头寿命和改善加工质量。钻孔时要加注足够的切削液。

由于加工材料和加工要求不一，所用切削液的种类和作用也不一样。钻各种材料选用的切削液见表 6-4。

表 6-4　钻各种材料用的切削液

| 工件材料 | 切削液 |
|---|---|
| 各类结构钢 | 3%~5%乳化液；7%硫化乳化液 |
| 不锈钢、耐热钢 | 3%肥皂加 2%亚麻油水溶液；硫化切削油 |
| 纯铜、黄铜、青铜 | 5%~8%乳化液 |
| 铸铁 | 可不用；5%~8%乳化液；煤油 |
| 铝合金 | 可不用；5%~8%乳化液；煤油；煤油与菜油的混合油 |
| 有机玻璃 | 5%~8%乳化液；煤油 |

注：表中百分数均为质量分数。

**4. 技能训练**

**1) 工艺分析**

(1) 毛坯。6.2.4 节完成后的工件(图 6-82)。

(2) 工艺步骤。

① 划线。先用高度游标卡尺划出圆心位置，再用划规划出所加工圆，打样冲眼。

② 选择合适的麻花钻。选用麻花钻直径为 8mm。

③ 钻孔。

**2) 操作要求**

(1) 划线。

① 按钻孔的位置尺寸要求划出孔位的中心线，并打样冲眼。

② 对钻直径较大的孔，还应划出几个大小不等的检查圆或检查方框，以便钻孔时检查，如图 6-90 所示。

③ 将中心冲眼敲大，以便准确落钻定心。

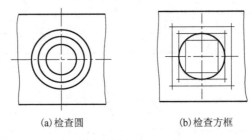

(a)检查圆　　　　　　　(b)检查方框

图 6-90　钻孔划线

(2)工件的装夹。常见的工件装夹方法如图 6-91 所示。

板类零件装夹时，其表面应与平口钳的钳口平行。

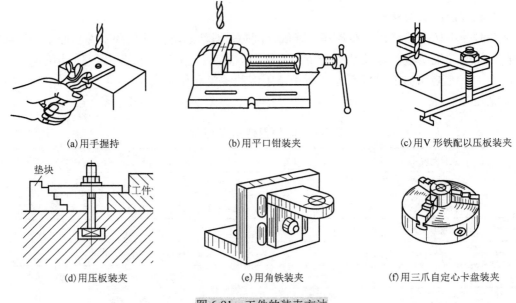

(a)用手握持　　　　(b)用平口钳装夹　　　　(c)用V形铁配以压板装夹

(d)用压板装夹　　　　(e)用角铁装夹　　　　(f)用三爪自定心卡盘装夹

图 6-91　工件的装夹方法

(3)钻头的装拆。

① 直柄钻头的装拆。直柄钻头用钻夹头夹持。先将钻头柄塞入钻夹头的三卡爪内，其夹持长度不能小于 15mm，用钻夹头钥匙转动钻夹头旋转外套，可做夹紧或放松动作，如图 6-92(a)所示。

② 锥柄钻头的拆装。

a)安装。锥柄钻头的柄部锥体与钻床主轴锥孔直接连接，连接时必须将钻头锥柄及主轴锥孔擦干净，且使矩形舌部的方向与主轴上的腰形孔中心线方向一致，需要利用加速冲力一次装接，如图 6-92(b)所示。当钻头锥柄小于主轴锥孔时，可加过渡套来连接。

b)拆卸。钻头的拆卸，是用斜铁敲入钻头套或钻床主轴上的腰形孔内，斜铁的直边要放在上方，利用斜边的向下分力，使钻头与钻头套或主轴分离，如图 6-92(c)所示。钻头在钻床主轴上应保证装接牢固，且在旋转时的径跳现象应最小。

(a)在钻夹头上装拆钻头

(b)用钻头套装夹钻头

(c)用斜铁拆下钻头

图 6-92　钻头的装拆

(4)钻孔。

① 使钻头对准孔的中心钻出一浅坑，观察定心是否准确，并不断校正，使起钻浅坑与检查圆同心。

② 钻孔时进给力要适当，并经常退钻排屑，以免切屑阻塞而扭断钻头。进给力不应使钻头产生弯曲现象，以免孔轴线歪斜，如图 6-93 所示。

③ 钻孔将钻穿时，进给力必须减小，以防进给量突然过大，切削力增大，造成钻头折断，或使工件随着钻头转动造成事故。

④ 钻孔时使用切削液可以减少摩擦，降低切削热，消除黏附在钻头和工件表面上的积屑瘤，提高孔表面的加工质量，延长钻头寿命和改善加工条件。

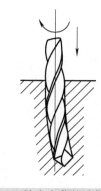
图 6-93　钻头弯曲使孔轴线歪斜

(5)手动进给操作。当起钻达到钻孔的位置要求后，即可扳动手柄完成钻孔。

**3)注意事项**

(1)样冲眼深浅的控制。圆心处的样冲眼在使用划规之前，不应过深，以防止划线时划规晃动。划完圆后，应加深样冲眼，以便于起钻。圆周上的样冲眼只是为了使划线清晰，轻敲即可，如图 6-94 所示。

(2)避免"烧伤"钻头。如果钻头长时间连续切削，产生大量的热，使钻头温度不断升高，造成钻头退火，导致钻头的硬度迅速下降，俗称"烧伤"。因此，钻孔时除了要使用切削液，还应该经常提起钻头排屑，以便切削液流到孔中，保证钻头的冷却。

(a)圆心处的样冲眼较深

(b)圆心处的样冲眼较浅

图 6-94　样冲眼的深浅

**4)钻孔时的安全知识**

(1)操作钻床时不可戴手套,袖口必须扎紧。

(2)工件必须夹紧,特别在小工件上钻较大直径孔时装夹必须牢固,孔将钻穿时,要尽量减小进给力。

(3)开动钻床前,应检查是否有钻夹头钥匙或斜铁插在钻轴上。

(4)钻孔时不可用手和棉纱头或用嘴吹来清除切屑,必须用毛刷清除,钻出长条切屑时,要用钩子钩断后除去。

(5)操作时头部不准与旋转着的主轴靠得太近,停车时应让主轴自然停止,不可用手去刹住,也不能用反转制动。

(6)严禁在开车状态下装拆工件。检验工件和变换主轴转速必须在停车状况下进行。

(7)清洁钻床或加注润滑油时,必须切断电源。

## 6.2.6　修整孔口、砂纸抛光

### 1.零件图(图6-95)

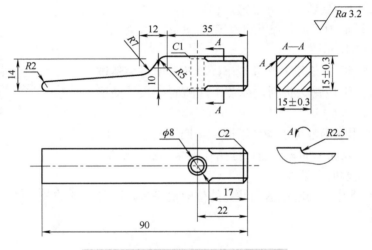

图6-95　修整孔口、砂纸抛光零件示例

### 2.学习目标

(1)学习孔口倒角的方法。

(2)练习孔口倒角操作和利用砂纸抛光的技能。

(3)能够完成如图6-95所示的零件。

### 3.知识学习

**1)孔口倒角的方法**

(1)倒角的目的。机加工后,在工件的直角或锐角处一般会产生毛刺,如图6-96所示。这些毛刺一方面会影响到工件的装配工作,另一方面会造成操作人员手部受伤或划伤其他零件。最简单的去毛刺操作就是倒角。

(2)倒角尺寸的含义。同样倒角C1,在不同位置时所指的含义如图6-97所示。

(3)孔口倒角。孔口倒角可以使用直径较大的麻花钻完成,如图6-98所示。倒角尺寸可以通过钻床的刻度控制。精度要求不高时,可以通过目测粗略判断。

图 6-96　孔口处的毛刺

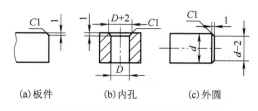

(a) 板件　　　(b) 内孔　　　(c) 外圆

图 6-97　不同位置时倒角的含义

(a) 用大麻花钻倒角

(b) 倒角尺寸较大

(c) 倒角尺寸较小

图 6-98　孔口倒角

**2) 砂纸抛光**

砂纸可以对工件表面起抛光作用，但不能改变工件的形状误差。

牌号不同的砂纸，表示砂粒的粗细不同。砂粒较粗的，抛光效率较高；砂粒较细的，抛光质量较高。先用粗砂纸粗加工，再用细砂纸精加工。

**4. 技能训练**

**1) 工艺分析**

(1) 毛坯。6.2.5 节完成后的工件(图 6-87)。

(2) 工艺步骤。

① 两面倒角孔的两端都应倒角，根据图样要求，应保证倒角 1mm，可选用 $\phi$12mm 钻头倒角。

② 砂纸抛光。

**2) 操作要求**

(1) 工件装夹要求。为保证倒角质量，必须使工件装夹水平。校平工件的简单方法是：控制工件边缘与平口钳的上边缘平齐，如图 6-99 所示。可以用指尖沿钳口的垂直方向滑过，判断平齐的程度。

(a) 装夹不正确

(b) 装夹正确

图 6-99　平口钳装夹

(2)钻头位置的控制。倒角时钻头的轴线必须与孔的轴线重合，否则会使倒出的角一边大，一边小，如图 6-100 所示。可按以下步骤操作。

① 工件装夹在平口钳上并校平，平口钳不固定。

② 安装钻头。

③ 不开动钻床，用手柄下移钻头，靠到孔口。

④ 利用钻头的定心作用，用手反向转动钻头，平口钳将会自动微移，保证钻头的轴线与孔的轴线重合。

⑤ 开启电源，完成倒角。

图 6-100　倒角歪斜

(3)砂纸抛光操作。使砂纸与工件做相对运动，即可起到抛光作用。但应保持两者相对运动的平稳，防止局部磨损过大，造成形状误差，使砂纸固定、工件运动的效果较好。

**3)注意事项**

(1)操作手柄的进给要稳定，不能因为阻力小而快进快退，造成圆周上明显振纹。

(2)利用钻头的定心作用时，必须保证两切削刃对称，否则无法保证钻头轴线与孔轴线重合。

# 6.3　正六边形加工实例

本项目主要学习利用万能分度头划线的方法，掌握加工正六边形的工艺知识，巩固锯削、锉削等钳工基本操作技能。通过学习和训练，能够完成如图 6-101 所示的零件。

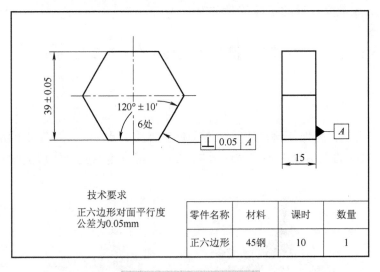

图 6-101　正六边形零件图

## 6.3.1　万能分度头划线

### 1. 零件图(图 6-102)

### 2. 学习目标

(1)学习万能分度头的工作原理。

(2)练习使用万能分度头和高度游标卡尺。

(3)完成如图 6-102 所示零件的划线。

**3. 知识学习**

**1)万能分度头**

(1)万能分度头的结构。

万能分度头的结构如图 6-103 所示。主轴上可安装卡盘，卡盘用来装夹圆柱形毛坯。基座放置于平板上，分度盘上有若干圈数目不等的等分小孔。转动手柄，通过分度头内部的传动机构，带动主轴转动。主轴转过一定的角度，毛坯即跟着转过相应角度。例如，使主轴六次准确转过 60°，每次均以高度游标卡尺划线，则可形成一个正六边形。

(2)万能分度头的工作原理。

常用的分度方法有三种。精度要求不高时，可直接根据主轴后的刻度盘控制旋转角度；精度要求较高时，可以采用单式分度法和角度分度法控制。

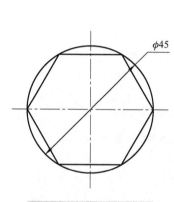

图 6-102 零件划线示例

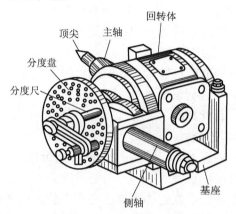

图 6-103 万能分度头的结构

① 单式分度法：划线内容为正多边形，需要计算每转过 $1/z$ 个圆周时，手柄转过的圈数。以国产 FW125 分度头为例。内部传动机构使分度手柄转 40 圈时，主轴正好转 1 圈。

工件等分数与分度手柄转数之间关系为

$$n = \frac{40}{z}$$

式中，$n$ 为分度手柄转数；40 为分度头转换系数(产品的定值)；$z$ 为工件等分数。

实际情况下，$n$ 一般不会是整数。这时需用到分度盘。分度盘上有数圈均匀分布的定位小孔，其孔圈分布如下(数字表示孔数)。

第一块 正面 24、25、28、30、34、37

反面 38、39、41、42、43

第二块 正面 46、47、49、51、53、54

反面 57、58、59、62、66

**例** 本项目加工正六边形，即六等分圆。计算转过手柄圈数。

**解**

$$n = \frac{40}{z} = \frac{40}{6} = 6\frac{4}{6} = 6\frac{44}{66}$$

**答** 选用分度盘上孔数为 66 的孔圈，每次划线后转过 6 圈，再转过 44 个孔。

② 角度分度法：划线内容为一定角度的分度，需要计算角度转过 $\theta$ 时，手柄转过的圈数。

根据分度手柄转 40 圈，主轴转 1 圈，得出分度手柄旋转一圈，主轴旋转 9°，可得

$$n = \frac{\theta}{9°}$$

式中，$\theta$ 为工件需转过的角度。

　　**例**　本项目加工正六边形，即每次转过 60°。计算转过手柄圈数。

　　**解**

$$n = \frac{\theta}{9°} = \frac{60°}{9°} = 6\frac{6}{9} = 6\frac{44}{66}$$

　　**答**　选用分度盘上孔数为 66 的孔圈，每次划线后转过 6 圈，再转过 44 个孔。

**2）高度游标卡尺的微调**

当需要精确调整至一定高度时（如 20mm），只靠直接移动游标尺部分，保证精度有一定难度。可按如下步骤操作（图 6-104）。

（1）把游标尺置于 20mm 附近。

（2）锁紧制动螺母 1。

（3）调节微调螺母，使游标尺的零线与尺身上 20mm 的刻线对齐。

（4）锁紧制动螺母 2，划线。

**4．技能训练**

**1）工艺分析**

（1）毛坯。其尺寸为 $\phi$45mm×15mm 的 45 钢。外圆及两端面均为精车表面。

（2）操作步骤。

① 在三爪自定心卡盘上装夹毛坯，保证端面不歪斜。

② 调节高度游标卡尺至正确高度。

③ 划一条线。

④ 转动手柄，使卡盘旋转 60°，划第二条线。

⑤ 依次转 60°，划出其余四条线。

**2）操作要求**

高度游标卡尺的刻度值计算如下。

如图 6-105 所示，由数学关系可得

$$h = H - x, \qquad x = R - y, \qquad y = \cos 30° R$$

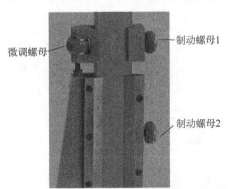

图 6-104　高度游标卡尺的微调

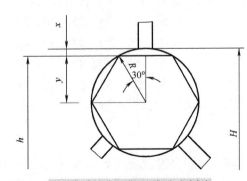

图 6-105　在万能分度头上划线

由毛坯可得

$$R = \frac{45}{2}\text{mm}$$

因此，

$$h = H - (R - \cos30° \times R) = H - R \times \left(1 - \frac{\sqrt{3}}{2}\right) = H - 3.01\text{mm}$$

式中，$H$ 为高度游标卡尺测得毛坯最高点；$H-3.01$mm 为划线高度。

**3）注意事项**

本项目的工件只需要在一个平面上划线即可确定加工界线。

## 6.3.2　锯、锉基准面

**1．零件图**（图 6-106）

**2．学习目标**

（1）了解薄板件的基准面对测量其他面的影响。

（2）学习薄板件的测量方法。

（3）练习锯、锉薄板基准面的方法和基本测量技能。

（4）完成如图 6-106 所示的零件。

**3．知识学习**

**1）基准面的意义**

基准面是加工各面的测量基准，应尽可能保证该面的加工质量，平面度是平面加工质量的关键。基准面平面度误差将反映到其后加工

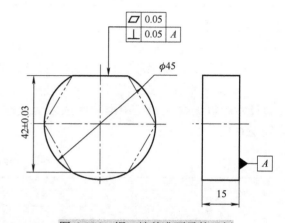

图 6-106　锯、锉基准面零件示例

的面上。因此，基准面应该是工件上各面中加工质量最好的。本项目要求基准面的平面度公差为 0.05mm，对大平面的垂直度公差为 0.05mm。

**2）基准面的测量**

（1）平面度。用刀口形直尺或刀口形角尺多位置检测平面度，各个位置都能保证间隙小于 0.05mm，说明平面度合格。图 6-107 为各个检测位置。

（2）垂直度。用刀口形角尺在平面的至少三个位置检测垂直度，各个位置都能保证间隙小于 0.05mm，说明垂直度合格。各检测位置如图 6-108 所示。

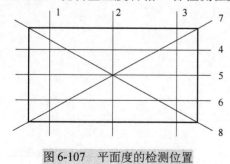

图 6-107　平面度的检测位置

1～8 分别表示检测位置

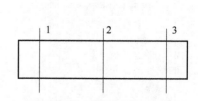

图 6-108　垂直度的检测位置

1～3 分别表示检测位置

### 3) 锯条的选择

(1) 锯条一般由渗碳钢冷轧制成，经热处理淬硬后才能使用。锯条的长度以两端装夹孔的中心距来表示，手锯常用的锯条长度为 300mm。

(2) 锯齿粗细以锯条每 25mm 内的锯齿数来表示。锯齿的规格及应用见表 6-5。锯削厚度为 10mm 左右的板材一般选用中齿锯条。

表 6-5　锯齿的规格与应用

| 锯齿粗细 | 每 25mm 内的锯齿数(牙距) | 应　　　用 |
|---|---|---|
| 粗 | 14~18(1.8mm) | 锯削铜、铝等软材料 |
| 中 | 19~23(1.4mm) | 锯削钢、铸铁等中硬材料 |
| 细 | 24~32(1.1mm) | 锯削硬钢材及薄壁工件 |

### 4. 技能训练

### 1) 工艺分析

(1) 毛坯。6.3.1 节完成后的工件(图 6-102)。

(2) 工艺步骤。正六边形要求六边的长度尺寸相等、六个角的角度相等以及三对平行面间尺寸相等。要在加工中准确完成以上要求，应严格按照加工工艺操作。合理的工艺步骤见表 6-6。

表 6-6　正六边形工艺步骤

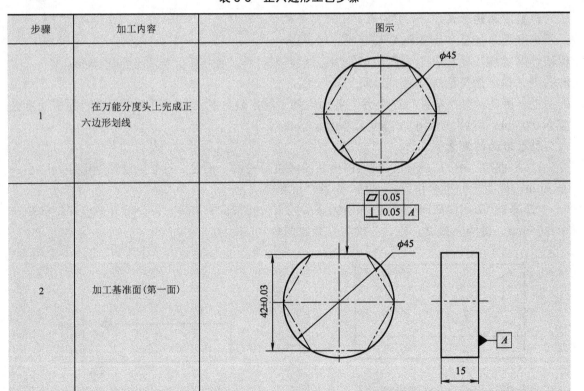

| 步骤 | 加工内容 | 图示 |
|---|---|---|
| 1 | 在万能分度头上完成正六边形划线 | |
| 2 | 加工基准面(第一面) | |

续表

| 步骤 | 加工内容 | 图示 |
|---|---|---|
| 3 | 加工平行面(第二面) | 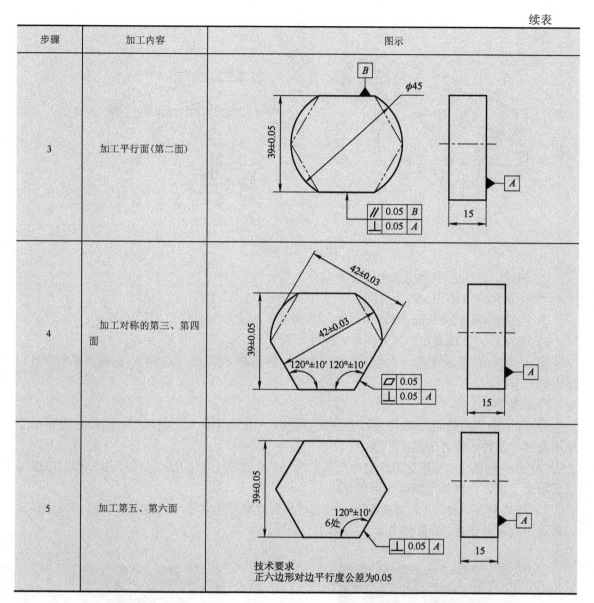 |
| 4 | 加工对称的第三、第四面 | |
| 5 | 加工第五、第六面 | |

(3) 尺寸控制要求。锯削应留下 1mm 左右的锉削余量。沿着所划线的外侧，小心控制锯缝的位置。

锉削基准面后，应保证基准面与圆弧的尺寸为(42±0.03)mm(为使基准面加工精度较高，不影响第二面的加工质量，应使尺寸尽可能接近 42mm)。

**2)操作要求**

(1)垂直度检测操作。刀口形角尺短边的 2/3 以上靠在工件的测量基准面上，慢慢向下移动尺身，直到刀口部分接触到被测量面时，再对着光源观察。当不能透光或透过的光线均匀一致时，垂直度质量较好。

① 测量结果为内透光时，表示被测角度大于 90°。

② 测量结果为外透光时，表示被测角度小于 90°。

③ 需要准确测量垂直度误差时，用塞尺测量透光处间隙。

(2) 起锯操作。起锯有远起锯与近起锯两种，如图 6-109 所示。

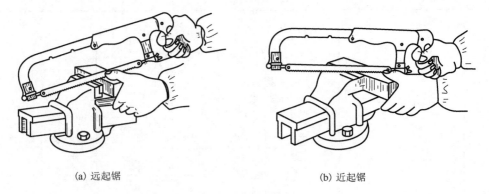

(a) 远起锯　　　　　　　　　　　　　　(b) 近起锯

图 6-109　起锯

① 起锯时，用左手拇指靠住锯条导向。

② 起锯角应以小于 15° 为宜。

③ 当锯到槽深 2~3mm 时，锯弓才可逐渐水平，正常锯削。

④ 起锯时，行程要短，压力要小，速度要慢。

⑤ 一般多采用远起锯。因为远起锯时锯条的锯齿是逐步切入材料的，锯齿不易被卡住，起锯也较方便。

**3) 注意事项**

(1) 由于小平面的受力面小，锉刀更容易晃动，相比大平面更不易锉平，操作时应更加注意用力的稳定性，使锉刀运动平稳。

(2) 锉小平面时，一般会测量出中间高、两边低，如图 6-110 所示。除了控制用力，还可以采用交叉锉、推锉等措施以保证质量。

(3) 测量垂直度时，一定要注意保持短边与测量基准面相靠紧，不能在刀口碰到测量面后，出现短边离开测量基准面的情况，如图 6-111 所示。

图 6-110　锉削平面中间高、两边低

图 6-111　测量时与基准面分离

(4) 起锯处为圆弧面时，需特别小心，防止打滑。

(5) 由于知识基础原因，本项目不考虑利用尺寸链保证尺寸。

### 6.3.3　锯、锉平行面

#### 1. 零件图（图 6-112）

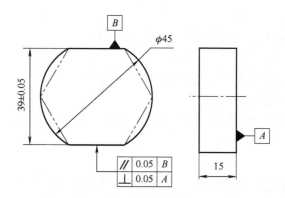

图 6-112　锯、锉平行面零件示例

#### 2. 学习目标

(1)利用尺寸控制保证平行度的方法。

(2)练习锉削平面，要同时保证尺寸、平面度、垂直度和平行度。

(3)完成如图 6-112 所示的零件。

#### 3. 知识学习

**1)平行度的保证方法**

基准面的对面是第二个加工的面，除了要求平面自身的平面度、对大平面的垂直度，还要求对基准面的平行度，简称为平行面。

平行面的平面度与垂直度要求及测量方法与基准面类似，重点在于平行度的控制。不能等到基本加工完成时再控制，必须在刚开始锉削就不断检测。

对于本项目的狭长平面，至少要在长度方向上选三个点，分别测量尺寸。当基准面的误差较小，可以忽略时，几个尺寸之差可以反映平行度误差。当几处尺寸非常接近，差值小于平行度公差时，可以判断平行度符合要求。

**2)尺寸、平面度、垂直度和平行度的同时控制**

四项要求中，平面度是最基本的，主要靠手感控制，辅之以测量；其次是垂直度，手感和测量并重；尺寸控制以测量为主，而平行度以测量尺寸为保证。

钳工锉削平面时，通常对四项指标同时要求。四项指标互相影响，当任意一项与要求差距过大时，都会造成其他指标的不合格。

#### 4. 技能训练

**1)工艺分析**

(1)毛坯。6.3.2 节完成后的工件(图 6-106)。

(2)尺寸控制要求。根据图样要求，应保证两平行面间的尺寸为(39±0.05)mm。通过多点测量，在保证尺寸的同时，保证平行度要求。

在锉削余量比较多时，主要根据所划线的位置锉削；当余量较少时，必须经常测量，根据尺寸保证加工精度。

**2) 操作要求**

(1) 保证锯削的直线度。钳工操作耗时长，尤其是锉削效率较低。要缩短锉削操作的时间，关键是减少锉削余量，要求锯缝位置准确、直线度好。

(2) 发生锯缝歪斜的原因如下。

① 工件安装时，锯缝未能与铅垂线方向保持一致。

② 锯条安装太松或相对锯弓平面扭曲。

③ 锯削压力太大而使锯条左右偏摆。

④ 锯弓未扶正或用力歪斜。

避免以上问题后，加上锯削时经常注意锯缝与所划线的偏移量，可以在很大程度上保证锯削的直线度。

**3) 注意事项**

(1) 如果基准面的平面度误差不能忽略，被加工平面对基准面的平行度将受到基准面平面度误差的影响。

(2) 平行面完成后，要与基准面能区分开，可以在基准面上或侧面用划线涂料做记号。

## 6.3.4　锯、锉第三、第四面

### 1. 零件图 (图 6-113)

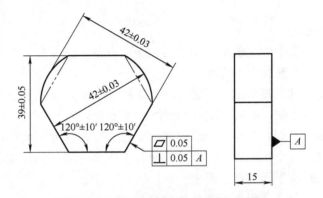

图 6-113　锯、锉第三、第四面零件示例

### 2. 学习目标

(1) 学习游标万能角度尺的使用方法。

(2) 练习角度的测量，并进一步提高锯削、锉削的质量。

(3) 完成如图 6-113 所示的零件。

### 3. 知识学习

**1) 游标万能角度尺**

(1) 结构与读数。游标万能角度尺的结构如图 6-114 所示，主要结构除主尺、游标 (旋转形式) 外，还有直角尺和刀口形直尺两个组合件。

读数方法与游标卡尺相似，先从尺身上读出游标零线前的整度数，再从游标上读出角度 (单位为分) 的读数，两者相加就是被测的角度。

图 6-114　游标万能角度尺主要结构部件

(2)测量范围。游标万能角度尺是用来测量工件内、外角度的量具,测量范围是 0°～320°。各角度范围的测量方法如图 6-115 所示。

游标万能角度尺也经常在调整好角度后,作为样板测量角度。

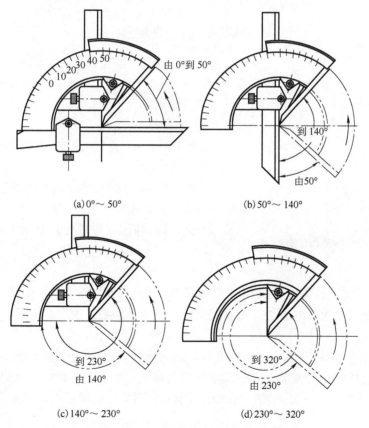

图 6-115　游标万能角度尺测量范围

(3)操作要求。测量前应将测量面和工件擦干净,直尺调好后将卡块制动螺钉拧紧。测量时应先将基尺贴靠在工件测量基准面上,然后缓慢移动游标,使直尺紧靠在工件表面再读出读数。

**2）边长的控制**

钳工操作中有时需要测量一些边长，但用游标卡尺或千分尺不易准确测量。例如，本项目中的六条边，各边的两端都不平行。这种边长有两种方法控制。

（1）用游标卡尺的测量爪或其尖部对准所测边的端部测量，但精度不高，如图 6-116 所示。

(a)用尖部测量　　　　　　　　　　　　　　　(b)用平面测量

图 6-116　游标卡尺测边长

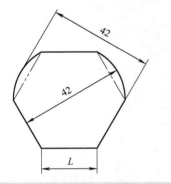

图 6-117　用相关尺寸间接保证边长

（2）用相关尺寸间接保证。如图 6-117 所示，本项目中边长 L 可通过对边尺寸 42mm 间接控制。

**4．技能训练**

**1）工艺分析**

（1）毛坯。6.3.3 节完成后的工件（图 6-112）。

（2）工艺步骤。

① 锯、锉第三面（与基准面相邻面），同时保证尺寸（42±0.03）mm 和角度 120°±10′。

② 锯、锉第四面（与基准面相邻的另一面），且保证尺寸（42±0.03）mm 和角度 120°±10′。

**2）操作要求**

（1）同时保证尺寸和角度。操作的重点是同时保证尺寸和角度。由于正六边形是毛坯 $\phi$45mm 的内接正六边形，角部顶点处没有余量，一旦不小心锉削到，就不可能同时保证尺寸和角度。

锉削时要严格控制锉刀运动，保持平稳，六边形的角部不能出现塌角。

（2）游标万能角度尺的调节。由于操作目的是保证 120° 的准确性，且精度要求不是很高，为了简化测量，可以先调整好角度，再通过间隙来判断角度的准确性。判断方法同 6.3.2 节中垂直度的检测。

**3）注意事项**

（1）本项目中的边长适合用相关尺寸间接保证。当第三、第四面加工完成时，基准面的长度就被控制。当 6.3.5 节中第五、第六面加工完成时，六个边长都能得到控制。

（2）由于有三条边的位置要依靠测量外圆部分保证，外圆质量直接影响到加工精度。在整个项目中不能由于装夹损伤外圆，同时，在锯削或锉削过程中也应避免损伤未加工的外圆部分。

(3)游标万能角度尺在使用过程中需要不定期地检查调定角度。

## 6.3.5　锯、锉第五、第六面

### 1．学习目标

(1)学习正六边形的加工工艺。

(2)练习正六边形的检测方法。

(3)完成如图 6-101 所示的零件。

### 2．知识学习

**1)锯削的纠偏**

即使很小心，锯削时也不可能绝对不偏斜。当及时发现时可以纠偏。

锯削时扳动锯弓，使锯条歪斜，与锯缝歪斜方向相反。由于锯路的作用，锯缝慢慢恢复到正确的位置。在接近正确位置时，就要停止扳动锯弓，否则又将反方向歪斜。

**2)正六边形工艺知识**

除了本项目提供的加工步骤，正六边形的工艺步骤还可以如图 6-118(b)所示。

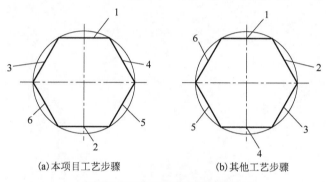

(a)本项目工艺步骤　　　(b)其他工艺步骤

图 6-118　正六边形工艺步骤

本项目提供的加工步骤，各尺寸、角度多数可以直接测量，少数通过一次换算间接得出。而图 6-118(b)中从第二条边起，角度从直接测量，到一次间接测量，再到两次、三次间接测量，误差不断积累，质量很难保证。在角度不能保证时，控制平行度和保证角度发生冲突，整个工件无法保证质量。

**3)检测要求**

在钳工操作中，除了零件加工过程中需要不断检测，产品完成后应做全面检测。

### 3．技能训练

**1)工艺分析**

(1)毛坯。6.3.4 节完成后的工件(图 6-113)。

(2)工艺步骤。

① 锯、锉第五面，保证尺寸(39±0.05)mm，控制平行度。

② 锯、锉第六面，保证尺寸(39±0.05)mm，控制平行度。

③ 倒角。

④ 检测。

**2) 操作要求**

(1) 锉削余量的控制。随着技术水平的提高，可以逐步减少锉削余量，把锯削的位置靠近所划线，保证在 0.5mm 左右即可。

(2) 检测。工件完成后需要全方位测量。例如，测六个角度，由于整个工件中心对称，虽然在加工时选择了基准面，但对工件而言并没有所谓的基准面。每个面由于放置位置的不同都可以成为测量基准。因此，对于每个角度不但要多点测量，还应该调换测量基准再测。只有任意调换基准后测量正确，才能保证加工符合要求。

**3) 注意事项**

(1) 纠偏只适用于歪斜较小时；当偏差很大时无法纠偏，只能调头锯削，或者从侧面锯削。

(2) 对于加工好的零件，必须擦净、上油，妥善保管。

# 参 考 文 献

段晓旭，2008．普通车床操作与加工实训．北京：电子工业出版社

技工学校机械类通用教材编审委员会，2004．车工工艺学．北京：机械工业出版社

蒋增福，2004．车工工艺与技能训练．北京：高等教育出版社

劳动和社会保障部教材办公室，2001．车工工艺与技能训练．北京：中国劳动社会保障出版社

苏和堂，陶发岭，2015．车工技能训练．合肥：安徽科学技术出版社

王文绪，2014．车工实训．北京：北京理工大学出版社